视光师培养系列教程

眼镜加工基础与应用

第二版

主 编 王 玲（金陵科技学院）

副主编 欧阳永斌（金陵科技学院）

李童燕 （南京化工职业技术学院）

编 委 郭 锐 （南京中医药大学）

李建华 （川北医学院）

张艳玲 （深圳职业技术学院）

刘 飞 （安徽医学高等专科学校）

郑定列 （宁波明星科技发展有限公司）

张豪平 （上海第二工业大学）

井 云 （金陵科技学院）

南京大学出版社

图书在版编目(CIP)数据

眼镜加工基础与应用 / 王玲主编. —2 版. —南京：
南京大学出版社，2015.8(2023.8 重印)
视光师培养系列教程
ISBN 978-7-305-15718-9

Ⅰ. ①眼… Ⅱ. ①王… Ⅲ. ①眼镜—加工工艺—教材
Ⅳ. ①TS959.6

中国版本图书馆 CIP 数据核字(2015)第 188785 号

出版发行　南京大学出版社
社　　址　南京市汉口路 22 号　　　　邮　　编　210093
出版人　王文军

丛 书 名　视光师培养系列教程
书　　名　眼镜加工基础与应用
主　　编　王　玲
责任编辑　李　磊　吴　汀　　　　编辑热线 025-83686531

照　　排　南京开卷文化传媒有限公司
印　　刷　常州市武进第三印刷有限公司
开　　本　787 mm×1092 mm　1/16　印张 16.25　字数 406 千
版　　次　2023 年 8 月第 2 版第 4 次印刷
ISBN　978-7-305-15718-9
定　　价　45.00 元

网　　址：http://www.njupco.com
官方微博：http://weibo.com/njupco
官方微信号：njupress
销售咨询热线：(025)83594756

第二版前言

《眼镜加工基础与应用》为国内第一本以 2011 版配装眼镜国家标准进行配装眼镜加工与检测的专业书籍,共分 11 章,内容分上篇与下篇。上篇以眼镜材料加工基础为主题,系统介绍了眼镜材料加工光学基础、镜架材料基础、镜片材料基础、眼镜加工仪器基础、眼镜验配处方分析与应用基础、渐进多焦镜加工基础六部分。下篇以眼镜材料加工应用为主题,介绍眼镜材料加工制作、眼镜整形与校配、配装眼镜质量检测、渐进多焦镜加工与应用、眼镜销售应用、眼镜材料加工应用以及专业英语六部分。

本书主要由具有多年眼镜材料加工基础与应用教学经验的一线教师,根据视光学专业对眼镜材料的专业基础知识和应用知识需求而编写,拓宽视光专业就业口径。本书适合于眼视光本、专科,材料科学与工程专业(视光材料方向),市场营销专业(视光材料与应用方向)的本科教学中对眼镜材料及眼镜材料的应用学习。同时本书也可作为眼镜验光员、眼镜定配工、眼镜质检员等专业工种的培训教材。

本书根据现代眼镜材料加工技术的发展和 2011 版配装眼镜标准,更加详细地介绍了渐进多焦镜、棱镜眼镜、偏光眼镜、PC 镜片加工、镜片美容加工工艺等专业知识。同时相对于其他眼镜材料加工专业的书籍,开创性地设置了眼镜材料加工与营销相关的应用内容,并结合最新的行业眼镜整体应用现状,符合视光专业结合实际工作需求培养应用型本科人才的培养宗旨。同时,本书也根据眼镜材料专业工作介绍了眼镜材料加工应用专业英语,为今后毕业生从事眼镜材料行业相关外贸企业工作和眼镜材料应用对外交流工作打下良好的基础。

本书的编写受到金陵科技学院视光工程系的大力支持,李新华、杨晓莉老师参与了大量编写工作,顾凤斌、王娅、吴小雨同学参与了本书的插图绘制,在此一并表示感谢。

2013 年本书版权输出中国台湾,在中国台湾正式公开发行。本书同时也参与了金陵科技学院、江苏省教育厅资助精品教材立项项目评选工作。本书的写作过程中,参阅与应用了许多学者的专著和文章,在此对原作者表示感谢!并对本书写作过程中一直给予支持的南京大学出版社表示感谢!

由于编者水平和时间所限,本书难免存在许多不足之处,敬请广大读者指正。

编　者

目　录

第一章　眼镜材料加工光学基础

第一节　光学基础

通常情况下,光学可以分为物理光学和几何光学。传统的物理光学包括光的干涉、衍射和偏振、光在各向同性和异性介质中的传播规律等。几何光学是将光看作一条条光线的集合,这些光线遵从直线传播定律、反射定律和折射定律等。几何光学对光学设计的发展具有重要意义。严格来说几何光学是物理光学的极限情况,即在光的传播过程中忽略其波动效应。

一、光波

光的本质是一种电磁波。波长在 380~760 nm 的电磁波可以被人眼所感知,因此称为可见光。可见光随波长变化而引起人眼不同的颜色感觉,其中 555 nm 的光波人眼最为敏感。波长大于 760 nm 的为红外光或红外线,小于 380 nm 的为紫外光或紫外线。光波在真空中的传播速度为 $c=3\times10^8$ m/s,在介质中的传播速度小于 c,与介质的折射率有关。可见光随波长不同显现各种色彩,可以分为红、橙、黄、绿、青、蓝、紫七种颜色,具有单一波长的光称为单色光。具体波长范围如表 1-1 所示。

表 1-1　波长范围与颜色对照表

波长范围(nm)	颜　色	波长范围(nm)	颜　色
723~647	红	492~455	青
647~585	橙	455~424	蓝
585~575	黄	424~397	紫
575~492	绿		

光源是能够辐射光能量的物体。光自光源发出,向周围发散。每一个光源可以看作是由许多发光点或者点光源组成。发光点发散的光波向周围传播时,某一时刻其振动位相相同的点所构成的面称为波阵面。光传播的本质即为波阵面的传播。波阵面的法线即为光

线。波面可以分为平面波、球面波和任意曲面波,与平面波对应的光束为平行光束,与球面波对应的为同心光束。同心光束又分为发散光束和会聚光束。

在自然界中,所有光源发出的光均向周围散开,即全部为发散光束。须采用光学手段改变光的传播状态以得到会聚光束。当光源距离很远时,发散光束的各光线之间接近于平行状态,可以近似认为平行光束。

二、理想光学的基本定律

理想光学把研究光经过介质的传播问题归结为四个基本定律,分别是光的直线传播定律、光的独立传播定律、光的反射定律和光的折射定律。

(一)光的直线传播定律

光的直线传播定律就是光在各向同性的均匀介质中沿着直线方向传播。光的直线传播定律是光学测量以及相应光学仪器诞生的基础。但是直线传播定律具有局限性,当光的传播过程中遇到小孔或者狭缝时,光将偏离原来的传播方向,即形成了衍射现象。

(二)光的独立传播定律

光的独立传播定律是指不同光源发出的光在空间某点相遇时,彼此互不影响,各自沿着原来的方向独立传播。在光的交汇点上,光的强度简单叠加。离开交汇点后,各光束按照原来的方向继续传播。这一定律成立的前提是这两束光不具有相干性,即交汇后不会产生干涉现象。

(三)光的反射定律与折射定律

光的反射定律与折射定律描述的是光传播到两种均匀介质分界面后所产生的一种现象和规律。光的反射定律描述的是当一束光投射到两种均匀介质的光滑分界面上时,一部分光被光滑表面反射回原介质中,其反射角 i_2 与入射角 i_1 绝对值相等,符号相反。在光学中,利用反射现象来增加成像距离或者改变光路方向。

光的折射定律描述的是在两种均匀透明介质的光滑分界面上,光透过光滑表面,进入第二种介质,其折射角的正弦与入射角的正弦比值为一常数,即入射光所在介质的折射率与折射光所在介质的折射率之比值,其公式可表示为:

$$n\sin i_1 = n'\sin i'_1 \tag{1-1}$$

式中: n 代表入射光线所在介质折射率; i_1 代表入射角; n' 代表折射光线所在介质折射率; i'_1 代表折射角。

在视觉光学中,折射定律被广泛应用。实际上视觉光学研究的内容之一就是眼球光学系统对光线的折射作用。在光学成像系统中,折射是主要的,而形成折射的重要条件是要产生介质分界面,即存在折射率差。如果需要产生比较大的光线偏折,则需要产生大折射率差,同时介质分界面形成弯曲。

在两种均匀介质的光滑分界面上,往往是同时产生反射、折射和吸收等多种光学作用。但是有些时候是反射作用明显,有些时候是折射作用占主要成分,有些时候是吸收为主体。在某种特殊情况下,当光线入射到两种介质分界面时,入射到介质上的光线会全部反射回原来的介质中,而没有折射光产生,这种现象即为光的全反射现象。当光线从光密介质射向光疏介质,入射角增大,当入射角正弦值大于两种介质折射率之比时即会产生全反射现象。

三、光学系统成像

光学系统最重要的作用就是对物体成像。每个物点发出的同心光束,经光学系统后仍然为同心光束,该同心光束的中心就是物点经光学系统的完善像点。对于共轴球面光学系统而言,能够完善成像的条件是当入射光为同心光束时,出射光也为同心光束。完善成像是光学设计的最重要目标。

每一个物点所组成的物体通过光学系统之后依然形成一个由对应物点所成的像,则称这种成像状态为完善成像。光学上称这种物像的——对应关系为共轭关系。根据同心光束的会聚或者发散情况,物、像有虚实之分。由实际光线相交所形成的点为实物点或者实像点,由光线的延长线或者反向延长线相交所形成的点为虚物点或者虚像点,其实像能用屏幕或者胶片记录;其虚像只能被人眼观察,不能用屏来接收。

(一)单折射球面成像

光学系统通常由许多个光学元件组成。每个光学元件都是由具有一定折射率的折射介质被球面、平面或者非平面的表面所包围。如果组成光学系统的各个光学元件的表面曲率中心在同一条直线上,则该光学系统称为共轴光学系统,该直线称为光轴。在光学系统中,可以认为平面是曲率半径无穷大的球面,反射是 $n' = -n$ 的折射。因此在光学成像系统中,折射球面具有重要意义。

1. 单折射球面成像

(1)符号规则

在理想光学系统中,规定光线自左向右传播。则有下列符号规则:

① 线段

(a)坐标方向:横坐标自左向右为正,反之为负。纵坐标由下向上为正,反之为负。

(b)沿轴线段:以折射球面顶点为起点,与光线传播方向相同为正,反之为负。

(c)垂轴线段:以光轴为界,向上为正,向下为负。

② 角度

以锐角来度量,规定顺时针为正,反之为负。在光轴、光线、法线组成的角度中,光轴具有最高优先级,法线优先级最低。即从光轴转向光线、光轴转向法线、光线转向法线来判断所来的锐角度符号。

③ 折射面间隔

折射球面间隔自左向右为正。折射系统中,折射面间隔恒为正。

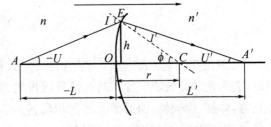

图 1-1　单折射球面符号规则

（2）近轴区单折射面物像关系及放大倍率

① 近轴区单折射面成像

当光线在光轴附近很小的区域内以细光束成像时，其成像是完善的。此时单折射球面的物像位置关系满足如下关系式：

$$\frac{n'}{l'} - \frac{n}{l} = \frac{n'-n}{r} \tag{1-2}$$

该公式右侧的项$(n'-n)/r$，表征了单折射球面的光学特性，称为单折射球面的光焦度（或称屈光力），用字母Φ表示，其单位为屈光度（D）。

当光线平行于光轴入射时（$l = -\infty$），即无穷远轴上物点时，被折射球面所成的像点即为像方焦点（或称后焦点），以F'表示。此时的像方焦点位置即为像方焦距（或后焦距），以f'表示，其表示式为：

$$f' = \frac{n'r}{n'-n} \tag{1-3}$$

当出射光线在像方无穷远，即像在像方光轴无穷远上时（$l' = \infty$），此时对应的物点称为物方焦点（或前焦点），以F表示。而此时的物距为物方焦距（或前焦距），以f表示为：

$$f = \frac{nr}{n'-n} \tag{1-4}$$

由以上三个公式可知单折射球面的光焦度和焦距之间的关系为：

$$\Phi = \frac{n'}{f'} = -\frac{n}{f} \tag{1-5}$$

焦距或光焦度的正负决定了折射球面对光束的会聚或发散特性。即当$\Phi > 0$时，对光束起会聚作用；当$\Phi < 0$时，对光束起发散作用。

② 单折射球面的放大倍率

在光学系统中，用放大倍率来描述像和物之间的某种关系。通常选择的放大倍率参数有垂轴放大率、轴向放大率和角放大率。

（a）垂轴放大率：又称为横向放大倍率，描述的是垂直于光轴平面上的像高与物高之比，其数学关系为：

$$\beta = \frac{y'}{y} = \frac{nl'}{n'l} \tag{1-6}$$

β取决于共轭面的位置，对确定的一对共轭面，β为一常数，这表明像与物相似。当$\beta < 0$时，表示光学系统成倒像，即物、像分居折射面两侧，像的虚实与物一致；当$\beta > 0$时，表示成正像，即物、像同侧，像的虚实与物相反；$|\beta| > 1$时，表示成放大像；$|\beta| < 1$时，表示成缩小像；$|\beta| = 1$时，表示物像大小相同。

（b）轴向放大率α：轴向放大率是指对于一定体积的物体，光轴上一对共轭点沿轴移动量之间的关系。如果物点沿轴移动一个微小量$\mathrm{d}l$，相应的像移动$\mathrm{d}l'$，则比值$\mathrm{d}l'/\mathrm{d}l$即为这一对共轭点的轴向放大率，即有：

$$\alpha = \frac{\mathrm{d}l'}{\mathrm{d}l} = \frac{nl'^2}{n'l^2} = \frac{n'}{n}\beta^2 \qquad (1-7)$$

当 α 恒为正值时，表示物点沿轴移动时，其像点总是以相同的方向移动。当轴向放大率 α 与垂轴放大率 β 不一致，立方体物体成像后不再是立方体，物体会产生变形。

(c) 角放大率 γ：指一对共轭光线与光轴的夹角 u 与 u' 之比值，即：

$$\gamma = \frac{l}{l'} = \frac{n'}{n} \cdot \frac{1}{\beta} \qquad (1-8)$$

角放大率 γ 表示折射球面将光束变宽或变细的能力，γ 只与共轭点的位置有关，而与光线的孔径角无关。

2. 理想光学系统的基点和基面

对于任意大范围的物体以任意宽的光束成像都是完善的光学系统称为高斯光学系统，也称为理想光学系统。在理想光学系统中，物空间的光线与像空间的光线都具有一一对应的共轭关系。大多数光学系统都不可能绝对完善成像，在理想光学系统中采用数学近似方法来分析完善成像的条件。研究高斯光学系统最重要的意义在于评价实际光学系统的成像质量。

采用特殊的共轭点和共轭面来分析理想光学系统的成像性质，使成像问题简化，这些特殊的共轭点和面就称为光学系统的基点和基面。光学系统的基点分为像方基点和物方基点，分别包括主点、焦点和节点，对应的基平面为主平面、焦平面和节平面。

(1) 像方基点和基面

如图 1-2 所示，平行于光轴的入射光线 AB，通过光学系统出射光线 $B'F'$，与光轴的交点 F' 就称为该光学系统的像方焦点（也称后焦点）。像方焦点是物方无限远轴上物点的共轭像。过像方焦点 F' 且垂直于光轴的平面称为像方焦平面。物方从远处无限发出的与光轴斜交的平行光束，通过光学系统后一定会聚于像方焦平面上的同一点，且不在光轴上。

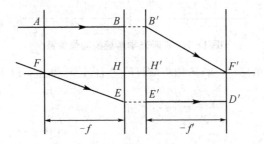

图 1-2 理想光学系统的基点和基面

延长入射平行光线 AB，反向延长其共轭的出射光线 $B'F'$，得交点 B'，过点 B' 作垂直于光轴的平面 $B'H'$，与光轴相交于点 H'，则 H' 称为像方主点，$B'H'$ 称为像方主平面。从主点 H' 到焦点 F' 之间的距离称为像方焦距，用 f' 表示。

(2) 物方基点和基面

像方一条平行于光轴的光线其所对应的物方共轭光线与光轴的交点 F，称为光学系统的物方焦点（也称前焦点），物方焦点的共轭像点在像方无限远的光轴上。过物方焦点 F 且垂直于光轴的平面称为物方焦平面。物方焦平面上光轴外的任一点发出的光束，通过光学系统后,将以倾斜于光轴的平行光束出射。

延长过 F 点的入射光线 FE,反向延长其共轭的出射光线 $E'D'$,得交点 E,过点 E 作垂直于光轴的平面 EH,与光轴相交于点 H,则 H 称为物方主点,EH 称为物方主平面。从主点 H 到焦点 F 之间的距离称为物方焦距,用 f 表示。

当光学系统的物方和像方介质折射率相同时,显然 EH 和 $E'H'$ 共轭,线段 EH 和 $E'H'$ 的高度相同,其垂轴放大率(也称为横向放大率)为 $+1$。

除了主点和焦点之外,在实际应用中还会用到另外一对共轭点,即节点。节点满足角放大率为1,即经过物方节点的光线其共轭光线经过像方节点且传播方向不变。在物像两侧介质折射率相同的情况下,节点与主点重合。

3. 理想光学系统的物像关系

几何光学中的基本内容之一就是分析其物像关系。即对于确定的光学系统,给定某些参数后,求解其物体或像的位置、大小、方向等。对于高斯光学系统,不管其结构如何,只要知道其基点位置,其成像特性也就完全确定,利用三对基点或基面的位置,可以求解光学系统的物像关系。

(1) 牛顿公式

在牛顿公式中,物和像的位置是相对于光学系统的焦点确定,即物距 x 是物方焦点 F 到物点的距离,像距 x' 是像方焦点 F' 到像点的距离。符号规则是以对应焦点为原点,自左向右为正,反之为负,如图 1-3 所示。

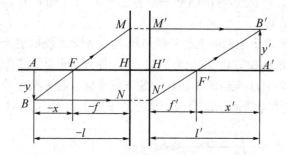

图 1-3　高斯光学系统的物像关系

由图中两对相似三角形 $\triangle BAF$ 和 $\triangle MHF$、$\triangle B'A'F'$ 和 $\triangle N'H'F'$ 可得:

$$\frac{y'}{-y} = \frac{-f}{-x} \quad \text{和} \quad \frac{y'}{-y} = \frac{x'}{f'}$$

由此导出牛顿公式为:

$$xx' = ff' \tag{1-9}$$

(2) 高斯公式

高斯公式与牛顿公式的不同在于物距和像距的起始点不同。高斯公式中的物距 l 是物方主点 H 到物点的距离,像距 l' 是像方主点 H' 到像点的距离,自左向右为正,反之为负。

由图 1-3 所示的关系代入牛顿公式,可导出高斯公式如下:

当物、像空间两边介质不同,即 $n \neq n'$ 时,即:

$$\frac{f'}{l'} + \frac{f}{l} = 1 \qquad\qquad (1-10)$$

当物像空间介质折射率相同,如透镜或者光学系统位于空气中时,$f = -f'$。

四、光的物理性能

光是一种电磁波,其物理性能主要包括干涉、衍射和偏振。

(一)光的干涉

光的干涉现象是光的波动性的重要特征。当两个或多个频率相同、振动方向相同、相位差恒定的光波叠加时,某些点的振动始终加强,另一些点的振动始终减弱,形成在该区域内稳定的光强强弱分布的现象,称为光的干涉现象。利用光的干涉原理,可以精确地检测光学零件的表面曲率半径和测量微小厚度。此外,干涉理论被广泛地应用在光学镀膜中。利用光波在薄膜中反射、折射及干涉叠加等达到减反、增反、分光、滤光等作用。

(二)光的衍射

光的衍射是光的波动性的主要标志之一。按照几何光学直线传播理论,当光通过一个细小圆孔或狭缝时,在接收屏幕上应该形成边界清晰的圆形光斑。但是事实上是有光线进入到几何阴影区,并且形成明暗相间的条纹。这种光线偏离直线传播的现象即为光的衍射。

光学系统对点物所成的像是夫琅和费衍射像。对于两个非常靠近的点物,它们的像即夫琅和费衍射斑重叠而可能导致无法分辨。因此,靠近的两个点物经过光学系统成像时,一个点物衍射图样的中央极大与附近另一个点物衍射图样的第一极小重合为光学系统的分辨极限。要求是两点物之间的角半径大于点物衍射斑的角半径。

(三)光的偏振

光是一种横波。如果在光分布的平面上,光矢量只沿某一固定的方向振动,这种现象称为偏振。按照光矢量的振动状态,即偏振态,光一般可以分为自然光、线偏振光、部分偏振光、椭圆偏振光、圆偏振光。从普通光源发出的光不是偏振光,而是自然光,必须通过一定的途径才能从非偏振光中获得偏振光。常用获取偏振光的方法有反射及折射产生线偏振光、晶体的二向色性产生线偏振光、双折射晶体产生线偏振光。视光学中普遍应用的偏振片就是利用将各向同性的介质在受到外界作用时所产生的各向异性的特点来制成的人造偏振片。

五、几何像差概述

在理想光学系统中,要求近轴小物体以细光束成像。在实际光学系统中,为了实现一定的成像特性,要求系统有一定的相对孔径和视场。因此,实际光路远远超过近轴区域所限制的范围。这种光学系统中实际像和理想像的差别称为像差。

在实际光学系统中,由一个物点发出的一定大小的光束通过光学系统后不能会聚成为一点,形成一定大小的弥散斑。实际光学系统所成的像都不可能与理想像完全一样,也就是说实际光学系统都存在像差。在几何光学的基础上,用几何的方式来描述像差,因此称为几何像差。几何像差可以分为球差、彗差、像散、场曲、畸变以及色差。

（一）球差

轴上物点以宽光束成像时产生的成像缺陷,称为球差。球差分为轴向球差和垂轴球差。沿光轴方向度量的球差称为轴向球差。在高斯像面上不能成一点像,而是一个弥散圆斑,其半径称为垂轴球差。

轴上点细光束成像是理想的,所以轴上点球差完全是由于光束的孔径角增大而引起,因此球差随光束孔径角的增大而增大。球差是入射高或孔径角的函数,与视场无关。轴上点单色光成像时只有球差。单个正透镜产生的均为负球差,而单个负透镜总是产生正球差,因此正负透镜组合可能校正球差。

（二）彗差

彗差是轴外物点以宽光束成像时所产生的一种轴外宽光束单色像差。按照位置的差异,彗差可以分为子午彗差和弧矢彗差。子午面上、下光线的交点到主光线在垂直光轴方向的偏离,称为子午彗差。子午彗差表示了这种轴外宽光束在子午面上的不对称程度。弧矢光线经球面折射后出射光线相交点到主光线在垂直于光轴方向的偏离,称为弧矢彗差。

彗差是轴外像差之一,它破坏了轴外视场成像的清晰度。彗差随视场的增大而增大。对于轴上点而言,子午面和弧矢面光线分布一样;对于轴外点而言,弧矢光线对称于子午面,而子午面内的光束的对称性被破坏。

（三）像散和场曲

像散和场曲是轴外靠近主光线的细光束的像差,与入瞳大小无关。

子午光束经球面折射会聚于主光线上的子午焦线和弧矢光束经球面折射会聚于主光线上的弧矢焦线之间的位置差异,称为像散。

子午像面和弧矢像面相对于高斯像面的轴向偏离,分别称为子午场曲和弧矢场曲。像散存在,必然引起像面弯曲。像散为零,子午像面和弧矢像面重合在一起,但依然不在高斯像面上,而是相切于高斯像面中心的二次抛物面。因此为了成像清晰,需要接收像面是一个能对平面物体成清晰像的弯曲面。人眼视网膜的弯曲有效地减小了人眼的像差。

（四）畸变

当视场较大时,像的垂轴放大率会随视场变化而异,使得像相对于原物失去相似性。这种使像变形的成像缺陷就称为畸变。

畸变是主光线的像差。不同视场的主光线通过光学系统后与高斯像面交点高度不等于理想像高。畸变是视场的函数,不同视场的实际垂轴放大率不同,畸变也不同。畸变是垂轴像差,只改变轴外物点在理想像面上的成像位置,使像的形状产生失真,但不影响像的清晰度。

（五）色差

各种色光之间成像位置和成像大小的差别,称之为色像差(简称色差)。色差包括位置色差和倍率色差。位置色差描述两种色光对轴上物点成像位置差异。

倍率色差描述不同色光成像的高度(也即倍率)不同而造成的像大小差异,也称为垂轴色差。

单透镜不能校正色差,单正透镜具有负色差,单负透镜具有正色差。色差的大小与光焦度成正比,与阿贝数成反比,与结构形状无关。

第二节 眼镜光学

视光学中最常用的光学器件是透镜。透镜是由两个折射面包围一种透明介质(如玻璃、树脂等)所形成的一种光学元件。折射面可以是球面、平面、非球面。透镜按照其折射表面形状不同可以分为球面透镜、柱面透镜、环曲面透镜、非球面透镜。

球面透镜是眼用透镜的主要形式,主要用来矫正眼屈光不正中的近视和远视。球面透镜按照其表面曲率半径和折射率的不同表现为不同的镜度状态,即不同的折光能力。

柱面透镜的成像不同于球面透镜,对平行光束不是形成单一的焦点,而是形成一条与轴平行的焦线。柱面透镜在视光学中主要用来检测散光。如综合验光仪中用于视功能检查的马氏杆就是利用柱镜的成像特点。马氏杆是由细细的圆柱排列起来所制成的透明板,每个圆柱均是凸柱镜,当将其横向置于眼前观看点光源时,由该点光源发出的分散光束经每一凸柱镜折射后,在柱镜的另一侧形成与轴平行的焦线,而眼是通过连续横向排列的柱镜看点光源,故该眼会将光点视为一垂直线。

环曲面透镜的光学作用相当于一个球面透镜与一个柱面透镜的结合,主要用来矫正散光。由于环曲面透镜具有球柱面透镜的光学效果,但是其成像质量、舒适度和镜片美观上都有很大提高,因此视光学中用来矫正散光的镜片都做成了环曲面形式。

非球面透镜的表面形状采用了二次或者高次非球面,根据其表面形态可以分一面为非球面,另外一面是球面的单非球面或者双面均为非球面的双非球面镜片。由于良好的成像质量和较薄的边缘厚度,非球面透镜在近几年的视光学中得到广泛应用。

一、球面透镜面型与光焦度

(一)球面透镜面型

球面透镜的表面可以是凸球面、凹球面、平面。在不同的组合形式下,形成不同结构形式的透镜,如图1-4所示。

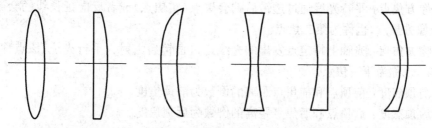

双凸透镜 平凸透镜 正弯月形透镜 双凹透镜 平凹透镜 负弯月形透镜

图1-4 各种类型球面透镜

1. 双凸透镜

双凸透镜两面均为凸球面。双凸透镜在视力矫正眼镜中基本没有应用。

2. 平凸透镜

平凸透镜一面是凸球面,一面是平面。平凸透镜在视力矫正眼镜中主要用来矫正极高度远视。

3. 正弯月形透镜

正弯月形透镜一面是凸球面,一面为凹球面,凸球面的曲率半径小于凹球面的曲率半径。正弯月形透镜在视力矫正眼镜中比较多用于矫正远视及老视。

4. 双凹透镜

双凹透镜的两面均为凹球面。双凹透镜在视力矫正眼镜中少有应用,偶用来矫正极高度近视。

5. 平凹透镜

平凹透镜一面是凹球面,一面是平面。平凹透镜在视力矫正眼镜中主要用来矫正极高度近视。

6. 负弯月形透镜

负弯月形透镜一面是凹球面,一面是凸球面,凸球面的曲率半径大于凹球面的曲率半径。负弯月形透镜在视力矫正眼镜中比较多用于矫正近视。

(二) 眼用球面透镜常用光学名词

(1) 曲率半径(r):球面弧的曲率半径。

(2) 曲率(R):球面的弯曲程度,$R=1/r$。

(3) 曲率中心:球面弧的圆心。

(4) 前表面:眼镜片远离眼球的一面。

(5) 后表面:眼镜片靠近眼球的一面。

(6) 前顶点:眼镜片前表面与光轴的交点。

(7) 后顶点:眼镜片后表面与光轴的交点。

(8) 主光轴:球镜前后两表面曲率中心的连线。

(9) 光学中心:光轴与镜片前表面的交点,光线通过该点后光线不发生偏折。

(10) 子午面:包含有光轴的平面称为子午面。

(11) 子午线:子午面与镜片表面相交的曲线称为子午线。

(12) 像方焦点:平行光线通过透镜后的会聚点(实焦点)或者反向延长线的会聚点(虚焦点)称为像方焦点,也称为第二焦点。

(13) 物方焦点:光轴上特定点发出的光线通过透镜后出射为平行光线,该点称为透镜的物方焦点,也称为第一焦点。

(14) 前顶焦度:前顶点和前焦点距离的倒数为前顶焦度。

(15) 后顶焦度:后顶点和后焦点距离的倒数为后顶焦度。

（三）透镜光焦度

1. 光焦度

透镜对光线聚散度改变的程度称为透镜的光焦度，也称为镜度或者屈光力，其单位为屈光度，用符号 D 表示。屈光度是镜片焦距的倒数，即 $F = 1/f'$，1 屈光度（D）是指焦距为 1 m 的透镜的折光能力。

2. 透镜面镜度

球面透镜有两个表面，每个表面对入射光线具有屈折能力，每个表面对光线屈折的能力用光焦度来表示就称之为面镜度，其数学表达式为：

$$F = \frac{n' - n}{r} = (n - n)R \tag{1-11}$$

式中：n 和 n' 为该表面左右两侧介质折射率；r 为该表面的曲率半径。

3. 透镜光焦度

透镜的光焦度由组成透镜的各表面的光焦度及中心厚度（表面之间的距离）所决定。

假设组成透镜的两表面光焦度为 F_1 和 F_2，由几何光学理论有：

$$F_1 = \frac{n_2 - n_1}{r_1} = (n_2 - n_1)R \qquad\qquad F_2 = \frac{n_3 - n_2}{r_2} = (n_3 - n_2)R$$

式中：n_1 和 n_2 为第一个表面左右两侧介质折射率；n_2 和 n_3 为第二个表面左右两侧介质折射率。

则透镜光焦度为：

$$F = F_1 + F_2 - dF_1F_2 \tag{1-12}$$

其中 d 为两表面曲率中心距离，即透镜的中央厚度。

当透镜厚度很小，即 d 接近于 0 时，透镜称为薄透镜。薄透镜光焦度即为两表面光焦度之和。在眼镜光学中，多数情况下可以认为眼用透镜为薄透镜。

【例 1-1】 已知角膜前表面曲率半径为 7.7 mm，后表面曲率半径为 6.8 mm，角膜厚度忽略，角膜介质折射率为 1.376，房水折射率为 1.333。求角膜的屈光力。

解： $F = F_1 + F_2$

$$= \frac{n_2 - n_1}{r_1} + \frac{n_3 - n_2}{r_2} = \frac{1.376 - 1}{7.7 \times 10^{-3}} + \frac{1.333 - 1.376}{6.8 \times 10^{-3}}$$

$$= 48.8 - 5.8 = 43(D)$$

4. 顶焦度

在几何光学中，用主点到对应焦点的距离来表示焦距。该焦距的倒数称为主点光焦度。在眼镜光学中，常用后顶焦度来描述镜片的光焦度。所谓后顶焦度即镜片后表面顶点到像方焦点距离的倒数。其数学表达式为：

$$F_V = \frac{F}{1 - \dfrac{d}{n}F_2} \tag{1-13}$$

式中：F_V 为后顶焦度；F 为主点光焦度；d 为透镜中央厚度；n 为镜片折射率；F_2 为后表面光焦度。显然在 d 很小时，后顶焦度与主点光焦度近似相等。随着镜片度数增加，厚度增大，后顶焦度与主点光焦度会存在差异。但是如果适当增加镜片折射率，合理设计镜片面型，后顶焦度与主点光焦度差异减小。

相应地，镜片前表面顶点到物方焦点的距离的倒数称为前顶焦度。在双光镜片的近用光度测量时会用到前顶焦度。

二、镜片光学特点

(一) 球面透镜

1. 球面透镜的成像特点

球面透镜是指镜片两个表面均为球面的透镜。球镜各子午线上曲率半径相等，因此球镜各子午线上屈光力相等。球面透镜的光焦度用 DS 表示，在眼镜光学中一般用 0.25DS 或者 0.125DS 描述。

球面透镜按照其对光线的偏折作用可以分为会聚透镜和发散透镜。通常情况下，会聚透镜也称为正透镜，发散透镜也称为负透镜。正透镜对光线起会聚作用，负透镜对光线起发散作用。正透镜将平行光线会聚形成单一焦点，负透镜将平行光发散，反向延长形成一虚焦点，如图 1-5 所示。

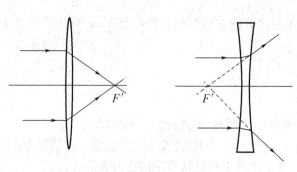

图 1-5　球面透镜成像

在不同物距的情况下，正透镜的成像特点如表 1-2 所示。

表 1-2　正透镜成像特点

物像位置	像的位置		像的正倒	像的大小	像的虚实
$-l=-\infty$	异侧	$l'=f$	倒立	点物	实像
$-l>-2f$	异侧	$f'<l'<2f'$	倒立	缩小	实像
$-l=-2f$	异侧	$l'=2f'$	倒立	等大	实像
$-f<-l<-2f$	异侧	$l'>2f'$	倒立	放大	实像
$-l=-f$	—	$l'=\infty$	不成像	—	—
$0<-l<-f$	同侧	$l'>l$	正立	放大	虚像

负透镜成像时无论物距在何位置，都对物体成缩小正立的虚像。

2. 球面透镜的识别

透过球面透镜观察目标,会产生像移现象。正镜片产生逆动,负镜片产生顺动。对于正透镜而言,观察距离要小于透镜焦距。

(1)逆动:像移量的增加或缩小的方向、视像移动的方向与透镜移动的方向相反,称为逆动。

(2)顺动:像移量的增加或缩小的方向、视像移动的方向与透镜移动的方向相反,称为顺动。

透镜的屈光力越大,像的移动越快;反之,屈光力越小,像的移动越慢。

镜片前后移动也会有顺动和逆动的现象。

3. 球面透镜光学中心的确定

镜片光学中心位置的确定是识别镜片的重要方式之一。通常情况下,镜片的光学中心与几何中心重合。在眼镜装配时,要求镜片的光学中心与双眼瞳孔中心重合。透镜中心的简易确定方式就是通过透镜中某一点看到的十字线没有发生任何偏折,该点就是透镜的光心。

(二)柱面透镜

一面是柱面,另一面是平面的透镜称为柱面透镜。根据柱面的曲面形状可以分为凹柱面透镜和凸柱面透镜。柱面透镜用如 $FDC \times \theta$ 这样的形式表示。其中 F 代表屈光力,θ 代表柱轴方向。例如:$-2.00DC \times 180$,$+1.00DC \times 45$,一般轴位在水平位标示为 180。

1. 柱面透镜的结构特点

(1)柱镜在轴向的曲率为 0,沿轴方向无屈光力,该方向称为最小主子午线方向。

(2)与轴垂直向的曲率半径最大,表面呈圆形,具有最大的屈光力,该方向称为最大主子午线方向。

(3)柱镜各子午线上屈光力不等,且按规律周期性变化,其变化规律为:

$$F_\theta = F \sin^2 \theta \qquad (1-14)$$

式中:θ 为与轴向的夹角;F 为与轴垂直方向的最大屈光力。

2. 柱面透镜的光学特性

(1)当投射光平面与柱镜轴平行时,通过柱镜后形成一条与轴平行的直线。

(2)当投射光平面与柱镜轴垂直时,通过柱镜后形成一个焦点。

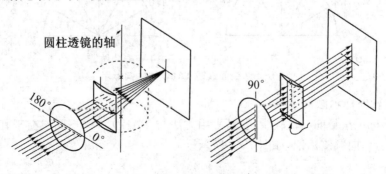

图 1-6　柱面透镜对面光束成像

（3）当空间光束为圆形光束时，可以将圆形光束分解成无数个平行平面或者垂直平面。圆形光束通过柱面透镜时，形成一条与轴平行的直线。

　3. 柱面镜片的识别

（1）旋转柱镜会形成"剪动"的视觉像移。通过镜片观察十字线，缓缓转动镜片，镜片内直线会产生剪动现象。正柱镜形成逆剪动，负柱镜形成顺剪动。

当柱镜轴向垂直开始向右转动时，其像移情况如图 1－7 所示。

正柱镜逆剪动　　　　　　负柱镜顺剪动

图 1－7　透镜视觉像移

（2）双手持镜片边缘，正对十字标线，转动镜片，直到从镜片中看到的十字线与目标十字线完全重合为止，这时镜片上的垂直向度和水平向度，是镜片的两个主向度。

（3）保持上述位置状态不变，让镜片分别沿水平和垂直方向各移动一次，其中不呈视像移动的那一平移的直线方向就是柱镜片的轴向，而视像移动的那一平移的直线方向就是柱镜片屈光力最大的方向。

　4. 柱面透镜的轴向标示法

柱面透镜各个方向屈光力不等，因此在眼用透镜中必须确定其位置，其位置的确定方式是标记其轴向位置。柱面透镜的轴向表示法包括国际标准标示法（TABO 法）、鼻端轴向标示法、太阳穴轴向标示法。

（1）国际标准标示法（TABO 法）

该标示方法是 1929 年阿姆斯特丹眼科学会上确定，后被德国国家眼镜技术标准 TABO 采用，目前国际上广泛使用。该方法是以面对患者，以患者眼睛的位置为参考，左、右眼从水平线左侧按逆时针方向标记至另一水平线方向。0 和 180 可以代替，在实际书写中为避免混淆一般采用 180，如图 1－8 所示。

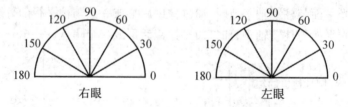

右眼　　　　　　　　　　　　左眼

图 1－8　柱面透镜 TABO 法轴向标示

（2）鼻端轴向标示法

鼻端轴向标示法目前已比较少用，其采用方法与 TABO 法的不同点在于其从双眼鼻侧水平线为起始点，向颞侧标记，如图 1－9 所示。

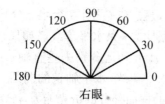
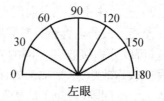

图 1-9　柱面透镜鼻端轴向标示

（3）太阳穴轴向标示法

太阳穴轴向标示法目前已比较少用，其采用方法与 TABO 法的不同点在于其从双眼颞侧水平线为起始点，向鼻侧标记，如图 1-10 所示。

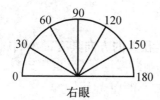
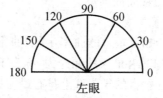

图 1-10　柱面透镜太阳穴轴向标示

（三）球柱面透镜

柱面透镜的光学性质简单，其中一个主子午线没有偏折光线能力。在视光学中，经常需要使用两个主子午线都有屈光能力的透镜，即将球面透镜和柱面透镜叠加的球柱面透镜。球柱面透镜是两个主子午线的屈光力不等且均不等于零的透镜。

1. 球柱面透镜的形式

根据组成球柱面透镜两个表面的形状特点，球柱面透镜可以分为球面正柱面透镜、球面负柱面透镜以及正交柱面透镜三种形式。

（1）球面＋正柱面：球面正柱面透镜是凸面为柱面、凹面为球面的透镜。例如：$-2.00DS/+1.00DC\times180$。

（2）球面＋负柱面：球面负柱面透镜是凸面为球面、凹面为柱面的透镜。例如：$-2.00DS/-1.00DC\times180$。

（3）正交柱面：正交柱面透镜是两个面均为柱面，且其柱轴相互垂直的透镜。例如：$-1.00DC\times180/-2.00DC\times90$。

2. 球柱面透镜的光学特性

球柱面透镜是球面和柱面的结合，因此其光学特性亦是球面透镜和柱面透镜光学特性的叠加。球柱面透镜的两个主子午线方向的屈光力不等且不等于零，因此一束平行光束垂直于球柱面透镜投射时，在空间形成互相垂直的两个焦线，且这两条焦线不在同一个平面内。

如图 1-11 所示，一束光通过球柱面透镜后，形成底相对的、两条直线为顶的光锥，称为 Sturm

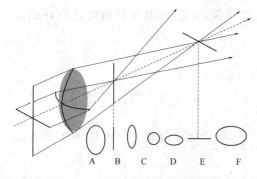

图 1-11　球柱面透镜的光学特性

光锥,也称为史氏光锥。图中水平方向屈光能力最强,先会聚,在会聚点处形成一条垂直焦线。垂直方向屈光能力最弱,后会聚,在会聚点处形成一条水平焦线。如果在透镜后放一接收屏于不同位置,可以分别接收到不同的影像。从近到远分别为垂直轴长的椭圆、垂直焦线、垂直轴长的椭圆、弥散圆、水平轴长的椭圆、水平焦线、水平轴长的椭圆。前后两条焦线之间的距离称为 sturm 间隔,代表了球柱面透镜的柱面部分的折光能力。

(四)环曲面透镜

环曲面有互相垂直的两个主要的曲率半径,形成两个主要的曲线弧。柱面的轴的方向具有屈光力且不等于与轴垂直方向的屈光力,则柱面变成了环曲面。一面是环曲面,另一面是球面的透镜称为环曲面透镜。

1. 环曲面透镜的特点

(1)具有两个相互垂直的曲率半径,曲率半径大的方向具有最小的屈光力,称为基弧;曲率半径小的方向具有最大的屈光力,称为正交弧。

(2)两个相互垂直的子午线上具有最大和最小的屈光力。

(3)与球柱面透镜相比,环曲面透镜无论在外观上还是在成像质量上都优于球柱面透镜。

2. 环曲面透镜的分类

环曲面透镜根据镜片形式可以分为凸(外)环曲面透镜与凹(内)环曲面透镜。将环曲面制作在透镜的外表面(内表面为球面),称为凸环曲面,通常称之为外散片。将环曲面制作在透镜的内表面(外表面为球面),称为凹环曲面,通常称之为内散片。

因为内环曲面透镜的外表面是球面,所以外观比外环曲面镜片优美,更主要的是内环曲面透镜在消像差及提高成像质量等方面都明显优于外环曲面。因此目前在眼镜行业普遍使用内环曲面镜片。

3. 环曲面透镜的识别

(1)环曲面透镜与球面透镜的区别

球面透镜的前后表面都是球面,所以透镜的边缘厚度是一样的。环曲面有两个互相垂直且不同的曲率,这就使得环曲面透镜的边缘厚度不同。曲率大的方向厚度薄,相反曲率小的方向厚度厚。

(2)凸环曲面与凹环曲面的区别

环曲面透镜前后两表面的边缘,成波浪状的一面是环曲面,平的一面是球面。将透镜内面朝下放在平面上,不平稳出现晃动的是凹环曲面透镜,平稳不出现晃动的是凸环曲面透镜。

4. 环曲面透镜的书写形式

环曲面透镜的书写需要标示两个表面的屈光力,表达形式为:

前表面屈光力
后表面屈光力

凸环曲面透镜的球面为负球面,凹环曲面透镜的球面为正球面。一般用如下的表达方式。

（1）凸环曲面透镜

$$\frac{基弧屈光力×轴向/正交弧屈光力×轴向}{球面屈光力（凹球面）}$$

如：
$$\frac{+2.00DC×90/+3.00DC×180}{-3.00DS}$$

（2）凹环曲面透镜

$$\frac{球面屈光力（凸球面）}{基弧屈光力×轴向/正交弧屈光力×轴向}$$

如：
$$\frac{+2.00DS}{-2.00DC×180/-3.00DC×90}$$

5. 环曲面透镜的片形转换

环曲面透镜的片形转换与球柱面透镜的片形转换原理基本一样，原则就是保证转换前后光学性质不变即可。眼用透镜中会根据不同的镜片度数选择不同环曲面透镜的镜片形式。

（五）非球面透镜

非球面设计在光学设计中具有悠久的历史，在视光学中随着镜片材料和工艺方面的突破，在近年才成为一种流行的镜片设计。严格意义上的非球面镜片可以指任何表面不是球面的镜片，包括普通的散光镜片、渐进多焦点镜片等。现在通常所说的"非球面"是指那些为了消除或减少镜片的像差，而将镜片表面按照一定的规律和原则而设计的非球面。

目前的非球面镜片的设计，基本是由光学中心区域到边缘部分，屈光度不断变化，该类镜片从光学中心到周边区域的光度一般是逐渐减小。非球面镜片使镜片边缘厚度减少，使镜片更薄，消除周边像差。镜片视野开阔，成像清晰，变形较小，影像十分自然。

最初的非球面设计是由二次函数曲线（例如椭圆、抛物线、双曲线）沿对称轴旋转产生的二次曲面。新一代的非球面设计往往采用高次函数曲面，这样就具有了更复杂的形状。对于正镜片，如果是前表面非球面，则其表面曲率必须从中心到边缘处逐渐变小，以此来抵消斜向散光；后表面非球面设计则要求自镜片中心向周围有逐渐增大的曲率。表1-3列出了直径70 mm的+4.00D镜片三种设计形式的参数对比。

表1-3　+4.00D镜片三种设计形式的参数

设计方案 ＼ 指标	最佳基弧球面设计	小球面基弧设计	非球面设计
基弧	9.75D	4.25D	4.25D
中心厚度	6.6 mm	5.9 mm	5.1 mm
质量	20.6 g	17.7 g	5.1 g
镜片总高	13.7 mm	6.0 mm	5.1 mm
离轴30°时屈光度	+3.78DS	$\frac{+5.18DS/}{0.99DC}$	+3.77DS

非球面设计未来发展的一个重要方向就是如何将瞳距、镜眼距、镜片倾角、镜架面弯等个性化参数引入镜片设计,这种非球面设计可以使得配戴者真正能够获得接近理论计算的优秀的周边视力。

三、透镜联合(处方变换)

透镜的联合就是指两块或两块以上的球面透镜、柱面透镜、球柱面透镜叠合密接,用符号"/"或者"⌒"来表示。将多块透镜的联合转化成处方形式就称为处方变换。透镜联合或者处方变换的原则是在转换过程中保证其光学性质不变,即各个方向的屈光力不变。透镜的联合可以采用光学十字线表示法和解析法两种。

光学十字线表示法就是在一个以垂直和水平相交的十字线区域内标出主子午线方向上的柱面或球面透镜的屈光力。

柱面透镜其轴向方向屈光力为零,与轴垂直的方向屈光力最大。在十字线表示法中,首先在轴位方向标示屈光力为零,然后在与轴垂直方向标示出最大屈光力。

【例1-2】 －1.50DC×180 　　　　　　　　　　**【例1-3】** －1.00DC×30

有时为了方便起见,亦会采用水平轴代表小于90°的方向,垂直轴代表大于等于90°的方向。

【例1-4】 －1.00DC×30

球面透镜各个方向屈光力相同。在十字线标示法中,任意两个方向标示相同的屈光力。

【例1-5】 －1.00DS 可以采用以下两种标示法进行标示。

(一)柱面透镜的联合

1. 同轴向柱面透镜的联合

轴向相同的两柱镜密接组合的镜度为原两柱镜镜度的代数和,轴向不变。

【例1-6】 －1.00DC×90/－2.00DC×90＝－3.00DC×90

$$0 \quad\quad 0 \quad\quad 0$$
$$-1.00D \quad + \quad -2.00D \quad = \quad -3.00D$$

2. 轴位互相垂直的柱面透镜的联合

两柱镜轴向互相垂直的密接称为正交联合。

(1) 两柱镜正交联合,若柱镜度相等,则联合后其等效透镜为一球面透镜,其镜度与原柱镜相同。

【例 1-7】 $-1.00DC \times 30 / -1.00DC \times 120 = -1.00DS$

$$-1.00D \quad\quad 0 \quad\quad -1.00D$$
$$0 \quad + \quad -1.00D \quad = \quad -1.00D$$

(2) 两柱镜(A 和 B)正交联合,若柱镜度不等,则联合后其等效透镜为一球柱面透镜,形成交替球柱。

① 球镜度为 A 的球镜和柱镜度为(B−A)的柱镜组合,轴与柱镜 B 相同;

② 球镜度为 B 的球镜和柱镜度为(A−B)的柱镜组合,轴与柱镜 A 相同。

$$F = A \times \theta + B \times (90+\theta) = A + (B-A) \times (90+\theta)$$
$$= B + (A-B) \times \theta$$

【例 1-8】 $-1.00DC \times 60 / -2.00DC \times 150 = -1.00DS / -1.00DC \times 150$

$$-1.00D \quad\quad 0 \quad\quad -1.00D \quad\quad 0$$
$$0 \quad + \quad -2.00D \quad = \quad -1.00D \quad + \quad -1.00D$$

$-1.00DC \times 60 / -2.00DC \times 150$ 亦可转换为 $-2.00DS / +1.00DC \times 60$

$$-1.00D \quad\quad 0 \quad\quad -2.00D \quad\quad +1.00D$$
$$0 \quad + \quad -2.00D \quad = \quad -2.00D \quad + \quad 0$$

(二) 球柱面透镜的联合

1. 同轴位球柱面透镜的联合

同轴位球柱面透镜的联合,分别对球镜和柱镜代数求和。

【例 1-9】 $-1.00DS / +2.00DC \times 45 \ \frown \ -1.50DS / -1.00DC \times 45 = -2.50DS / +1.00DC \times 45$

```
  -1.00D              -1.50D              -2.50D
      -1.00D    +         -1.50D    =         -2.50D
```

```
  +2.00D              -1.00D              +1.00D
        0       +           0       =           0
```

在实际处方变换中，需要将结果转换成负柱面的形式。

2. 一种球柱镜形式转换为另一种球柱镜形式

（1）新球镜屈光力等于原球镜与柱镜屈光力之和，即新球面透镜的顶焦度为原球面透镜与柱面透镜顶焦度之代数和。

（2）新柱镜屈光力等于原柱镜屈光力的相反数。

（3）新柱镜轴的方向与原柱镜轴的方向垂直，即若原轴位小于或者等于 90°时加 90°，大于 90°的减 90°。

总结上述三项的结果可以简单写成：代数和-变号-转轴。

【例 1-10】　$-1.00DS/-2.25DC\times135=-3.25DS/+2.25DC\times45$

```
  -1.00D                0                 -1.00D
        -1.00D    +           -2.25D  =          -3.25D        ⇨
```

```
  -1.00D              -3.25D              +2.25D
        -3.25D  =            -3.25D   +           0
```

3. 球柱镜形式转换为正交柱镜形式

（1）其中一个新柱镜屈光力等于原球镜屈光力，轴与原柱镜轴的方向垂直。

（2）另一新柱镜屈光力等于原球镜与柱镜屈光力之和，其轴与原柱镜轴的方向相反。

【例 1-11】　$-1.00DS/-2.25DC\times135=-1.00DC\times45/-3.25DC\times135$

```
  -1.00D                0                 -1.00D
        -1.00D    +           -2.25D  =          -3.25D
```

4. 正交柱镜形式转换为球柱镜形式

（1）选任一柱镜屈光力作为球镜屈光力。

（2）另一柱镜屈光力减去球镜屈光力为新柱镜屈光力。

（3）新柱镜轴与另一柱镜轴的方向相同。

【例1-12】　$-1.00DC\times15/-2.25DC\times105=-1.00DS/-1.25DC\times105$

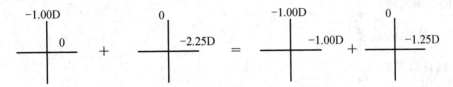

四、棱镜

棱镜在视光学中是用来改变光线方向的重要光学元件,按照其成像特点与结构形式可以分为反射棱镜和折射棱镜。反射棱镜在视光学的应用主要是用在如电脑验光仪等视光仪器中。在视觉功能检查与治疗中用到的棱镜主要是折射棱镜中的三棱镜。在本单元后续内容中只介绍三棱镜的相关内容。三棱镜的成像特点是只改变光线的方向而不改变光束的聚散度,在眼科学和视光学中用来测量与治疗集合功能异常与眼位变化等。

（一）三棱镜的结构特点

三个互不平行的平滑表面所围成的具有三个棱的均匀透明体称为三棱镜。每个面均称为屈光面。屈光面相交所形成的线称为棱。通常将两侧屈光面所形成夹角较小的棱称为顶。顶两侧屈光面相交所形成的夹角称为顶角。正对顶的面称为底。通过顶且垂直于底的直线称为底顶线。垂直于棱的截面称为主截面。

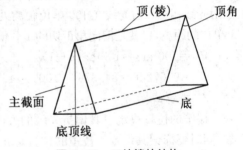

图1-12　三棱镜的结构

（二）三棱镜的光学特性

三棱镜的光学特性主要为偏向性和色散性。

1. 偏向性

三棱镜的偏向性体现在只对光线产生偏折,不改变光束的聚散度,因此棱镜没有会聚或发散光线的能力。物体通过三棱镜偏折后光线向底的方向偏折,所成的虚像向顶的方向移动,如图1-13所示。在视光学中利用棱镜的这一特性实现辐辏功能或者眼位的矫正与治疗。

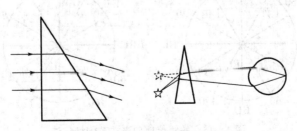

图1-13　三棱镜的偏向性光路

2. 色散性

三棱镜的色散性体现在不同波长的光线发生不同程度的偏折。同一透明介质对于不同波长的单色光具有不同的折射率。以同一个角度入射到折射棱镜上的不同波长的单色光，具有不同的偏向角。

（三）棱镜的度量与标记

1. 棱镜的度量

（1）偏向角

描述棱镜偏向作用的物理量称为棱镜屈光力，用偏向角表示。偏向角的单位可以是一般角度单位，如度、弧度等。

棱镜在空气中，棱镜屈光力：

$$\varepsilon = (n-1)\alpha$$

式中：ε 为棱镜屈光力（°）；α 为棱镜的顶角（°）；n 为棱镜材料的折射率。

（2）棱镜度

此单位系 C. F. Prentice 于 1888 年所倡导，其符号为 $P^{\triangle}$。$1^{\triangle}$ 是指当光线通过该棱镜时，使出射光线相对入射光线在 100 单位距离处，偏移 1 单位的距离，也就是偏向角正切的 100 倍。

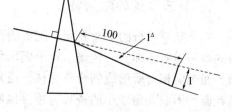

$P^{\triangle} = 100\tan\varepsilon = 100\tan(n-1)\alpha$

$1^{\triangle} = 0.572\,9° = 34.376'$　　$100^{\triangle} = 45°$

2. 棱镜的标记

图 1-14　棱镜度计算图示

棱镜的位置决定了其偏折光线的方向。在视光学中，棱镜与柱镜一样，不但要标记其度数，同时要标记其位置。棱镜的位置标记是记录棱镜底所在的方向。棱镜的标记有三种标示方法，分别为老式英国标记法、新式英国标记法、360°标记法。三种方法的相同之处是对于检查者而言的，是以患者为参考标准，标记其右眼和左眼。三种方法从写法上容易分辨。

（1）老式英国标记法

老式英国标记法将眼分成四个象限，分别为上内、上外、下内、下外，采用 BU（基底向上）、BD（基底向下）、BI（基底向内）、BO（基底向外）表示上下内外四个方向。具体标示方法如图 1-15 所示。

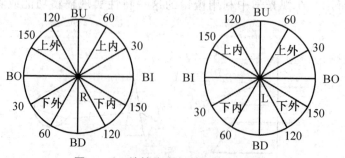

图 1-15　棱镜度底向老式英国标记法

【例1-13】 R：3△B上内60°；L：4△B上外30°。

（2）新式英国标记法

新式英国标记法将眼分成上、下两个象限，亦采用 BU、BD、BI、BO 表示上下内外四个方向，具体标示方法如图1-16所示。

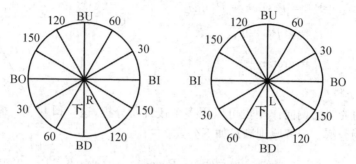

图1-16 棱镜度底向新式英国标记法

【例1-14】 R：3△BU60°；L：4△BD30°。

（3）360°标记法

360°标记法没有进行象限分割，从水平位开始，按照逆时针方向递增数字标记。具体标示方法如图1-17所示。

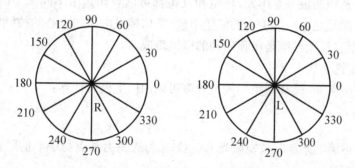

图1-17 棱镜度底向360°标记法

【例1-15】 R：3△B60°；L：4△B240°。

4. 直角坐标底向标示法

根据底尖线的位置确定棱镜的方位。若位于垂直方向，棱镜以其底朝上（BU）或底朝下（BD）标示，若位于水平方向，若底朝向鼻侧，则以底朝内（BI）标示，若底朝颞侧，则以底朝外（BO）标示。即将棱镜基底分为 BI（基底向内）BO（基底向外）BU（基底向上）BD（基底向下）。鼻侧基底向内，颞侧基底向外。即所采用的 BU、BD、BI、BO 分别代替360°标记法中90、270、右眼0（左眼180）、右眼180（左眼0）。底尖线位于斜向的棱镜，将其分解为水平和垂直方向棱镜，分别进行标示。

（四）棱镜的合成与分解

在实际工作中，经常需要将多个棱镜叠加或者用多个棱镜来代替某一棱镜以满足特定的光学需求，这就称为棱镜的合成与分解。

1. 棱镜的合成

多个眼用棱镜叠加在一起,使光线的偏向作用可以用一个棱镜所代替,这种等效作用称为合成。合成原则采用公式(1-15)进行计算。

$$P_H = P_1\cos\theta_1 + P_2\cos\theta_2$$

$$P_V = P_1\sin\theta_1 + P_2\sin\theta_2$$

$$P = \sqrt{P_H^2 + P_V^2} \qquad (1-15)$$

$$\theta = \arctan\frac{P_V}{P_H}$$

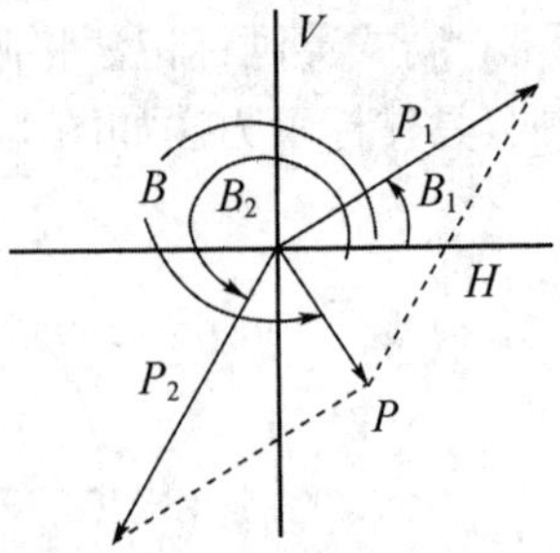

2. 棱镜的分解

一个棱镜对光线的偏向作用也可以用多个棱镜所分担,这种等效作用称为分解。分解原则满足如下公式:

图 1-18　棱镜的合成与分解

$$P_H = P\cos\theta$$

$$P_V = P\sin\theta \qquad (1-16)$$

(五) 透镜的棱镜效果

棱镜是组成透镜的最基本单元,球镜和柱镜都可以看作是由不同大小的棱镜按一定规则组合而成。正球镜是由底向中心的棱镜组成;负球镜是由顶向中心的棱镜组成;正柱镜是由底向轴的棱镜组成;负柱镜是由顶向轴的棱镜组成。

1. 透镜的棱镜效果

根据 Prentice 规则,镜片产生的棱镜效应可以用以下公式计算:

$$P = dF \qquad (1-17)$$

式中:P 为透镜上某点的棱镜屈光力($\triangle$);d 为透镜上某点与中心的距离(cm);F 为镜片后顶点屈光力(D)。

2. 球面透镜上任一点的棱镜效果

球面透镜上任一点的棱镜效应可以直接应用 Prentice 规则进行计算,如果需要可以采用棱镜分解原则将其分解成水平和垂直两个方向。

【例 1-16】 求右眼用透镜 $F=-5.00D$ 的光学中心颞侧 1 cm 上方 1 cm 处具有的棱镜度以及底向。

解:$P_H = xF_s = 5.00^\triangle$,$P_V = yF_s = 5.00^\triangle$,则

$$P = \sqrt{P_H^2 + P_V^2} = 5\sqrt{2}^\triangle$$

$$\theta = \arctan\frac{P_V}{P_H} = 45°$$

棱镜度以及底向为:$7.07^\triangle B135°$

3. 柱面透镜上任一点 Q 的棱镜效果

柱面透镜上任一点的棱镜效果需要首先计算该点到柱镜轴的垂直距离,然后采用 Prentice 规则进行计算,其可以采用公式(1-18)进行计算:

$$d = y\cos\beta - x\sin\beta$$

$$P = dF_c$$

$$(1-18)$$

式中：d 为 Q 点至柱镜轴的距离(cm)；P 为 Q 点棱镜屈光力($\triangle$)；β 为柱镜轴的方向值；F_c 为柱镜屈光力(D)；x,y 符号遵循坐标原则。

【例1-17】　求右眼用透镜 $F=+2.00DC\times30$ 的光学中心颞侧 5 mm 上方 10 mm 处具有的棱镜度以及底向。

解：$d = y\cos\beta - x\sin\beta$

　　　$= 1.0\cos30° - 0.5\sin30° = 0.62(cm)$

　　$P = dF_c = 0.62\times2 = 1.24^{\triangle}$

方向为 $30+90+180=300$

棱镜度为 $1.24^{\triangle}$ BU300°

4. 球柱面透镜上任一点的棱镜效果

球柱镜上任一点的棱镜效果可以按球镜在该点产生的棱镜效果和柱镜在该点产生的棱镜效果的合成方法计算，也可以按照两个正交的柱镜的棱镜效果合成计算。

(六)透镜的移心

棱镜是组成透镜的最小单元，因此透镜的中心偏移必然产生棱镜效应。在实际工作中可以利用球面透镜这一特点进行移心操作以得到一定的棱镜效应。

1. 球面透镜的移心

正透镜的移心方向与所需三棱镜底向相同；负透镜的移心方向与所需三棱镜底向相反。

【例1-18】　求眼用透镜 $F=+3.00D$ 产生 $1.5^{\triangle}$ 底向下所需的移心量及方向。

解：$F=-3.00D$；$P=1.5^{\triangle}$(BD)

$C=1.5/3=0.5(cm)$，向下移心

【例1-19】　求右眼用透镜 $F=-2.00D$ 产生 $1.5^{\triangle}$ 底向外所需的移心量及方向。

解：$F=-2.00D$；$P=1.5^{\triangle}$(BD)

$C=1.5/2=0.75(cm)$，向内移心

2. 柱面透镜的移心

单柱面透镜可以通过移心产生棱镜底的方向与柱轴方向相垂直的棱镜度。

球柱面透镜的移心是球面透镜和单柱面透镜移心的结合。

第二章 镜架材料基础

第一节 镜架材料

目前,制造眼镜架的材料主要可分为金属材料、塑料材料和天然有机材料等三大类。

一、金属材料

用于眼镜架的金属材料有铜合金、镍合金、铁合金、钛及钛合金、贵金属、铝合金六大类。要求具有一定的硬度、柔软性、弹性、耐磨性、耐腐蚀性。由于配戴者希望镜架重量轻、光泽度高和色泽好。因此,用来制作镜架的金属材料几乎都是合金或在金属表面加工处理后使用。

(一)铜合金

通常耐腐蚀性较差,容易生锈,但成本较低,常用于低档镜架制作。随着生活水平的日益提高,以这类材料为主的镜架已逐渐淡出市场。

1. 锌白铜

锌白铜又称洋白或洋银。主要成分是铜,其中含铜64%、镍18%、锌18%,比重为8.8。其特点是有一定的耐腐蚀性和良好的弹性,且成本低,易加工。主要用于制作铰链、桩头和鼻梁支架等部件,低档眼镜架大多采用锌白铜材料。使用时经人体汗水腐蚀后生锈呈铜绿色。

2. 黄铜

黄铜也称铜锌合金。含铜63%～65%、锌35%～37%,呈黄色。其优点是便于切削加工,缺点是易变色。常用于低档眼镜架和鼻托芯子等。

3. 铜镍锌锡合金

铜镍锌锡合金由铜62%、镍23%、锌13%、锡2%所组成的合金。具有良好的弹性,经电镀处理后常用于眼镜架的鼻梁和镜腿等。

4. 青铜

青铜一般指铜锡合金,且含有少量的锌和磷。由于青铜中含有一定量的锡元素,故价格较高,其缺点是加工困难和对酸类抗腐蚀性较差,但具有良好的弹性、抗磁性、耐磨性,在大气、海水、蒸汽中抗人体腐蚀性优于铜和黄铜,故适合做眼镜架的弹簧和镜圈材料。

(二)镍合金

一般镍合金耐腐蚀性较好,不容易生锈。通常用于中高档镜架,但是部分人群对镍过敏,各国对日用和医用金属材料中的镍含量限制越来越严格。

1. 蒙耐尔合金

蒙耐尔合金属于镍铜合金的一种。比重为 8.9，含镍 63％～67％、铜 28％～31％，含少量的铁和锰等。其特征是不含铬，由于含镍量较高，具有很好的强度、弹性、耐腐蚀性和焊接牢固等优点，故常用来制造中档眼镜架。蒙耐尔合金由于添加了铜与锰，材质更加坚韧，也使得材料延展性得到提升，在所有镍材料中，蒙耐尔属于一种非常优良且应用广泛的合金材料。在当今眼镜框线制作中，蒙耐尔已比较普遍，除此之外，它还被大量使用于化学工业、海水淡化工程、石油工程以及核军事工业。蒙耐尔材料因冶炼制造工艺复杂，故价格相对较高。

2. 高镍合金

高镍合金又称镍合金。比重为 8.67，含镍 84％，铬 12.5％、银 5％、铜 1％及其他元素等，为高级镍铬合金材料，与蒙耐尔合金相比更具弹性和耐腐蚀性。

（三）铁合金

常见材料主要以不锈钢为代表，不锈钢也为镍铬合金的一种。主要含铁占 70％以上，铬 18％、镍 8％、其他元素占 0.1％～0.3％。具有很好的弹性和耐腐蚀性，多用于镜腿材料。含有 1％～1.5％铅元素的不锈钢材料多用于制作螺丝或包金架的基体材料，其缺点是强度差及焊接加工较困难。

（四）钛及钛合金

钛是 20 世纪 50 年代发展起来的一种重要的结构金属，钛合金因具有强度高、耐蚀性好、耐热性高等特点而被广泛用于各个领域。钛无毒、质轻、强度高且具有优良的生物相容性，是非常理想的医用金属材料，可用作人体的植入物等。纯钛是一种银白色的金属，比重为 4.5，重量轻为其最大的特点，且具有很高的强度、耐腐蚀性和良好的可塑性。多用于航天工业，被称为"太空金属"。随着提炼工艺的发展，目前钛材料广泛应用于民用金属材料和医用金属材料市场。纯钛呈现银白色，具有强度高、熔点高等特性。经过真空负离子电镀工艺等表面处理，可以具有多种颜色。该材料 20 世纪 80 年代初被用于制作眼镜架，已逐渐解决了切削、抛光、焊接和电镀等加工难题，使钛材眼镜架基本普及。

钛是同素异构体，熔点为 1 668℃，在低于 882℃时呈密排六方晶格结构，称为 α 钛；在 882℃以上呈体心立方晶格结构，称为 β 钛。利用钛的上述两种结构的不同特点，添加适当的合金元素，使其相变温度及相分含量逐渐改变而得到不同组织的钛合金（titanium alloys）。室温下，钛合金有三种基体组织，钛合金也就分为以下三类：α 合金，(α＋β) 合金和 β 合金。分别以 TA、TC、TB 表示。

α 钛合金是 α 相固溶体组成的单相合金，不论是在一般温度下还是在较高的实际应用温度下，均是 α 相，组织稳定，耐磨性高于纯钛，抗氧化能力强。在 500～600℃的温度下，仍保持其强度和抗蠕变性能，但不能进行热处理强化，室温强度不高。

β 钛合金是 β 相固溶体组成的单相合金，未热处理即具有较高的强度，经过淬火、时效后合金得到进一步强化，室温强度可达 1 372～1 666 MPa；但热稳定性较差，不宜在高温下使用。

(α＋β) 钛合金是双相合金，具有良好的综合性能，组织稳定性好，有良好的韧性、塑性和高温变形性能，能较好地进行热压力加工，能进行淬火、时效处理使合金强化。热处理后的强度约比退火状态提高 50%～100%;高温强度高,可在 400～500℃的温度下长期工作,其热稳定性次于 α 钛合金。

　　三种钛合金中最常用的是 α 钛合金和 α+β 钛合金。α 钛合金的切削加工性最好,α+β 钛合金次之,β 钛合金最差。

　　钛金属制的眼镜架,根据钛的种类,钛的使用部位,分别用缩写形式刻印于镜架上,一般在镜脚内侧或撑片上。如表 2-1 所示。

表 2-1　钛镜架标识

Ti-P(TiTan-P; pure titanium)	纯钛用于镜框和镜脚
F-Ti-P(front-titan-P)	纯钛用于镜框
T-Ti-P(temple-titan-P)	纯钛用于镜脚
Ti-C(titan-c)	钛合金用于镜框和镜脚
F-Ti-c	钛合金用于镜框
T-Ti-c	钛合金用于镜脚

　　记忆金属又称记忆钛金或 NT 合金,也是一种特殊的钛合金,是混合钛及镍经高温处理后合成,有比一般的钛合金轻和超弹性的优点。该材料弯曲量大,塑性高。在记忆温度以上恢复以前形状,当温度达到某一数值时,材料内部的晶体结构会发生变化,从而导致了外形的变化。在一定温度下合金可以变成任何形状,在较低的温度下合金可被拉伸,但若对它重新加热,回到变形的温度,金属则变回原形。

(五)贵金属

1. 金及其合金

　　纯金呈金黄色,比重为 19.3,是最重的金属之一,在大气中不会被腐蚀氧化。金比银柔软,有很好的碾展性,例如金箔的制作。故一般不用纯金做眼镜架材料,而采用金与银、铜等的合金。其合金的含金量一般用"K"来表示。24K 是 100% 的纯金,眼镜架材料多采用 K18、K14 和 K12 的合金,K18 纯金的含量为:18/24×100%=75%。K14 和 K12 标志分别代表纯金含量为 58.3%、50%。由于 K 金镜架价格较为昂贵,故在镜架上处理通常以包金或镀金方式进行。

　　包金又称碾金、加金、滚金,是在基体金属外包一层 K 金,即将薄金片熔接在基材上,制作成不同款式的镜架。通常包金厚约 10～50 μm。使其具有金的性质,多用于高档镜架。包金架的基体材料一般使用白铜、黄铜、镍和合金等,常用的包金架主要有 K18、K14、K12 和 K10 等。包金眼镜架的表示方法有两种,即金含量重量比在 1/20 以上时,用 GF 表示;在 1/20 以下时,用 RGP 表示。

　　【例 2-1】　1/8 12K GF:1/8 表示含金量 1/8×12/24=1/16;12K 表示 12K 的合金;GF 表示包金符号。

　　【例 2-2】　1/10 10K RGP:1/10 表示含金量 1/10×10/24=1/24;10K 表示 10K 的合金;RGP 表示 1/20 以下的包金符号。

　　镀金指利用化学电镀法将纯金镀在由其他金属制成的镜架上。镜架表面通常刻有

"GP",镀金架相对可改善基材金属的外观,增加耐腐蚀性。

2. 白金

白金即金合金的一种。眼镜架材料多采用 K14 的白金,其组成为含纯金量 58.3%、镍 17%、锌 8.5%和铜 16%等。

3. 铂及铂金族

纯铂和金、银一样柔软,一般与其他铂金元素组成合金来使用。铂金元素有:铂、钯、铱、锇、铑和钌等,以上元素统称铂金族。眼镜架常采用铂铱合金,其比重较大。铑和钯多用于金属眼镜架的电镀材料。

(六)铝合金

纯铝比较软,呈银白色,一般多为铝合金。铝合金质轻、抗腐蚀性好,有一定硬度,有良好的冷成形特性,表面可处理成薄而硬的氧化层,可染成各种颜色。目前钛架制镜架镜脚连接处的垫圈使用铝合金材料,也有整个眼镜圈用铝合金制造,色彩比较丰富。眼镜材料中,铝镁合金的应用较为广泛,主要元素是铝,掺入少量的镁或其他的金属材料来加强其硬度。由于抗蚀性好,又称防锈铝合金。因本身就是金属,其导热性能和强度尤为突出。

二、塑料材料

塑料镜架主要利用各种类型的塑料高分子材料制作,各种高分子材料组成不同,会表现出不同的物理化学性能,镜架质量主要还是取决于高分子材料的微观结构以及聚合物加工工艺。

塑料分为热塑性塑料和热固性塑料两大类。热塑性塑料可以在加热条件下重新加工,热固性塑料则不行。塑料镜架一般是尼龙或复合材料制作,虽然是热塑性材料,但在常温下并不会变软。制作镜架的塑料并不一定都是热塑性的,但基本上都可以在加热的条件下变软。热固性塑料,通常只用于制作小部件(如用硅橡胶做鼻托)。

丰富的颜色、质地、式样是塑料成为镜架材料的主要原因,其形状可调性因塑料的种类而不同,有些无需加热即可微调。塑料镜架耐用、耐冲击,对运动佩戴者较为适合。

塑料镜架因其质轻,不易过敏,适合各年龄阶段人群,因其颜色和材质的特性,同时也成为时尚人士太阳眼镜或装饰的选择。塑料镜架制作类型上表现为双拼架,即采用叠层塑料制作,将一种颜色的薄层塑料粘贴在另一层较厚的塑料上,厚材料多为透明的(或透光的)色料,也有采用三层或多层塑料制作。

塑料镜架从制作工艺分为注塑镜架和板材镜架。

注塑镜架是利用树脂材料加工注塑成型。即将树脂颗粒经过加温融化后利用模具注塑成型,制作工艺简单,生产成本较低。缺点是易变形,抗拉、抗压强度低。部分区域内应力的产生导致镜片装配沟槽尺寸不均匀,甚至容易损坏。注塑镜架相对色彩单调,以印、染、喷上色,浮于表面,外观圆润。手感上注塑镜架较软、弹性较差、边角圆滑。由于注塑工艺的特性,注塑镜架通常会在模具结合缝隙处产生明显的线条痕迹,俗称为分模线,一般在镜面和镜腿的边缘中心。同时在材料注塑成型过程中,由于从热到冷,镜架会在几何尺寸较大的地方产生缩痕,可对照光线观察。

板材镜架是将树脂板材车削成型,经过铣床进行内车、铣槽、外车、车铣花式、定型、抛光、表面、印刷多 100 多道工序加工而成。生产工艺复杂,甚至手工制作大部分工序。镜架强度较高,不易变形,镜片沟槽尺寸均匀。板材镜架相对色彩丰富,可以拼色、色彩厚实深入材质肌理,镜圈内槽有车削痕迹;手感上,板材镜架较硬、弹性好、棱角分明。

常见镜架用塑料材料如下:

(一)硝酸纤维素

硝酸纤维素又称赛璐珞,属热塑性树脂。主要是由硝酸纤维素添加樟脑和软化剂等作原材料合制而成。由于易燃、收缩性较大、材料易老化等原因,目前已很少用于制造眼镜架,在非金属眼镜架中属低档产品。

(二)醋酸纤维素

醋酸纤维素属热塑性树脂,主要由醋酸纤维素、可塑剂、着色剂以及安定剂、润滑剂等合制而成。可制成板材架和注塑架两种,是塑料眼镜架的主要原材料之一。材料比重 1.28～1.32,比硝酸纤维素略轻。相对硝酸纤维素镜架,不易燃烧,在紫外线的照射下不易变色,但抗冲击性略低。

(三)丙酸纤维

丙酸纤维属热塑性树脂,主要由丙酸纤维素为原料,添加极少量的可塑剂、着色剂和安定剂合制而成。具有尺寸稳定、耐久、不易变色、耐冲击、易加工成形和自身柔软性好等特点。多用于注塑眼镜架、进口塑料架。

(四)环氧树脂

环氧树脂属热固性树脂,但经加热后又有极好的复原性,故又具有热塑性的性质。高档塑料架多采用该材料。其重量轻,一般比赛璐珞轻 40%,比醋酸轻 20%～30%。尺寸稳定性好、易着色。但其收缩性极差,在配装加工镜片时镜片制作要稍大一些。该材料镜架加热温度最低为 80℃才可调整,材料耐热性极强,可加热至 200℃。由于该材料表面硬度极强,具有极好的强度,故镜腿无需金属芯,但冷却状态下弯曲时易折断。

(五)尼龙

尼龙又称聚酰胺,属热塑性树脂的一种。其特点是白色不透明、强度大、耐热、耐冲击、耐磨和耐溶性均良好,故更适合运动员与儿童。且具有自身润滑性等特点,其缺点是具有一定的吸水性,故尺寸稳定性略差。

(六)碳素纤维

碳素纤维热塑性树脂,具有一定的耐腐蚀性、耐热性和强度大、弹性好等特点,经强化加工合成树脂后,用于眼镜架制作。

(七)新型材料

目前,各种新型高分子材料用于镜架的制作中,例如 TR-90(塑胶钛)目前在国内已广泛应用。TR-90(塑胶钛)是一种具有记忆性的高分子材料,是目前国际最流行的超轻镜框材料,具有超韧性,耐撞耐磨,摩擦系数低等特点,能有效防止在运动中,因镜架断裂、摩擦对眼睛及脸部造成的伤害。其分子结构特异,抗化学性佳,在高温的环境下不易变形,短时间内可耐350℃高温,不易熔化和燃烧。无化学残留物释放,符合欧洲对食品级材料的要求。TR-90眼镜架表面润滑,比重1.14~1.15,放在盐水中会飘浮,比其他常见塑料眼镜架轻,可减少鼻梁、耳朵负担,适合青少年使用。该材料耐磨性佳、抗化学性佳、耐溶剂性、不易燃烧、耐高温。同时该材料也是记忆性的高分子材料,抗变形指数620 kg/cm²,不易变形。TR-90材料的眼镜架弹性大、韧性强、不易断裂、强度大、不破裂,所以具有运动安全性。相对尼龙材料,耐撞击,能有效防止在运动中因撞击而对眼睛产生的伤害。

三、天然材料

用于制作眼镜架的天然材料有玳瑁、特殊木材和动物头角等。一般木质眼镜架和牛角架很少见,常见的是玳瑁眼镜架。天然材料中的大部分材质对皮肤刺激小,部分材质甚至具有保健作用。

(一)玳瑁

玳瑁是大型海龟,栖息于太平洋、印度洋、大西洋等热带海域,其背甲平滑而有光泽,花纹美丽。用玳瑁背甲制作精美饰品由来已久,汉代的著名诗篇《孔雀东南飞》中就有"足下蹑丝履,头上玳瑁光"的诗句。中医认为玳瑁壳和犀角一样具有清热解毒功能,传说可以"避邪祛病"。

玳瑁壳制成的眼镜架优点是重量轻、光泽优美、易加工抛光、受热时可塑、加热加压时可接合、对皮肤无刺激,且经久耐用具有保存的价值。缺点是与其他材料相比易断裂,但断裂后可粘合修理。一般在柜台陈列时需放置水中以防干燥,在使用保养时不能用超声波清洗,否则会发白失去光泽。由于玳瑁是国家二级保护动物,产量不多且价格昂贵。

(二)木质

早期的眼镜架曾采用木质材料,近年来由于绿色生活的倡导,因木质镜架可将时尚和环保结合,故又回归市场,手工制作的木质镜架更受配戴者青睐。例如镜架以100%天然木料为基材,涂以无害涂层防潮和变色。木质镜架外观非常质朴,具有木头的天然纹理。制作中需要在基材料上打磨上蜡、上漆。木制眼镜框比塑料和金属框架更轻,触感更好。

(三)牛角、象牙

由于象牙相对木材更为坚实细密,象牙材质拥有独特的纹理,色泽柔润光滑,随时间的推移,象牙更富有光泽。镜框可采用水牛角,配合以镜腿上雕刻不同图案,增加了眼镜的时尚性。

第二节　镜架结构与分类

一、镜架的结构与作用

　　镜架主要用于准确可靠的装夹镜片,同时保持镜片与眼的相对位置稳定。镜架需与配戴人的脸型、头型相吻合,使配戴者协调、舒适,且与其皮肤生理相容。通常,为保持镜架的功能性质,镜架结构主要包括镜圈、鼻梁、桩头和镜脚等部分,如图2-1所示。

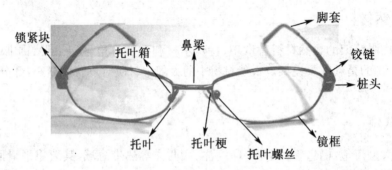

图 2-1　镜架的结构

　　(1) 镜圈(镜框):指镜片的装配位置,根据镜架款式的不同,镜圈由金属丝、尼龙丝、螺丝等不同材质组成。

　　(2) 镜腿:固定眼镜在脸上的部件。与脚套一起将眼镜挂在耳朵上。镜腿长度指铰链孔中心至伸展镜腿末端的距离。

　　(3) 鼻梁:连接左右镜圈或直接与镜片固定连接。鼻梁有直接置于鼻子上,也有通过托叶支撑于鼻子上。

　　(4) 鼻托:包括托叶梗、托叶箱、托叶螺丝、托叶,托叶与鼻子直接接触,起着支撑和稳定镜架的作用。某些塑料镜架可以没有托叶梗和托叶箱,托叶和镜圈相连。

　　(5) 桩头:镜圈和镜角的连接处,一般是弯形,目的是遮盖锁紧块、扩大镜框水平尺寸。桩头具有良好的装饰作用,通常镜架的该部位有雕刻、镂空等装饰,以突显镜架个性。

　　(6) 镜脚:钩架在耳朵上,可活动,与桩头相连,起着固定镜圈作用。

　　(7) 铰链:连接桩头和镜脚的一个关节,起到镜架的开关闭合作用。

　　(8) 锁紧块:即全框眼镜金属丝连接处。利用旋紧块螺丝,将镜圈开口两侧的锁紧块紧固,以固定全框眼镜。

　　(9) 脚套:装配在镜腿末端,根据长度分为长脚套、短脚套,目的使配戴者配戴舒适。必要时可根据配戴者需要,通过在金属镜腿加上一层热缩膜作为保护膜,可以防止镜腿受汗液腐蚀及金属镜腿和皮肤接触产生的过敏现象。

　　(10) 撑片:主要用于维持镜圈形状的镜片,加工前用于试戴,加工时可作为模板。为使配戴者获得更好的试戴效果,表面甚至用镀多层膜进行处理。

　　除上述部件外,镜架结构还包括托叶螺丝、铰链螺丝等紧固配件。眼镜的设计具有多样性,根据设计的不同,镜架还附有"眉毛"(镜圈上方的塑料配件),或音乐播放器等作为眼镜的附属配件。但是随着科技的发展，眼镜目前作为一种智能可穿戴设备，也逐渐受到人们的关注，例如近年来兴起的谷歌智能眼镜，可穿戴，便携性，数据性，信息性，并且具有一定的数据采集存储功能和处理能力。

二、镜架的分类

镜架的分类根据不同的标准，有所不同。

（一）按材料

根据眼镜架国家标准 GB/T14214—2003，镜架分为金属架、塑料架及天然有机材料架三类。

（1）金属架：眼镜架的前框主要部分由金属材料制成。

（2）塑料架：眼镜架的前框主要部分由塑料（或类似性质）的材料组成，主要包括各种类型高分子材料。

（3）天然有机材料架：没有与其他原料合成，在经过加工（切割、成形、弯曲、抛光、加热等工序）后，能基本保持其原始性质的材料。例如玳瑁镜架、贝壳类、牛角、木材类镜架。

（二）按类型

根据镜圈制作材质及镜片固定方式分为全框架、半框架、无框架和折叠架四类。按日常使用习惯将眼镜款式分为全框眼镜、半框眼镜、无框眼镜。

（1）全框眼镜利用金属丝制作的镜圈固定镜片。牢固、易于定型，可遮掩一部分的镜片厚度。

（2）半框眼镜利用尼龙丝和金属丝混合制作的镜圈固定镜片。利用一条很细的尼龙丝作部分框缘，镜片经特殊磨制，下缘变平后中有一条窄沟，使尼龙丝嵌入沟中，形成无底框的式样，因而重量相对轻，给人以轻巧别致之感，但依然牢固。

（3）无框眼镜没有镜圈对镜片形状的束缚，只有金属鼻梁和金属镜脚，镜片与鼻梁和镜脚直接由螺丝紧固连接，一般要在镜片上打孔，凭螺丝固定镜片。无框眼镜相对半框、全框镜架更加轻巧、别致，但强度稍差。无框镜架由于没有镜圈的限制，镜片形状可在符合光学效果的范围内，任意更改。

（4）折叠架主要利用折叠的镜架、镜腿等结构，缩小镜架的携带体积。镜架可以折成四折或六折，主要用于老视眼镜的装配，以方便携带。

第三章　镜片材料基础

第一节　镜片材料

一、镜片特性

镜片的材料主要评估其光学特性、物理特性、化学特性、机械特性和热性能。

(一)光学特性

1. 折射率

根据光学公式：

$$n = \frac{\sin\theta_i}{\sin\theta_t} \qquad (3-1)$$

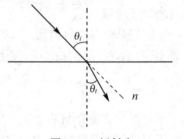

图 3-1　折射率

眼镜片的折射率是入射角 θ_i 的正弦与折射角 θ_t 的正弦之比，即光线由空气进入透明媒质(镜片材料)后偏离其初始路径的值，如图 3-1 所示。

媒质的折射率也是真空中的光速和媒质中的光速的比率，即

$$n = \frac{c}{v}$$

由于透明媒质的光速随着波长而变化，所以折射率的值总是参考某一特定波长表示：在欧洲，参考波长为 $\lambda_e = 546.07$ nm(汞绿光谱线)；在美国等其他国家，参考波长则是 $\lambda_d = 587.56$ nm(氦黄光谱线)。注意 n_e 值稍大于 n_d，因此当材料用值表示时反映的折射率相对偏大。例如，CR-39 材料的折射率 n_e 在欧洲 1.502，而 n_d 则是 1.498。

镜片设计中，随着镜片折射率增加，镜片会越薄。尤其对于高度屈光不正，随着镜片度数增高，正镜片中心厚度增高，负镜片边缘厚度增高。根据不同的折射率，镜片材料的分类如表 3-1。

表 3-1　不同折射率的镜片分类

分类	折射率范围	适用镜片
普通折射率	$1.48 \leqslant n < 1.54$	常见于 1.499 光学树脂,1.523 普通冕牌玻璃
中折射率	$1.54 \leqslant n < 1.64$	常见于 1.56,1.59,1.60 光学树脂
高折射率	$1.64 \leqslant n < 1.74$	常见于 1.67,1.71 光学树脂
超高折射率	$n \geqslant 1.74$	常见于 1.80,1.90 光学玻璃

2. 色散

复色光分解为单色光的现象叫做光的色散。牛顿在 1666 年最先利用三棱镜观察到光的色散,把白光分解为彩色光带(光谱)。色散现象说明光在媒质中的速度(或折射率 $n=c/v$)随光的频率而变。光的色散可以用三棱镜、衍射光栅、干涉仪等来实现。白光由红、橙、黄、绿、蓝、靛、紫等各种色光组成,由几种单色光合成的光叫做复色光。经过三棱镜不能再分解的色光叫做单色光。

复色光分解为单色光而形成光谱的现象叫做光的色散。色散可以利用三棱镜或光栅等作为"色散系统"的仪器来实现。复色光进入棱镜后,由于对各种频率的光具有不同折射率,各种色光的传播方向有不同程度的偏折,因而在离开棱镜时就各自分散,将颜色按一定顺序排列形成光谱。

光波都有一定的频率,光的颜色由光波的频率决定,在可见光区域,红光频率最小,紫光的频率最大,各种频率的光在真空中传播的速度都相同。但是不同频率的单色光,在介质中传播时由于受到介质的作用,传播速度都比在真空中的小,并且速度的大小互不相同。红光速度大,紫光的传播速度小,因此介质对红光的折射率小,对紫光的折率大。当不同色光以相同的入射角射到三棱镜上,红光发生的偏折最少,它在光谱中处在靠近顶角的一端。紫光的频率大,在介质中的折射率大,在光谱中也就排列在最靠近棱镜底边的一端。

习惯上用阿贝数反映镜片材料的色散力,可用 V 值表示。阿贝数是材料色散力的倒数,是对控制光谱的材料能力的一种测量。类似折射率的计算,阿贝数可以用氦 d 谱线计算,也可以用汞 e 谱线计算。阿贝数越高,戴镜者越不容易察觉到镜片周边产生的色散现象(横向色差)。阿贝数也可以用于计算轴向色差和横向色差。阿贝数的计算公式如下:

$$V_d = \frac{n_d - 1}{n_F - n_C}$$

其中,黄光(587.56 nm) $n_d = 1.500$;红光(656.28 nm) $n_C = 1.496$;蓝光(486.31 nm) $n_F = 1.505$。

阿贝数与材料的色散力成反比。通常镜片材料的阿贝数值在 30~60 之间。阿贝数越大,色散就越小;阿贝数越小,则色散就越大,对成像质量的影响就越大。常用镜片材料的阿贝数如表 3-2 所示。所有的高折射率材料(包括玻璃和树脂材料),较低的阿贝数更容易产生色差现象。

表 3-2 常用镜片材料的阿贝数

玻璃材料	V_d	树脂材料	V_d
1.5	59	1.5	58
1.6	42	1.56	37
1.7	42	1.59	31
1.8	35	1.6	36
1.9	31	1.67	32
		1.74	33

尽管所有镜片都存在色散,但在镜片光学中心区域,该干扰因素可被忽略。只有高色散

力镜片的周边部,色散现象才易被察觉,其表现为离轴物体边缘带有彩色条纹。使用高屈光力镜片(高度近视或远视镜片)时,高色散力会令所视物体边缘产生彩色条纹,可能引起配戴者配戴不适。

3. 反射率

光线在镜片表面会产生反射现象,影响镜片的清晰度。针对未经表面处理的镜片,即不改变镜片材料本身反射量的条件下,镜片单面反射率 p_1 的计算公式如下:

$$p_1 = \frac{(n-1)^2}{(n+1)^2} \times 100\% \tag{3-2}$$

【例3-1】 计算折射率为 1.6 的镜片材料在未镀膜前的反射率。

解:光线入射镜片第一面时产生的反射率 p_1 为:

$$p_1 = \frac{(n-1)^2}{(n+1)^2} \times 100\% = p_1 = \frac{(1.6-1)^2}{(1.6+1)^2} \times 100\% = 5.33\%$$

光线入射到镜片第二面时的入射率为:$100\% - 5.33\% = 94.67\%$

光线入射镜片第二面时产生的反射率 p_2 为:

$$p_2 = 94.67\% \times \frac{(1.6-1)^2}{(1.6+1)^2} \times 100\% = 5.04\%$$

则折射率为 1.6 的镜片材料的反射率 p 为:

$$p = p_1 + p_2 = 5.33\% + 5.04\% = 10.37\%$$

【例3-2】 如 $n=1.523$,则镜片的单面反射率:$p_1 = \frac{(1.523-1)^2}{(1.523+1)^2} \times 100\%$。

镜片两面总反射:$4.3\% + 95.7\% \times 4.3\% = 8.4\%$,即只有 91.6% 的入射光透过。

对于眼镜片而言,镜片材料折射率越高,镜片表面的反射率就越大,因反射而损失的光线就越多(见表 3-3)。这种现象会使镜片内部产生光圈现象从而导致镜片厚度明显;使戴镜者的眼睛会因为镜片表面的光线反射而被掩盖;使戴镜者看到虚像;使镜片产生眩光而降低了对比度。通过镜片表面镀多层减反射膜以减少镜片表面光线的反射。

表 3-3　不同折射率镜片的反射率比较

折射率	1.5	1.6	1.7	1.8	1.9
反射率	7.8%	10.4%	12.3%	15.7%	18.3%

4. 光线的吸收

镜片的光线吸收通常指材料内部的光线吸收。镜片材料本身的吸收特性会减少镜片的光线透过率,这部分的光损失对于无色镜片是可以忽略的,但如果为染色或光致变色镜片,镜片本身对光线的吸收量会很大,这也是此类功能镜片的设计目的,即减少光线入射量。

5. 透光率

镜片的透光率指光线通过镜片而没有被反射和吸收的可见光透过率。即等于 1-反射率。例如 1.5 折射率的材料,其反射率为 7.8%,其透光率为 92.2%。

6. 紫外线切断

紫外线切断点反映了材料阻断紫外线辐射透过的波长。光辐射可分为紫外线、可见光及红外线。根据 1940 年 Morgan 分类法,辐射线分为以下五大类: ① 短波紫外线:13.6～310 nm;② 长波紫外线:310～390 nm;③ 可见光:390～780 nm;④ 短波红外线:780～1 500 nm;⑤ 长波红外线:1 500～100 000 nm。

习惯上,紫外线也可分为三个波段,UVC(100～280 nm)、UVB(280～315 nm),以及UVA(315～380 nm)。UVC 一般可被大气层中的氧、氮和臭氧层吸收,但不排除工业来源的 UVC。由于紫外线对眼部的组织结构作用,保护眼睛免受 UVB 和 UVA 的入侵非常重要。

(二) 物理特性

1. 密度

指 1 cm³ 材料的质量,单位是 g/cm³。镜片的质量与材料的密度与体积相关,所以已知镜片材料的密度不能预知镜片的质量。镜片材料所含的氧化物决定了镜片材料的密度,例如普通冕牌镜片的密度为 2.54 g/cm³,燧石玻璃的密度为 2.9～6.3 g/cm³,含钛元素和铌元素的玻璃镜片的密度为 2.99 g/cm³。如表 3-4 所示。

表 3-4　不同镜片材料的密度

玻璃材料	折射率(n_d)	密度 ρ/(g/cm³)	树脂材料	折射率(n_d)	密度 ρ/(g/cm³)
1.5	1.523	2.54	1.5	1.502	1.32
1.6	1.600	2.63	1.56	1.561	1.23
1.7	1.700	3.21	1.59	1.591	1.20
1.8	1.802	3.65	1.60	1.600	1.34
1.9	1.885	3.99	1.67	1.665	1.36
			1.74	1.737	1.46

2. 硬度

玻璃易碎,但非常硬。尽管如此,在长期使用或者没有基本防护(眼镜和硬物接触)的情况下,原本高光洁度且完全透明的眼镜片也会被磨损。眼镜片上大量细小的表面磨损会使入射光线发生散射,改变玻璃镜片的透光率,影响成像质量。

密度和硬度在眼镜玻璃中是极其重要的参数。一般光学玻璃的密度均较大,密度和折射率有一定的关系。折射率越大,密度越大,镜片的重量就增加。光学眼镜片的表面要求有一定的硬度,硬度不仅影响使用寿命,而且也直接影响镜片的研磨加工质量和速度。

对于树脂镜片而言,单凭硬度一个指标不能评价其耐磨损性能,还需要综合考虑镜片材料的弹性变形、塑性变形以及材料的分子结合力等情况。

3. 抗冲击性

反映了镜片材料在规定条件下抵抗硬物冲击的能力。各种材料的相对抗冲击性能取决于冲击物的尺寸和形状等因素。

为了测试眼镜片的抗冲击性,英、美等许多国家制订了测试标准。例如落球试验,即将一钢球从某一高度落至镜片凸面上,观察镜片的抗冲击性能,即是否破碎。为了预防及尽可能避免因镜片破碎而导致的损伤,一些国家甚至强制规定某些特定人群(例如儿童、驾驶员)应该配戴的镜片种类。

（1）满足中等强度抗冲击性的测试：日常用途的镜片必须能够承受一个 16 g 球从 127 cm 下落的冲击。

（2）满足高强度的抗冲击性测试：镜片必须能够承受一个 44 g 球从 130 cm 下落的冲击。

普通玻璃镜片材料不能通过上述的抗冲击性能的测试，虽然玻璃有良好的耐压性（100 kg/mm²），但是受到牵引力达到 4 kg/mm² 时就会破碎。当玻璃受到牵拉时，甚至在相对较小负荷下，玻璃也会破碎。日常使用也会减弱玻璃的抗冲击性，因为镜片表面产生的不同深度的磨损会减弱其强度。

4. 静态变形测试

欧洲标准化委员会制定的"100 N"静态变形测试是在一个恒定速度下增加压力直到 100 N，经 10 秒后观察被测镜片的变形情况。

（三）化学特性

化学特性反映了镜片制造及日常生活中，镜片材料对于化学物质的反应特性，或是在某些极端条件下材料的反应特性。测试时通常使用冷水、热水、酸类以及各种有机溶剂。

一般情况下，玻璃镜片材料不受各种短时间偶然接触的化学制品的影响，但下列因素会侵蚀玻璃镜片材料：

（1）氢氟酸、磷酸及其衍生物；

（2）高温下的水会使光滑镜片表面粗糙；

（3）湿气、碳酸氧以及高温环境下，镜片表面会被侵蚀。

对于树脂镜片材料，需要避免接触化学制品。尤其是聚碳酸酯镜片材料，在加工或者使用中要避免接触丙酮、乙醚和速干胶水等。

（四）热性能

热性能主要包括热膨胀系数、导热系数和热稳定性等。光学玻璃与金属材料的热膨胀系数相比之下，光学玻璃的热膨胀系数远远低于金属材料的，因此光学玻璃不易变形。冬季戴着眼镜从户外进入室内时，镜片表面常常凝结一层水蒸气，这是由于光学玻璃导热系数相对较大的缘故。热稳定性是指玻璃在剧烈的温度变化时，不发生破裂的性能。它与热膨胀系数和导热系数有关，一般导热系数大或热膨胀系数小时，热稳定性就好。

镜片材料选择主要考虑镜片的光学特性、物理特性、化学特性、热性能等。目前，常见镜片品种分类见表 3 - 5。

表 3 - 5　镜片品种分类表

材料		玻璃镜片　树脂镜片　水晶石镜片
结构	单焦点镜片	球镜、球柱镜、柱镜
	多焦点镜片	双光镜片、三光镜片、渐进多焦镜
用途	矫正视力用镜片	近视、远视、散光、老视、斜视矫正镜片
	护目镜片	有色镜片、变色镜片、偏光镜片、UV 吸收紫外线镜片、IR 吸收红外线镜片

镜片选择时,从安全角度,具有良好的镜片材料抗冲击性能、具有特定的紫外线切断防护能力、特定光线吸收特性;从美观角度,镜片材料薄、耐磨损性能好;从舒适角度,需要镜片材料轻、折射率较高等。

二、镜片材料分类

制作眼镜片的材料主要有光学玻璃、光学树脂和天然材料等三大类。

(一)光学玻璃材料

镜片材料主要是由氧化物,如二氧化硅、三氧化硼、五氧化磷、氧化钠、氧化钾、氧化钙、氧化钡、氧化镁、氧化锌、氧化铝等组成。这些原料经过高温熔融后,冷却凝结成一种均匀透明、性脆、非结晶态的物质。

玻璃在常温下呈固体,坚硬但易碎,在高温下具有粘性。通常在约 1 500℃/2 700 F 高温下,玻璃融化形成氧化混合物,冷却后成为非晶体,并保持非结晶状态。玻璃没有固定的化学结构,因而没有确切的熔点。随着温度的上升,玻璃材料会变软,粘性增加,并逐渐由固体变为液体,这种逐渐变化的特性称之为"玻璃"状态。这一特性意味着玻璃在高温时可以被加工和铸型,用于制作镜片的玻璃材料属光学玻璃,这种玻璃具有不同要求的光学常数、高度的透明性、物理化学均匀性和化学稳定性,以及一定的热学和机械性质的材料,制成的镜片具有良好的透光性,而且表面抛光后可以更加透明。光学玻璃的组成根据种类和应用的要求差别很大,一些特殊要求的光学玻璃的组成较多,而且对原料的要求非常严格,其制作工艺也较复杂。

眼镜用光学玻璃主要采用无色和有色光学玻璃两大类。光学玻璃品种繁多,通常可根据无色光学玻璃的折射率或阿贝数的大小划分为冕牌玻璃和火石玻璃两种。两者最明显的区别是冕牌玻璃的折射率较低,一般为 1.49~1.53 之间,而火石玻璃的折射率较高,一般 1.60~1.80 左右。以阿贝数 50 为基准来分,阿贝数大于 50 以上的为各类冕牌玻璃,阿贝数在 50 以下的为各类火石玻璃。

用冕牌玻璃材料制成的眼镜片有光学白片、克罗克赛镜片、变色镜片以及各种有色玻璃镜片等,而火石玻璃材料多用于双光镜片的子片和各种用于高度屈光不正矫正的高折射率镜片。

早在 1975 年就生产出折射率为 1.7,阿贝数为 41 的玻璃;15 年后又生产出了含镧元素的镜片,折射率为 1.8,阿贝数为 34;1995 年出现折射率为 1.9 的材料,加入了元素铌,阿贝数为 30,这是目前折射率最高的镜片材料。虽然采用这些材料所制造的镜片越来越薄,然而却没有减少重量。实际上,随着折射率的增加,材料的密度也随之增加,这样就抵消了因为镜片变薄而带来的重量上的减轻。常见光学玻璃材料特点如下:

1. 无色光学玻璃镜片

无色玻璃镜片俗称白托片,又称白片。可分为普通和光学白片两种。普通白片的主要组成为钠钙硅酸盐系统,折射率为 1.51,可见光的透光率为 89% 以上,阿贝数 56,可吸收 280 nm 以下的紫外线。光学白片的主要组成为钠钙硅酸系统,折射率为 1.531,阿贝数 60.5,透光率在 91% 以上,防紫外线性能最差。UV 光学白片在光学白片成分中添加少量的氧化钛和氧化铈等,使其具有吸收紫外线的性能,折射率为 1.523,阿贝数 58.7,透光率为

91%以上,能吸收 330 nm 以下的紫外线。且机械性能和化学稳定性良好,是国内外普遍采用的一种吸收紫外线的白色优质镜片。

2. 克罗克斯镜片(Crookes)

克罗克斯镜片简称克斯片。克斯片分为普通和光学克斯片两种。普通克斯片简称光克片,是在钡冕玻璃成分中添加微量的氧化铈、氧化钕和氧化镨等物质,使镜片有明显的双色效应,即在白炽灯光下呈浅紫红色,在日光灯下呈浅青蓝色,能吸收 340 nm 以下的紫外线,折射率为 1.523,透光率为 87%以上。

3. 克罗克赛镜片(Cruxite)

克罗克赛镜片分为普通和光学克赛镜片两种。前者简称克赛片,后者简称光赛片。克赛片是在普通白片成分中添加一定量的氧化硒,使镜片颜色呈浅粉红色,能吸收 300 nm 以下的紫外线,折射率为 1.510,透光率在 85%以上。光赛片是在钡冕玻璃成分中添加氧化锰和氧化铈等物质,使镜片颜色呈浅粉红色,折射率为 1.523,透光率为 87%以上,能吸收 350 nm以下的紫外线。

4. 有色玻璃镜片

有色玻璃镜片是在无色光学玻璃中加入各种着色剂使玻璃呈现不同颜色,并对各种不同的单色光有选择性地吸收或滤过。其目的主要是用来遮光和作各种防护目镜的,使眼睛不受有害射线以及风沙、化学药品、有毒气体等的侵害,起到保护眼睛的作用。常见的有色玻璃镜片有灰色、茶色、绿色、蓝色、红色和黄色等。

(1)灰色玻璃镜片

添加氧化钴、氧化铜、氧化铁和氧化镍等着色,能均匀吸收光线,且有吸收紫外线和红外线的作用,可做太阳镜,适合司机配戴。

(2)茶色玻璃镜片

添加氧化锰、氧化铁或氧化镍等着色,具有吸收紫外线和防眩光的作用,视物层次分明、清晰,可做太阳镜。

(3)绿色玻璃镜片

添加氧化钴、氧化铜、氧化铬、氧化铁及氧化铈等着色,具有吸收紫外线和红外线的作用,可用作气焊、电焊和氩弧焊等人员的护目镜。

(4)蓝色玻璃镜片

添加氧化钴、氧化铁、氧化铜和氧化锰等着色,具有防眩光的作用,适合高温炉前工作人员的护目镜。

(5)红色玻璃镜片

添加硒化镉、硫化镉等着色,具有防止荧光刺眼的作用,适合做 X 光医务人员的护目镜。

(6)黄色玻璃镜片

添加硫化镉、氧化铈及氧化钛着色,具有吸收紫外线的作用,且视物清晰、明亮,适合司机在阴雨、雾天配戴。

5. 高折射率玻璃镜片

目前国产超薄玻璃镜片大都采用折射率 1.703 5,密度 3.028 g/cm³,阿贝数 41.6 的钡火石光学玻璃材料。它与冕牌玻璃的镜片相比,在同等屈光度下,镜片的厚度要薄约五分之一,特别适合高度屈光不正者配戴。但由于其中含氧化铅较高,则比重较大,由于高折射率材料阿贝数较小,在镜片边缘易产生色散现象等缺点。近年来,在高折射率玻璃中添加氧化钛等取代氧化铅,使其比重和阿贝数等光学系数都得到了改善,弥补了上述缺点。

(二)光学树脂材料

用于制造眼镜片的树脂材料是由高分子有机化合物,经模压浇铸成型或注塑成型制成的光学树脂。可分为热固性和热塑性树脂两种。常用的光学树脂材料有丙烯基二甘醇碳酸酯(CR-39)、聚甲基丙烯酸甲酯(PMMA)和聚碳酸酯(PC)三大类。

光学树脂材料被广泛用于制造矫正视力用镜片、角膜接触镜、放大镜和太阳镜等。一般按材料可分为 CR-39 树脂镜片(主要有各种矫正视力镜片、太阳镜镜片和白内障术后镜片等)、PMMA 镜片(主要有太阳镜镜片、角膜接触镜)和 PC 太空片(主要有工业用护目镜片、偏光镜片、体育运动用镜片等)。

光学树脂材料用来制造眼镜片的最大特点是重量轻,约为玻璃镜片的一半,其次是抗冲击性强,比玻璃高 10 倍,安全性好,化学稳定性好、透光度好、有极佳的着色性,可染成各种颜色以及具有吸收紫外线和成形加工性好等优点。其最大的缺点是硬度低、易划痕以及耐热性能差、易变形和镜片比玻璃镜片厚。常见光学树脂具体介绍如下:

1. CR-39 树脂镜片

CR-39 材料属热固性树脂,加热后硬化,受热不变形。镜片采用模压浇铸成型法制造,目前,矫正视力用树脂镜片大都采用 CR-39 树脂材料,该材料是 1942 年由美国 PPG 公司哥伦比亚研究所研制开发,故称"哥伦比亚树脂"。普通的 CR-39 镜片的折射率为 1.498。而目前大部分的中折射率($n=1.56$)和高折射率($n>1.56$)材料都是热固性树脂,其发展非常迅速。目前镜片材料通过改变原子分子中电子的结构,例如引入苯环结构或在原分子中加入重原子,诸如卤素(氯、溴等)或硫等方法增加折射率。与传统 CR-39 相比,用中高折射率树脂材料制造镜片更轻、更薄。它们的比重与 CR-39 大体一致(在 1.20~1.40 之间),但色散较大(阿贝数 45),抗热性能较差,然而抗紫外线较佳,同时也可以染色和进行各种系统的表面镀膜处理。使用这些材料的镜片制造工艺与 CR-39 的制造原理大体一致。现在 1.56、1.60、1.67、1.71 的树脂材料已广泛流行。

2. PMMA 镜片

PMMA,化学名称为聚甲基丙烯酸甲酯(PolymethylMethacrylate)。PMMA 树脂在破碎时不易产生尖锐的碎片,美国、日本等国家和地区已在法律中作出强制性规定,中小学及幼儿园建筑用玻璃必须采用 PMMA 树脂。热塑性材料如 PMMA 早在 20 世纪 50 年代就被首次用于制造镜片,但是由于受热易变形及耐磨性较差的缺点,很快就被 CR-39 所替代。PMMA 材料在早期也曾经用于制造硬性隐形眼镜。

3. PC 镜片

PC 镜片又称为"太空片"、"宇宙片",化学名称为聚碳酸(Polycarbonate,简称 PC),是热塑性材料,即原料为固态,经加热后塑形为镜片,所以该镜片成品后受热过度也会变形,不适于高湿热场合。PC 镜片有着极强韧性,不破碎,加厚 2 cm 的 PC 材料可用于防弹玻璃,故又称安全镜片。

随着材料的发展,聚碳酸酯作为一种热塑性材料又成为市场的主导镜片。聚碳酸酯于 1957 在美国被发明,历经了数年的研制和多次的改进之后,其光学质量已与其他镜片材料媲美。1978,美国利用其在军事航空航天项目的优势首先用 PC 制造安全镜片;1985 年,美国 Vision-Ease 镜片公司采用 PC 镜片作为光学矫正镜片;1991 年,美国 Transitions(全视线)公司,推出第一代变色树脂镜片;1995 年,偏光 PC 镜片诞生。

聚碳酸酯是直线形无定型结构的热塑聚合体,具有许多光学方面的优点:出色的抗冲击性(是 CR-39 的 10 倍以上),高折射率($n_e=1.591, n_d=1.586$),非常轻(密度$=1.20$ g/cm³),100%抗紫外线(385 nm),耐高温(软化点为 140℃/280°F)。聚碳酸酯材料也可进行系统的镀膜处理。虽其阿贝数较低($V_e=31, V_d=30$),但在实际中对配戴者尤其中低度数配戴者并没有显著的影响。在染色方面,由于聚碳酸酯材料本身不易着色,所以大多通过可染色的抗磨损膜吸收颜色。

4. 三种常见树脂镜片材料的比较

光学树脂材料的性能主要包括光学性能和物理机械性能等,见表 3-6。

表 3-6　光学树脂镜片性能对比

性能	CR-39	PMMA	PC	三者比较
比重	1.32	1.19	1.20	CR-39>PC>PMMA
透光率(%)	89~92	92	85~91	PC 略差
折射率(n_d)	1.50	1.49	1.59	PC 最高
耐磨性(H)	4H	2H	B	CR-39>PMMA>PC
耐冲击性(kg-cm/cm²)	2.4	5.6	9.2	PC>PMMA>CR-39
耐热性(℃)	>210	118	153	CR-39>PC>PMMA
阿贝数	57.8	57.6	29.9	CR-39>PMMA>PC

(三) 天然材料

主要为水晶石,是一种天然透明的石英结晶体,主要成分为二氧化硅,其折射率和密度略高于光学玻璃。水晶的特点是硬度高、耐高温、耐摩擦、不易潮湿以及重量较大和研磨加工困难等。

用水晶材料磨制的眼镜片称"水晶镜片",常用的有天然水晶石和人工水晶石两种。每种按颜色又可分为白水晶和茶水晶两种。由于水晶石中多含有各种杂质、棉状或冰冻状花纹等,水晶能透过紫外线、红外线,且具有双折射现象,并不是理想的眼镜材料,从光学、视觉健康角度来说,不易推荐。同时水晶镜片硬度高、很难研磨,且由于其不具有一定的弯度,与镜架不相匹配,即使安装也并不与人脸型弧度相匹配。所以水晶材料从加工、美观角度均不适合制作眼镜。

第二节　镜片加工工艺

一、光学玻璃镜片的制造

无论选用何种材料,玻璃镜片的制造是对所提供的玻璃毛坯进行前、后表面的处理。制造镜片时,首先将炉内熔化的各类成分制成坯料,即坯料是表面凹凸不平,但内部组织同质的非常厚的镜片。然后处理形成有着精确曲率的前、后表面,从而生产镜片成品。在眼镜制造工业上,一般从设计角度,所加工镜片的前表面(无论设计是球面、非球面、双光或渐进镜片)通常采用批量生产,而所加工镜片的后表面(仅指球面或环曲面)则是根据数量采用个别或连续的生产工艺。

对镜片前、后表面的处理按照时间顺序可以分成三个阶段:

(1)粗磨阶段:使用钻石砂轮研磨镜片以获得一定的厚度和曲率。经过粗磨的镜片已基本定型,但表面仍是粗糙、半透明的。

(2)精磨阶段:净化镜片表面的颗粒,但不改变其曲率半径。镜片与已贴有研磨衬垫或研磨片的模具接触,所采用模具的半径与所磨镜片的曲率半径一致。镜片的模具随着润滑液冷却同时转动,在持续了数分钟的操作后,镜片应具有所需的精确厚度和曲率,但表面仍不是非常光滑。

(3)抛光阶段:抛光目的是为了镜片具有更高的透明度。该阶段类似于先前的操作,但使用更软,并有着非常细小颗粒的抛光片和研磨液。

二、光学树脂镜片的制造

光学树脂镜片按照性能和加工方法可以分为热塑性和热固性两大类。其生产工艺截然不同。热塑性光学树脂镜片采用注射成型的加工。热固性光学树脂镜片采用浇铸法进行热固化和光固化过程实施加工。

目前我国光学树脂镜片(CR-39)基片的生产工艺主要采用日本为代表的亚洲生产工艺,其特点是非常重视玻璃模具的清洗而且要求严格。产品质量好,但工艺复杂,设备投资大,生产成本较高。CR-39树脂镜片基片其基本生产工艺流程如图3-2所示。

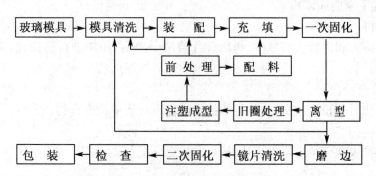

图3-2　光学树脂镜片生产工艺

1. 模具清洗

利用大型超声波设备,清洗玻璃模具。其中包括库存中准备上生产线的模具(新模具和旧模具)、正在生产线上使用的模具和经装配工检查需要重新清洗的模具。

2. 装配

装配是指按照生产计划和模具配伍表,将清洗合格的模具以不同方式组合起来。组合方法有两种:

(1)胶带法:采用胶带模具组合实施,先将清洗合格的配伍模具自动定位,然后在模具边缘用聚酯胶带自动环绕一周。

(2)密封圈法:手工将一对洗净合格的配伍模具,分别安装在与之对应尺寸和规格的并且已经处理好的密封圈两侧。

3. 充填

(1)密封圈密封模具:充填是将一定配方(CR-39单体、引发剂、紫外光吸收剂、抗氧剂、添加剂)经过预聚合达到一定粘度,并经过真空脱气之后的预聚体,采用手工和机械的方法,将其从密封圈注入孔注入到已装配好的模具中,并以充满、不溢出和无气泡为准,然后再注入孔塞上密封圈。

(2)胶带密封模具:在胶带搭界处掀起胶带露出一定空隙,注满预注体后重新密封好胶带即可。

4. 一次固化

将充填好的模具送到固化炉(加热炉)中,同时根据不同规格的产品,根据其产品性质确定不同固化曲线(时间-温度曲线),并输入升温控制程序,经过一定时间和加热、聚合反应后,由液体聚合为透明的固体。

5. 离型

一次固化后的半成品形态像"三明治",两侧是玻璃模具,中间为透明的CR-39树脂镜片。将出炉后的"三明治"送到离型台。

6. 磨边

离型后的树脂镜片在自动磨边机上进行磨边处理,使镜片的边缘变得光滑,美观。为了取得更好的效果,也可进行抛光处理。

7. 镜片清洗

采用清洗剂和溶剂,利用超声波清洗上一工序完成后镜片表面残留物,即未反应的CR-39和磨削下来的固体粉末。

8. 二次固化

为消除内应力和进行表面修整,树脂镜片清洗干净后,还要进行热固化,通常称为二次固化,也称为后固。

9. 质量检查

将二次固化后的镜片,按企业执行的技术标准进行质量检查分类。

10. 包装

质量检查结束和分类完毕的镜片,按要求进行分类包装、入库。

第三节　镜片表面处理工艺

每一种材料都有优缺点,材料的选择是基于镜片配戴者的需求,通过镜片的镀膜等各项表面处理工艺提高镜片的性能。加硬膜处理的目的是增加镜片表面的硬度,使其接近玻璃的硬度;减反射膜处理的目的是增加可见光的透光率和防紫外线的性能;抗冲击膜处理是保持和增强其抗冲击性;顶膜处理是用来提高镜片表面防水防雾的能力等。

对于有机镜片而言,理想的表面系统处理应该包括加硬膜、多层减反射膜和顶膜的复合膜。通常抗磨损膜镀层最厚,约为 $3\sim5~\mu m$,多层减反射膜的厚度约为 $0.3~\mu m$,顶层抗污膜镀层最薄,约为 $0.005\sim0.01~\mu m$。通常的复合膜工艺如下:在镜片的片基上首先镀上具有有机硅的耐磨损膜;然后采用 IPC 的技术,用离子轰击进行镀减反射膜前的预清洗;清洗后采用高硬度的二氧化锆(ZrO_2)等材料进行多层减反射膜层的真空镀制;最后镀上具有特定接触角度的顶膜。

一、加硬膜

加硬膜,又称为耐磨损膜。由于镜片与灰尘或砂砾(氧化硅)的摩擦造成磨损,在镜片表面产生划痕,影响视物与镜片外观,若处于中心主要区域则会影响视力。无论无机材料还是有机材料制成的眼镜片,在日常的使用中,可观察到镜片表面的划痕。通过加硬膜处理,增加镜片表面的硬度。

(一)技术特征

目前加硬膜技术是采用了硅原子,在加硬液中既含有机基质,又含有包括硅元素的无机超微粒物,使抗磨损膜具备韧性的同时又提高了硬度。现代的镀抗磨损膜技术最主要的是采用浸泡法,即镜片经过多道清洗后,浸入加硬液中,一定时间后,以一定的速度提起。这一速度与硬液的黏度有关,并对加硬膜层的厚度起决定作用。提起后在 $100℃$ 左右的烘箱中聚合 $4\sim5~h$,镀层厚约 $3\sim5~\mu m$。

(二)测试方法

判断和测试加硬膜耐磨性的最根本的方法是临床使用,让戴镜者配戴一段时间,然后用显微镜观察并比较镜片的磨损情况。目前常用的较迅速、直观的测试方法是:

(1)磨砂试验:将镜片置于盛有砾的容器内(规定了砂砾的粒度和硬度),在一定的控制下来回摩擦。结束后用雾度计测试镜片摩擦前后的光线漫反射量,并且与标准镜片作比较。

(2)钢丝绒试验:用规定的钢丝绒,在一定的压力和速度下,在镜片表面上摩擦一定的次数,然后用雾度计测试镜片摩擦前后的光线漫反射量,并且与标准镜片作比较。也可手工操作,对二片镜片用同样的压力摩擦同样的次数,然后用肉眼观察和比较。

上述两种测试方法和结果与戴镜者长期配戴的临床结果比较接近。

（三）减反射膜和加硬膜的关系

镜片表面的减反射膜层是一种非常薄的无机金属氧化物材料（厚度低于 1 μm），硬且脆。当镀于玻璃镜片上时，由于片基比较硬，砂砾在其上面划过，膜层相对不容易产生划痕；但是减反射膜镀于有机镜片上时，由于片基较软，砂砾在膜层上划过，膜层很容易产生划痕。因此有机镜片在镀减反射膜前必须要镀加硬膜，而且两种膜层的硬度必须相匹配。

二、减反射膜

（一）减反射膜的作用

1. 减少镜面反射

由于光线通过镜片的前后表面时，不但会产生折射，还会产生反射。这种在镜片前表面产生的反射光会使别人看戴镜者眼睛时，看到的却是镜片表面的一片白光。拍照时，这种反光还会严重影响戴镜者的美观。

2. 减少"鬼影"

眼镜光学理论认为眼镜片屈光力会在所视物体在戴镜者的远点形成一个清晰的像，也可以解释为所视物的光线通过镜片发生偏折并聚焦于视网膜上，形成像点。但是由于屈光镜片的前后表面的曲率不同，并且存在一定量的反射光，它们之间会产生内反射光。内反射光会在远点球面附近产生虚像，即在视网膜的像点附近产生虚像点。这些虚像点会影响视物的清晰度和舒适性。

3. 眩光

根据前述公式，例如普通树脂材料的折射率为 1.50，反射光 $R = (1.50-1)^2/(1.50+1)^2 = 0.04 = 4\%$。镜片有两个表面，如果 R_1 为镜片前表面的反射量，R_2 镜片后表面的反射量，则镜片的总反射量 $R = R_1 + R_2$。镜片的透光量 $T = 100\% - R_1 - R_2$。

表 3-7 不同折射率镜片的透过量

折射率 n	单面反射量 $R_1(\%)$	透光量 $T(\%)$
1.50	4.0	92.2
1.56	4.8	90.7
1.60	5.4	89.5

根据上表 3-7，一般折射率越高，镜片透光量越低。若没有减反射膜，反射光会对戴镜者带来的不适感愈加强烈。不仅普通镜片需要镀减反射膜，同样染色和变色镜片也需要镀减反射膜。因为染色镜片或变色镜片的透光量会降低，但镜片表面的反射光依然存在，这样由镜片凹面的反射光和镜片前后表面的内反射所产生的"鬼影"和眩光依然会干扰视觉，影响戴镜者视物的清晰度和舒适性。

总体来说，镀膜可以减少镜片反射，增加光线透过率，更加美观。同时镀膜可以减少驾驶等特殊视觉状态下的眩光反应。

（二）镀膜原理

减反射膜以光的波动性和干涉现象为基础的，两个振幅相同，波长相同的光波叠加，光波的振幅增强；如果两个光波振幅相同，波程相差的光波叠加，则互相抵消。减反射膜就利用此原理，在镜片的表面镀上减反射膜，使得膜层前后表面产生的反射光互相干扰，从而抵消反射光，达到减反射的效果。

镀减反射膜层的目的是要减少光线的反射，但并不可能做到没有反射光线。镜片的表面也总会有残留的颜色，但残留颜色哪种是最好的，其实并没有标准，目前主要是以个人对颜色的喜好为主，较多的绿色色系。镜片残留颜色在镜片凸面及凹面中央部分和边缘部分的颜色会有些差异，而且凸面和凹的反射光也会有差异。主要是因为减反射膜是采用真空镀膜法。当镜片的一个表面完成镀膜后，再翻过来镀另一表面；而且镀膜时，曲率变化较小的部位容易镀上，因此在镜片中央部分已达需要的膜层厚度时，镜片的边缘仍然未达到需要厚度；同时凸面和凹面曲率不同也使镀膜的速度不同，因此在镜片中央部分呈绿色，而在边缘部分则为淡紫红色或其他颜色。

（三）镀减反射膜技术

有机镜片镀膜技术的难度要比玻璃镜片高。玻璃材料能够承受300℃以上的高温，而有机镜片在超过100℃时便会发黄，随后很快分解。玻璃镜片的减反射膜材料通常采用氟化镁（MgF_2），但由于氟化镁的镀膜工艺必须在高于200℃的环境下进行，否则不能附着于镜片的表面，所以有机镜片并不采用该法。

20世纪90年代以后，随着真空镀膜技术的发展，利用离子束轰击技术，使得膜层镜片的结合，膜层间的结合得到了改良。而且提炼出的氧化钛、氧化锆等高纯度金属氧化物材料可以通过蒸发工艺镀于树脂镜片的表面，达到良好的减反射效果。镀膜程序如下：

1. 镀膜前的准备

镜片在接受镀膜前必须进行预清洗，这种清洗要求很高，达到分子级。在清洗槽中分别放置各种清洗液，并采用超声波加强清洗效果。当镜片清洗完后，放进真空舱内，在此过程要特别注意避免空气中的灰尘和垃圾再黏附在镜片表面。最后的清洗在真空舱内镀膜前进行，放置在真空舱内的离子枪将轰击镜片的表面（例如用氩离子），完成此道清洗工序后即进行减反射膜的镀膜。

2. 真空镀膜

真空蒸发工艺能够保证将纯质的镀膜材料用于镜片的表面，同时在蒸发过程中，对镀膜材料的化学成分能严密控制。真空蒸发工艺能够精确控制膜层的厚度。

3. 膜层牢固性

对镜片而言，膜层的牢固性是镜片重要的质量指标。镜片的质量指标包括镜片抗磨损、抗腐蚀、抗温差等。因此现在有了许多针对性的物理化学测试方法，在模拟戴镜者的使用条件下，对镀膜层牢度质量进行测试。测试方法包括：盐水试验、蒸发试验、去离子水试验、钢丝绒摩擦试验、溶解试验、黏着试验、温差试验和潮湿度试验等。

三、抗污膜（顶膜）

（一）原理

镜片表面镀有多层减反射膜后，镜片特别容易产生污渍，而污渍会破坏减反射膜的减反射效果。减反射膜层呈孔状结构，所以油污特别浸润至减反射膜层。解决的方法是在减反射膜层上再镀一层具有抗油污和抗水性能的顶膜，且顶膜必须非常薄，以使其不会改变减反射膜的光学性能。

（二）工艺

抗污膜的材料以氟化物为主，有两种加工方法，一种是浸泡法，一种是真空镀膜，最常用的方法是真空镀膜。当减反射膜层完成后，可使用蒸发工艺将氟化物镀于减反射膜上。抗污膜可将多孔的减反射膜层覆盖，并且能够将水和油与镜片的接触面积减少，使其不易粘附于镜片表面，因此抗污膜也称为防水膜、憎水膜。

第四节　光致变色镜片

光致变色现象指某些化合物在一定波长和强度的光作用下，其分子结构发生变化，从而导致其对光的吸收峰值即颜色相应改变，这种改变一般是可逆的。玻璃、塑料光致变色材料在紫外线辐射的影响下颜色变深，紫外线消失颜色变浅以及在周围高温的影响下颜色变淡，这两个过程是可逆的，而且可能一直存在。变色特性不仅仅与紫外线有关，也与环境中总的光亮有关。

变色镜片既能保护眼睛免受强光刺激又能矫正视力，主要用于露天、野外、雪地、室内强光源工作场所，以防止阳光、紫外光、眩光对眼的伤害。

国标规定，光致变色镜片为透射比特性随着光强和照射波长发生可逆变化的镜片。通常该类镜片设计为对 300～450 nm 波长范围内的太阳光产生反应。

（一）玻璃光致变色镜片

在无色或有色光学玻璃成分中添加卤化银等化合物，使镜片能在紫外线照射时分解成银离子和卤素原子，镜片颜色由浅变深。反之，当光线变暗时，银和卤素又结合成无色的卤化银，使镜片又回到原来无色或有基色的状态。变色镜片有茶变和灰变两种，其特点是既可矫正视力，又可作为太阳眼镜，适合户外配戴。玻璃镜片将光致变色材料与玻璃材料一起混合溶解，通过镜片毛坯制造。由于镜片厚度不同导致变色深度不同，故玻璃变色镜片不适合于屈光参差配戴者，高度屈光不正配戴者。高度负镜片导致中心色浅、周边色深。高度正镜片则正好相反，中间区域较深，而周边色浅。屈光参差者配戴玻璃光致变色镜片左右两边颜色有差别，不适宜配戴。镜片使用长时间后，变色效果、速度变慢，更换镜片时需要两片同时更换。

（二）树脂光致变色镜片

大约在1986年出现了光致变色树脂材料，树脂材料的凸面渗透了一层光致变色感光材料，镜片变色迅速，不完全受温度控制，也不会受屈光度的影响而出现中央区和周边区的颜色深浅不同。1991年光致变色PC镜片出现，在特殊波段的紫外线辐射作用下，镜片中感光物质的结构发生变化，改变了材料的吸收能力。树脂变色镜片是利用镀膜或表面渗透方法，其中表面渗透法较为理想，可应用于任何一种屈光力镜片，同样表现为均匀的变色效果，不会出现玻璃光致变色镜片的变色不均匀现象。实际工作中，可以利用遮盖物遮盖部分镜片，并进行阳光或紫外光照射，以鉴别变色与否，并确定变色效果。由于玻璃变色镜片老化后镜片底色往往加深，而树脂光致变色材料老化后，变色深度往往变浅，所以均应定期更换变色镜片，一般至少每两年更换一次。

第四章　眼镜加工仪器基础

第一节　顶焦度计

顶焦度计又称为查片仪、镜片测度仪、屈光力计、对光机等。主要用于测量眼用镜片的光学参数,包括球面镜片顶焦度、柱面镜片顶焦度及其轴位方向;确定镜片棱镜度及基底方向以及镜片光学中心等。根据机电结构形式,目前常用的顶焦度计主要分为两种:① 望远式镜片顶焦度计;② 全自动电脑镜片顶焦度计。焦度计的基本结构主要包括光学测量系统、镜片定位系统、数据显示系统,以及其他附属结构等。

焦度计测量镜片屈光力,实际上是测量镜片的焦距,然后转换成屈光力。焦度计的光学结构包括照明系统和观察系统。照明系统是一个准直形式的聚光系统,观察系统是一个望远系统。

准直系统保证了十字分划板成像于无穷远。当仪器读数在零位时,分划板正好位于准直物镜的物方焦点上。即被照亮的分划板上的一点经准直物镜后出射的是平行光束。该平行光束经望远物镜后成像于目镜的分划板上,即通过目镜观测清晰成像。当放置镜片时,平行光束状态被破坏,通过目镜观测成像模糊。移动分划板,保证其再次出射平行光线,即通过目镜观测清晰成像。放置正透镜,分划板向准直物镜移动,放置负镜片,分划板向远离准直物镜方向移动。

顶焦度计结构上分为光学测量系统、镜片定位系统、数据显示系统、附属机构等。光学测量系统主要用来完成镜片焦距测量。镜片定位系统用来固定镜片位置、标记光学中心以及轴位方向等。数据显示系统用来显示记镜片顶焦度、轴位位置、棱镜度及基底方向等。其他附属机构根据焦度计的不同形式有些差异。

焦度计的测量范围和精度各仪器略有差别。顶焦度测量范围一般为 $0\sim\pm20\,D$,最小测量格值 $0.25\,D$ 或者 $0.01\,D$。棱镜度测量范围一般为 $\pm5^{\triangle}$,分划格值为 $1^{\triangle}$。柱镜轴位标记一般为 $0°\sim180°$,分划格值为 $1°$。

一、望远式镜片顶焦度计

望远式镜片顶焦度计结构与名称如图 4-1 所示。

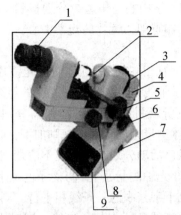

1. 目镜视度调节圈　2. 固定镜片接触圈　3. 柱面散光轴位角度测量手轮　4. 照明室灯
5. 顶焦度测量手轮　6. 升降旋钮　7. 开关　8. 镜片升降台装置　9. 底座

图 4-1　望远式镜片顶焦度计

（一）望远式镜片顶焦度计的测量应用

1. 测量前准备

（1）调整视度：目的为了补偿测量者屈光不正，使被测量镜片度数误差减少到最小。在没有打开开关之前，眼睛离目镜适当的距离，将调整视度环向左旋转，全部拉出，一边观察内部分划板上的黑线条清晰程度，一边将调整环向右慢慢旋转，至固定分划板上的黑线条清晰为止。

（2）调零：调整好视度之后，打开电源开关，旋转测定镜片焦度值的旋钮，直到能够清晰看到准直分化板上的标识，将准直分划板的各个线条与固定分化板上的黑线条对正。此时由于固定镜片接触圈处无镜片，当光环调到最清晰时，在读数窗内箭头应指在 0 刻度上，否则应修整顶焦度计。

2. 球面镜片的测量

（1）左手拿镜片，将被测镜片置于镜片台上，右手调整镜片升降台的高低，使镜片中心和光轴中心重合（即从目镜中看到绿色的活动分划板的十字中心和望远镜的十字分划中心重合）。

（2）若不重合时，可上下左右移动镜片的位置使其重合。

（3）然后打开固定镜片的导杆开关钮，使固定镜片的接触圈压紧镜片。

（4）转动顶焦度测量手轮，调节至视场中出现绿色的十字中心最清晰为止，且周围一圈小圆点均为圆形，如图 4-2 所示，此时手轮上的读数即为该镜片的顶焦度值。

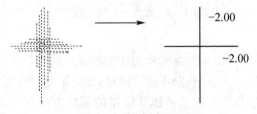

图 4-2　球面镜片的测量

（5）此时,将活动分划板的十字中心与望远镜分划板的十字中心对正,用打印机构在镜片表面打印三个印点,其中间的印点即为镜片的光学中心。

3. 散光镜片的测量

由于球面镜片各个子午线具有相同的屈光度,而散光镜片的特征是各个子午线屈光度不同。屈光度最弱的经线称弱子午线,相反,最强屈光度的经线称强子午线。弱子午线与强子午线之间总是有90°的夹角。所以测量散光镜片时,需分别测定两个互相垂直的子午线,测定结果换算为散光度数。具体测量方法和图形识别如下:

当散光镜片装夹上去后,绿色活动分划图线出现不清楚,散光镜片不能调整至各子午线一样清晰。测量时应首先转动散光轴测量手轮,调整绿色十字分划板的周围一圈小圆点为线条(即把点拉成线),且与绿色十字其中的一条线相平行。测定一个度数,轴向记为与该线条互相垂直的方向,即轴向为清晰线条所在的子午线。同时用打印机构在镜片上打印三个印点做标记,将三个印点连成一直线,其中间的印点,即为该镜片的光学中心。然后再调整度数至小圆点转换的线与上个绿色十字其中互相垂直的另一条线相平行。分别测定两个子午线,直接读出刻度,根据十字分解法换算为镜片的度数。

【例4-1】　子午线1=−4.00 DC×180;子午线2=−6.00 DC×90

该散光镜片度数为 −4.00 DS/−2.00 DC×90,如图4-3。

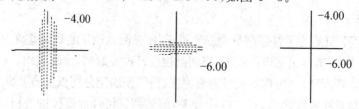

子午线1=-4.00DC×180　　子午线2=-6.00DC×90　　该镜片的散光度数为
　　　　　　　　　　　　　　　　　　　　　　　　　　　-4.00DS/-2.00DC×90

图4-3　散光镜片的测量(1)

【例4-2】　子午线1=−2.00 D×30;子午线2=−4.50 D×120

该散光镜片度数为 −2.00 DS/−2.50 DC×120,如图4-4。

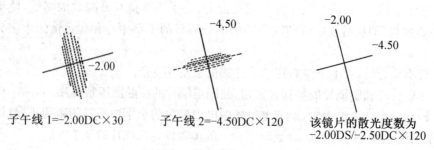

子午线1=-2.00DC×30　　子午线2=-4.50DC×120　　该镜片的散光度数为
　　　　　　　　　　　　　　　　　　　　　　　　　　　-2.00DS/-2.50DC×120

图4-4　散光镜片的测量(2)

4. 棱镜的测量

使用望远式顶焦度计测量时,先将镜片的棱镜测量点固定在固定镜片接触圈处,调整调焦手轮使准直分划板绿色十字清晰,即可进行测量,此时准直分化板绿色十字的中心偏离望远镜的十字线标尺的角度及距离就是该镜片棱镜的基底方向及棱镜度。以右眼为例,如果准直分化板绿色十字的中心朝右偏离,则为底朝内,准直分化板绿色十字中心朝上偏离,则底朝上,偏离几个格即为几度棱镜。如朝右偏离三格即为 $3^\triangle$ 底朝内;朝上偏离两格即为 $2^\triangle$ 底朝上,此时用打印机打出三点,中间的一点就为加工中心。

一些特殊的处方,不仅水平有棱镜,而且垂直也有棱镜,需要合成棱镜度加工中心。如右眼 $-4.00\,DS$,联合 $4^\triangle BI$(底朝内)和 $3^\triangle BU$(底朝上),这种处方需要合成一个棱镜加工,加工时需要将准直分划板绿色十字的中心朝右偏离标线中心四格,然后调整镜片工作台上下位置,使三条图像中心朝上偏离标线中心垂直三格,打印三点定出加工中心点,即可得到联合 $4^\triangle BI$ 和 $3^\triangle BU$ 的镜片加工中心。

普通印点是打在光学中心上,而棱镜印点时,是离开光学中心打点。这样配戴者的眼睛才能获得棱镜效果。

5. 双光镜片的测量

双光镜可看成是由两块镜片组合而成的,即在普通镜片上附加一个正球镜片,从而在一个镜片上形成远用和近用两个部分。远用部分的顶焦度称为过远用度数,用 DF 表示;近用部分的顶焦度称为近用度数,用 DN 表示,附加的正球镜片的屈光度称为加光度数,用 Add 表示。在实际测量双光镜片镜度时,可利用顶焦度计来分别测得远用度数和近用度数,远用度数测量时应镜片凸面朝上,即镜架镜腿朝下,测量远用区获得远用区后顶点焦度;若镜片凸面朝下,即镜架镜腿朝上,测量远用区,则获得远用区前顶点焦度。近用度数测量时应镜片凸面朝下,即镜架镜腿朝上,测量近用区,则获得近用区前顶点焦度。由于双光镜片的附加光度通常加于镜片前表面,利用顶焦度计测定镜片远用区和近用区前顶焦度,根据 Add= DN(近用区前顶焦度)—DF(远用区前顶焦度),计算近附加光度。即如图 4-5,加光度数= 读数(3)—读数(2)。

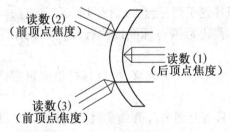

图 4-5 近附加光度的计算

【例 4-3】 近用区前顶焦度:$-1.00\,DS/-1.00\,DC\times90$;
远用区前顶焦度:$-3.50\,DS/-1.00\,DC\times90$。
眼镜的近附加光度(Add)值为 $+2.50\,D$。

6. 渐进多焦点镜片的测量

(1)远用屈光度检测:测量后顶点屈光度,镜片凸面朝上,凹面朝下,镜腿朝下,置于焦度计上,焦度计测量窗对准远用参考圈,并注意水平标志线等标记保持镜片水平位置。

(2)近用附加度检测:利用顶焦度计测量双光镜片的原理直接测量近用区前顶点屈光度和远用区前顶点屈光度,计算内次读数之差即为近用附加度。一般建议利用电脑全自动顶焦度计的渐进多焦点测量模式,可以直接测出并核对,过程中注意测量近用附加度,应镜片凸面朝下,凹面朝上,即镜腿朝上。同样测量过程中注意水平标志线等为保持镜片的水平位置,不可倾斜。上述测量结果应与镜片上的近用附加度隐性标识数值相同。

（二）望远式顶焦度计的使用注意事项

（1）使用仪器之前，必须对仪器原理、机构、检测方法等有所熟悉，某些焦度计可能结构上有些差异，测量者在不熟悉仪器时，可先用某些已知轴位方向的散光镜片来验试。先确定该仪器的轴位方向定位法，其他的方法大致同上。

（2）使用仪器时，不得碰撞，镜头零件不可随意拆卸，转动部位不能用力过大过猛，须柔和操作；仪器使用完毕，必须做好清洁工作，并套上仪器保护罩。

（3）经常保持仪器的清洁，玻璃表面如有灰尘、脏物可用松毛刷轻轻拂去，再用镜头纸轻轻擦净，严禁用手触摸玻璃表面。如有手印污迹，须用脱脂棉蘸以酒精乙醚混合液擦拭干净。

（4）仪器应放在干燥，空气流通的房间内，防止受潮后光学零件发霉发雾，仪器避免强烈振动或撞击，以防光学零件损伤或松动，影响测量精度。

（三）望远式顶焦度计的精度检查

（1）调目镜视度：观察望远镜的固定分划板应位于目镜的焦面附近。为了在目镜视场中看到清晰的固定分划板图像，可按测量者的需要转动目镜视度圈，从望远镜目镜中能看到清晰的固定分划板的十字线图像为止。

（2）顶焦度零位：目镜中观察到的移动分划板图像至清晰时，即为顶焦度零位，顶焦度测量手轮的零刻线应与指标线对正。

（3）用标准镜片校正仪器的技术指标：焦度计使用过程中需要定期用标准镜片校正仪器的技术指标。将标准镜片置于镜片台上进行测量，测量方法与用顶焦度计检测眼镜度和轴位介绍的方法相同。如测得数据与标准镜片有偏差，低于出厂技术指标，该仪器精度降低，一般送工厂修理。

（5）如果顶焦度测量手轮零位有偏移，可自行拧松固定指标的螺钉，将指标对正零位，再拧紧螺钉。

（6）目标分划中心和目镜分划中心有偏移时，可拧松三个目标分划中心调节螺钉进行调整。

（7）顶焦度计已纳入《中华人民共和国强制检定的工作计量器目录》，用户应定期将仪器送到当地计量行政部门指定的计量检定机构，对仪器进行周期检定，该仪器的检定周期为一年。

（8）长期使用后镜片支座磨损，造成矢高变化，产生顶焦度示值误差，这时必须更换原型号新的镜片支座，重新进行计量检定并得到新的修正值后再使用。

二、全自动电脑镜片顶焦度计

目前市面上，各种型号的全自动电脑镜片顶焦度计较多，但功能基本相近。相对于望远式顶焦度计的测量，结果更加直观准确。只需要理解配镜处方的名词术语，即可操作。

（一）全自动电脑镜片顶焦度计结构与名称

常见全自动电脑镜片顶焦度计测量界面与含义如图4-6所示。

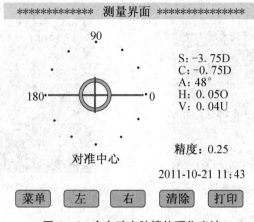

图 4-6 全自动电脑镜片顶焦度计

OD 右眼顶焦度；OS 左眼顶焦度；S(sph)球镜；C(cyl) 柱镜；A（Axis）轴向；0.12（步长）

一般顶焦度计有 0.01 D、0.12 D、0.25 D 三挡步长，如果顶焦度计用于检测镜片，即可以用 0.01 D，如果镜片用于测定光学中心，确定水平线，即可采用 0.25 D 的步长。

【例 4-4】 屏幕参数设置 0.01 D 步长

S(sph)球镜 -5.07；

C(cyl) 柱镜-1.23；

A(Axis) 轴向 78。

同样为该镜片，若镜片位置不移动，参数设置改为 0.25 D 步长，则屏幕上表示为：

S(sph)球镜 -5.00；

C(cyl) 柱镜 -1.25；

A(Axis) 轴向 78。

柱镜表示方法"+"、"－"、"混合"三种。

"+"代表柱镜形式一直以正柱镜表示；

"－"代表柱镜形式一直以负柱镜表示；

"混合"代表柱镜形式，根据球镜的符号具体确定。

【例 4-5】 如屏幕上参数设置"－"时

S(sph)球镜 -5.00；

C(cyl) 柱镜 -1.25；

A(Axis) 轴向 78。

同样为该镜片，若镜片位置不移动，当将镜片表示方法改为"+"，即屏幕上参数符号设置为"+"，则屏幕上的表示为：

S(sph)球镜 -6.25；

C(cyl) 柱镜$+1.25$；

A(Axis) 轴向 168。

全自动电脑镜片顶焦度计可以根据需要调整各项参数设定，例如调整精度、柱镜、镜片、渐进镜片、棱镜、屏幕保护等各项设置，如图 4-7。同时机器也可调整进入相应的测量界面，例如进入渐进多焦镜测量界面,如图 4-8。

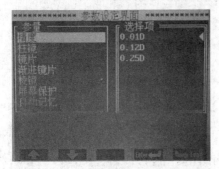

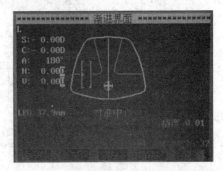

图 4-7　全自动顶焦度计参数调整界面　　　　　图 4-8　全自动顶焦度计渐进多焦镜测量界面

(二)全自动电脑镜片顶焦度计测量与应用

1. 测量前准备

(1)打开电源开关,避免镜片提前放入,否则会出现"自检错误"等字样。几秒钟后,屏幕出现测量界面(此时球镜度 S(sph)、柱镜度 C(cyl)、轴位 A(Axis)及棱镜度(H 水平分量、V 垂直分量)读数均应为零。

(2)界面的下方是 5 个功能指示框,相应的按键在其下方。如按下右眼镜片按键,则显示屏上出现测量界面;而按下清除按键,则显示屏回复到测量界面。

(3)检查者端坐在焦度计前,将待测镜片凸面朝上放在镜片支座上,左手扶住镜片,使镜片保持水平状态;右手转动挡板移动把手,让镜片挡板缓缓靠住待测镜片后,再向上抬起压片把手到最高位置后慢慢放下压住镜片。若测量配装眼镜,将镜腿朝下、镜架的凸面向着测量者放到镜片支座上,调整镜片挡板靠住两个镜框的底部后,再使用压片机构压住镜片。注意配装眼镜的水平线必须与顶焦度计挡板平行,以确保镜片轴向的测量准确,如图 4-9 所示。

图 4-9　配装眼镜水平线确定　　　　　　　图 4-10　球面镜片的测量

2. 球面镜片的测量

(1)测量球镜片:镜片光学中心接近靶标时,显示屏上会出现"○"型靶标,当光学中心与靶标基本对中时,光心"十"线的水平线会变长,光标下会出现"对准中心"提示,并且在屏幕右(左)侧显示待测球镜片的屈光度,右手通过中心打印把手向外翻转中心打印头,并压下即完成了中心标记,如图 4-10。

(2)测量单只镜片与配装眼镜的区别:单只镜片测量,界面右上角出现的字母为"S",根据配装眼镜的左右,按下右眼镜片键或左眼镜片键,测量界面的右上角会出现字母"R"或在左上角出现字母"L"。测量配装眼镜主要利用移动镜框来带动镜片位置的变化。当右(或左)眼镜片测试完成,按下记忆键时会显示出 RPD(或 LPD)值,同时显示出右(或左)眼待测参数。当右、左两眼镜片测试都完成后,屏幕上将显示 PD 值。其余各类型眼镜测量同理。

3. 散光镜片的测量

移动镜片使光心与屏幕上靶标重合,光心"十"线的水平线会变长,光标下会出现"对准中心"提示,并且在屏幕右(左)侧显示待测柱镜片的屈光度,同时显示该柱镜片的轴向。如要打印镜片加工水平线,需让屏幕上轴位标记显示值为镜片处方上轴向标记,操作中心打印头翻转压下,即完成了镜片的中心和镜片加工水平线的标记。若是配装眼镜的检查,屏幕上轴位标记显示值,即为该镜片的实测散光轴向。

4. 棱镜镜片的测量

(1) 通过菜单中棱镜的选择项使棱镜表述方式与配镜处方相同。当选用 X - Y 直角坐标时,屏幕上显示的棱镜参数后的字母:"I"表示基底向内;"O"表示基底向外;"U"表示基底向上;"D"表示基底向下。每个黑色的环代表 $1^{\triangle}$。

(2) 将待测镜片置于自动焦度计的镜片支座上。一定要将镜片凸面向上(配装眼镜的镜架鼻托朝内对准水平挡板)放置。

(3) 放下压片把手固定镜片。

(4) 根据处方要求寻找棱镜基底朝向和加工中心。例如:$-3.00\,D,3^{\triangle}$ 底朝上,则需要上下、左右调整镜片的位置,使自动焦度计的屏幕上显示的十字线朝上偏离圆心位置 3 个单元格。显示屏上显示的数据:顶焦度 S:$-5.00\,D$;棱镜度 PV:3.00U。

(5) 推动中心打印把手在被检镜片上打印三点,中间点就是加工中心(非光学中心点,而是镜片上含有 $3^{\triangle}U$ 的点)和棱镜基底方位取向的水平基准线。具体棱镜眼镜中的应用方法见本书第七章。

5. 双光镜片的测量

除按常规测量原理进行测量计算外,还可以利用全自动顶焦度计的专用程序进行测量。一般,首先按测量单光镜片方法测量出双焦或多焦镜片视远部分的参数后,按下镜片支座前下部的记忆(memory)按键,则测量的远视部位的参数被确定和记忆。将镜片向外拉动和适当移动,使双焦(多焦)镜片视近部位放在镜片支座的中心位置上,即确定镜片的 ADD 值。

6. 渐进多焦点镜片的测量

测量需进入渐进测量界面,一般进入渐进界面有三种方法:可直接按下镜片支座下方的渐进按键;也可通过菜单选择,在渐进镜片项打开渐进界面;还有一种是在常规的测量状态下,用渐进镜片放在测定区域,慢慢移动,系统也会自动进入渐进镜片测量界面。注意有些仪器的渐进多焦镜测量程序并不适合某些设计的渐进多焦点镜片,故必要时仍以厂家具体产品标注为准。具体测量应用见第六、第十章。

(三) 使用注意注意事项

(1) 自动顶焦度计要开机预热,仪器进入正常工作状态再开始检测。如显示屏幕出现"error"或"等待"的字样。首先检查镜片支座上是否有遮盖物或打印机构未复位,挡住红外光源,机器接收不到光源信号,也有可能是光学镜头上积尘太多。排除故障只要将光学镜头上的物体移开或清除光学镜头上的沾物即可。

（2）检查顶焦度计的打印点是否为镜片的真正光学中心。利用一只+15.00 DS的验光片放在焦度计镜片支架上,移动验光片使棱镜度为零,按下打印装置。再将镜片转动180°,重复上述操作,待棱镜度为零时,再按下打印装置,这时用尺子量一下两打印的中心点的距离,如果小于0.4 mm即为合格,否则应到计量部门进行调整。

（3）自动顶焦度计为精密计量仪器,应在适当的温度和湿度条件下使用（即温度为18～25℃、相对湿度<85%）。摆放的位置应避免阳光直射,以免干扰焦度计显示顶焦度值的光波波长。设备的操作,应放置在水平的台面上进行,使用时要注意轻拿轻放,尽量避免过多的搬动。

（4）为获得准确的测量精度,避免油污和灰尘落在镜头上,测量时同时要保持待测镜片的清洁。检测树脂镜片时不要用力去压镜片,否则会使镜片产生应力变化而出现顶焦度测量误差。

（5）模式的设定。为了防止将焦度计的模式转化误差带入检测或检验结果中,建议焦度计测量眼镜片或配装眼镜时,对柱镜片的显示模式设置为"mix（＋/－）"状态（一般,焦度计选定界面和选择项后关机后再开机仍保持原状）。

（6）检查焦度计的镜片支座口径是否选择正确,仪器上通常配备2个不同口径的支座,一般对普通镜片进行检测时应使用口径较大的支座。

（7）大部分全自动顶焦度计有一阿贝数设置菜单。通常机器出厂时设定一固定阿贝常数值,例如为60,以适用CR39树脂镜片和普通玻璃镜片。当检测高折射率镜片时应先通过菜单中的阿贝常数项选择与待测镜片相对应的阿贝常数值,再进入测量界面进行测量。完成检测时焦度计显示的参数已是进行了阿贝常数值ABBE补偿的准确值。常见镜片阿贝数值如表4-1,在测量中应根据具体测量的镜片折射率进行选择和调整。

表4-1　几种常见镜片的阿贝数

	普通光学玻璃片	超薄玻璃片	CR-39（树脂）片	PC（太空）片
阿贝数范围	55～60 （$n=1.523$）	34.6～42 （$n=1.71$）	58～60（$n=1.50$） 37～40（$n=1.56$）	30～32 （$n=1.56$）

（8）自动顶焦度计使用保养维护注意事项同望远式顶焦度计相同。具体使用时详细参照具体产品使用说明书,以确保仪器功能的最大发挥。

第二节　镜片测度表

镜片测度表又称镜片测度仪,可快速测量出任何镜片各子午线的光度,并定出其轴向。形状如常见的怀表,主要由两个固定脚架和一个活动脚架构成三个触针。仪器主要结构有表盘、指针、平排伸出的三根触针,左右两边较短,且固定,中央一根较长,能伸缩活动。中央可动的触针可按照透镜的表面弯曲状态变长或变短地上下移动,带动上面指针,将指针移动的距离根据光学原理换算为以屈光度为单位的顶焦度,根据各子午线上焦度的不同,即可算出透镜表面的散光度及其轴位,如图 4-11。

图 4-11　镜片测度表

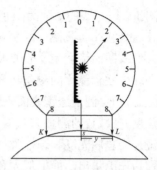

图 4-12　镜片测度表的原理图

一、镜片测度表的原理

镜片测度表的原理如图 4-12 所示,该表可以测量出两定点 K 与 $L(2y)$ 之间的垂度 s,中间活动脚与指针有齿轮连接,表面刻度单位为屈光度。

根据垂度公式: $s = r - \sqrt{r^2 - y^2}$,换算后 $r = \dfrac{y^2 + s^2}{2s}$,即

镜片曲率 $R = \dfrac{1}{r} = \dfrac{2s}{y^2 + s^2}$

镜片屈光力 $F = \dfrac{n-1}{r} = (n-1)R$

若 s,y 的单位为 mm,则镜片测度表所表示的屈光力为:

$$F = \frac{2\,000(n-1)s}{y^2 + s^2}$$

镜片测度表是以一定的折射率设计的。通常 $n=1.523$,代入上述公式,可测出材质镜片屈光度,即用镜度表测量 $n=1.523$ 的镜片所得数值,不用换算,测度表上显示的数值即为该面真实镜度。若所测量镜片 $n \neq 1.523$,则真实镜度为:

$$F_n = \frac{2\,000(n-1)s}{y^2 + s^2}$$

整理上两式得 $\dfrac{F}{0.523} = \dfrac{F_n}{n-1}$,所以

$$F_n = F\frac{n-1}{0.523}$$

即真实屈光力＝镜片测度表读数$\times \dfrac{n-1}{0.523}$。

二、镜片测度表的应用

测量时一手持镜片固定,另一手握镜度表,保持垂直平正,不能倾斜,使三支针柱与镜片表面接触,并稍用力顶镜面,此时中央的那只针柱将按镜片的弯曲大小作不同程度退缩,指

针就在表盘上显示出镜片的顶焦度。综合镜片两面测出度数的代数和,便是该镜片的顶焦度。

球镜片的测量:镜片凹的一面为负值"－"号,凸的一面为正值"＋"号。例如凹的一面为"－9",凸的一面为"＋6",该镜片的顶焦度即为－3.00 DS。又如:镜度表测得某镜片凸面镜度为＋8.00 DS,凹面镜度为－6.00 DS,则镜片镜度为＋2.00 DS。

圆柱镜片和球柱联合镜片的测量:测量时触针的位置可予以转动,但是中心触针应保持通过镜片的光心,即可测定透镜表面不同子午线上的焦度。找出最大及最小的焦度值,差值就是柱镜的焦度;被减数的测量方向就是其柱镜轴位方向。

分别测出镜片的总屈光度和圆柱镜片的屈光范围。由于制片时多数将圆柱磨制在镜片的凸面上,测量时,先测量出凸面上最大和最小的度数,其差值即为圆柱度数,其最低度数处为圆柱轴线,然后测量镜片的凹面,量出的度数与凸面最小数值的代数和,即为该镜片的球镜度数。根据公式:

$$真实屈光力＝镜片测度表读数×\frac{n-1}{0.523}$$

任何其他折射率不同于测度表设计原理的镜片,即非1.523折射率的透镜,如用镜度表测定,都须进行计算校正。

【例4-6】 用 $n=1.523$ 的镜片测度表测量 $n=1.7$ 的镜片,得到读数＋6.50 D,求该镜片真实屈光力。

根据公式 $F_n = F(n-1)/0.523$

即真实屈光力＝镜片测度表读数 $×\frac{n-1}{0.523}=6.5×\frac{1.7-1}{0.523}=8.70(D)$

利用镜片测度表,配合全自动顶焦度计,根据设计原理进行计算后可判断镜片的真实折射率。日常工作中,经常利用下法鉴定镜片是否为高折射率镜片。

【例4-7】 一未知折射率镜片用自动顶焦度计测量读数为＋6.02 D,用镜度表测量读数为＋4.50 D,请初步判断该镜片折射率。

代入公式:真实屈光力＝镜片测度表读数 $×\frac{n-1}{0.523}$,即 $6.02=4.5×\frac{n-1}{0.523}$

推算出 $n=1.70$,判断该镜片为高折射率镜片。

三、镜片测度表与顶焦度计的比较

顶焦度计测量精度高,测量快速,但体积大,携带测量较不方便,而镜片测度表携带使用方便,可用于眼镜门店普通镜片、高折射率镜片测量。同时配合自动顶焦度计,可以用于测定镜片折射率,在无专业仪器鉴定折射率的基础上,可初步判别高折射率镜片。

第三节　瞳距尺与瞳距仪

瞳距尺和瞳距仪是用来测量瞳孔距离和瞳孔中心高度的仪器。瞳孔距离和瞳孔高度的测量,是眼镜加工必不可少的加工参数,以确定眼镜装配的正确位置。

一、瞳孔距离的定义和分类

瞳孔距离(pupillary distance)简称瞳距,是指两眼瞳孔中心间的距离,或指两眼正视前方、视线平行时瞳孔中心间的距离。一般用英文字母缩写"PD"来表示,单位为毫米(mm)。

瞳距有双眼瞳距和单眼瞳距之分。双眼瞳距,是指从右眼瞳孔中心到左眼瞳孔中心之间的距离。单眼瞳距,是指分别从右眼或左眼的瞳孔中心到鼻梁中线(nasal central line)之间的距离。独眼、斜视眼者,尤其需配渐进多焦点镜片者,需分别测量右眼、左眼单眼瞳距。

根据视物距离的不同,瞳距又分为远用瞳距和近用瞳距。远用瞳距,是指顾客看远时的瞳距,即指当两眼向无限远处平视时两眼瞳孔中心间的距离。近用瞳距(NPD),是指顾客注视近处目标,即眼前30～40 cm阅读或近距离工作时瞳孔中心间的距离。近用瞳距总要小于远用瞳距。

二、瞳高的定义及分类

瞳高是瞳孔中心高度的简称,指从眼的视轴通过镜片处到镜框下缘槽底部最低点的距离。瞳高必须配戴根据顾客脸型已调整完毕的镜架测量,如图4－13。

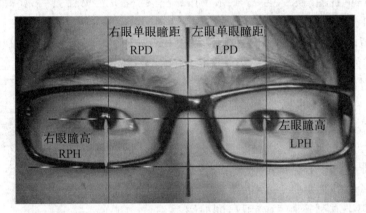

图4－13　瞳距和瞳高

瞳高有远用瞳高和近用瞳高之分。无特殊要求时,加工普通单光眼镜时,远用眼镜的瞳高一般在镜架几何中心的水平线上或高于水平线2～4 mm(具体根据镜架的整体高度决定)。近用眼镜的瞳高可在镜架几何中心水平线上一点或略低于水平线。但在配制渐进多焦点眼镜时对瞳高有严格的要求,需特别仔细反复测量。

三、瞳距尺的应用

(一)远用瞳距的测量

在两眼瞳孔处于正常生理状态下,通常采用下述两种方法进行测量(如图4－14)。

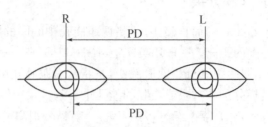

图4-14 远用瞳距测量法

（1）从右眼瞳孔中心点到左眼瞳孔中点之间的距离。

（2）从右眼瞳孔外缘（颞侧）到左眼瞳孔内缘（鼻侧）之间的距离或从右眼瞳孔内缘（鼻侧）到左眼瞳孔的外缘（颞侧）之间距离。

（二）远用瞳距常规测量步骤

（1）检查者与被检者相隔40 cm,正面对座,两人的视线保持在同一高度。检查者用右手大拇指和食指拿着瞳距尺或直尺,其余手指靠在被检者的脸颊上,然后将瞳距尺放在鼻梁最低点处,并顺着鼻梁角度略倾斜。

（2）检查者闭上右眼,令被检者右眼注视检查者左眼,检查者在左眼注视被检者右眼时将瞳距尺的"零位"对准被检者右眼的瞳孔中心。

（3）检查者睁开右眼闭上左眼,令被检者左眼注视检查者右眼,检查者在右眼注视被检者左眼时准确读取瞳距尺在其左眼瞳孔中心的数值。

（4）检查者重复步骤（3）,以确认瞳距尺的"零位"是否对准被检者的右眼瞳孔中心。如准确无误,则步骤（4）时读取的数值即为该被检者的瞳距。

（5）如果用带有鼻梁槽的瞳距尺同时可以测出单眼瞳距,如图4-15所示,精确的单眼瞳距测量也可使用瞳距仪。

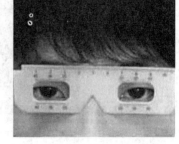

图4-15 带有鼻梁槽的瞳距尺

（三）近用瞳距的测量

（1）检查者与被检者相隔40 cm的距离正面对座,使两人的视线保持在同一高度。

（2）检查者用右手大拇指和食指拿着瞳距尺或直尺,其余手指靠在被检者的脸颊上,然后将瞳距尺放在鼻梁最低点处,并顺着鼻梁角度略为倾斜。

（3）检查者闭上右眼,令被检者两眼注视左眼,用左眼注视将瞳距尺的"零位"对准被检者右眼的瞳孔中心。

（4）检查者睁开右眼,仍然令被检者继续注视左眼,用右眼来读取被检者左眼瞳孔中心上的数值。

（5）重复进行步骤（3）～（4）三次,取其平均值为近用瞳距。

（四）瞳高的测量

（1）让被检者戴上所选配的镜架,进行整形和校配。

（2）验配师与被检者相隔 40 cm 的距离正面对座,使两人的视线保持在同一高度。

（3）验配师用右手大拇指和食指竖着拿瞳距尺,其余手指靠在被检者的脸颊上。

（4）验配师测量左眼用右眼注视,令被检者左眼注视验配师右眼,验配师将瞳距尺的"零位"对准瞳孔中心后,在镜框下缘槽底部最低点处读取瞳距尺上的数值,即为该眼的瞳高,如图 4-16 所示。

（5）用同样的方法测量另眼的瞳高。

图 4-16　测瞳高

（五）注意事项

（1）验配师与被检者的视线在测量时应始终保持在同一高度上。

（2）瞳距尺勿触及患眼的睫毛,以免引起被检者闭目反应。

（3）当瞳距尺确定"零位"后,一定要拿稳瞳距尺,以免移动。

（4）让被检者注视指定的方向,不使其漂移不定。

（5）一般应反复测量 2~3 次,取其精确的数值。

四、瞳距仪的应用

（一）瞳距仪的结构

常见的是角膜反射式瞳距仪,其结构如图 4-17 所示。

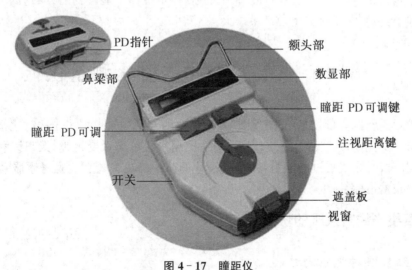

PD指针　鼻梁部　额头部　数显部　瞳距 PD 可调键　瞳距 PD 可调　注视距离键　开关　遮盖板　视窗

图 4-17　瞳距仪

（二）瞳距仪的使用方法

（1）首先按测量远用瞳距或近用瞳距的要求,将注视距离键调整到注视距离数值∞或 30 mm 标记▲的位置上。

（2）打开电源开关。

（3）将瞳距仪的额部和鼻梁部放置在被检者的前额和鼻梁处。嘱被检者注视里面绿色光亮视标。

（4）检查者通过观察窗观察到被检者瞳孔上的反射亮点，然后分别移动左右 PD 可调键使 PD 指针各自与两眼的角膜反射亮点对齐。

（5）读取数值显示窗所显示的数值单位为 mm，其 R 值表示从鼻梁中心至右眼瞳孔中心之间的距离，代表右眼瞳距；L 值表示从鼻梁中心至左眼瞳孔中心之间的距离，代表左眼瞳距。中间所表示的数值代表两眼瞳孔之间的距离，即两眼瞳距。

（6）如需对斜视眼测量单眼瞳距时，可调节仪器进行测量，即用远用部观察瞳孔，用近用部读取 PD 数值。有些瞳距仪，有 PD/VD 键，可切换进行角膜间的距离测量。

（三）瞳距仪的维护使用

（1）观察窗或测量窗处，勿用手指触摸以免堆积污垢。

（2）清洁时需用镜头纸及少许酒精轻轻擦净，也可用软布擦拭仪器塑料部分的污物。

（3）数值显示窗采用液晶显示，避免受外力压迫以免损坏。

（4）更换电池：当 PD 值不清楚，即使按下主开关后"888 888 888"不显示或即使内部亮点显示"888 888 888"而不转换成另一数字，则需卸下电池盖，取出电池，换上新电池，装上电池盖。注意：一次要更换所有电池，如果长期不用电池时，需取出电池保存。

（5）更换灯泡：当打开主开关时，有"PD"显示，但固视视标不亮，表明灯泡坏需更换。一般，用螺丝刀等工具卸下螺丝，使仪器底部与上盒子分开。注意它们是通过细导线连接的，不要碰断导线。卸灯泡时，用塑料管附件握住灯泡头，用相反的步骤装新灯泡，安装盒子前检查灯泡是否正常。盒子安装时，应特别注意 PD 定位器不能碰到前方的玻璃，尤其注意玻璃避免掉下，否则测量时会出现错误。

第四节　眼镜镜片透射比测量仪

眼镜镜片透射比测量仪是用于检测镜片透射比的专用测量仪器。光透射比指透过镜片的光通量与入射光通量之比，用 τ_v 来表示，透射比测量仪可测量变色镜、太阳镜和护目镜等镜片在不同波段时光线透过的能力，即测量镜片的防护能力。透射比是考察眼镜产品质量的一项重要技术指标。

一、各类光线对人眼的伤害

（一）红外线对眼睛的伤害

红外线是一种热辐射的电磁波，其波长在范围不正确之间，自然界的红外线的辐射源，主要是太阳，其中红外线占太阳光的 60%。

根据红外线辐射所产生的效应，可分为三类：① 短波红外线，其波长在 760～1 400 nm 之间；② 中波红外线，波长在 1 400～3 000 nm 之间；③ 长波红外线，其波长在 3 000～400 000 nm 之间。有时将中波红外线和长波红外线统称为远波红外线。红外线虽看不见，但有热的感觉，人若暴露在强大剂量红外线的作用下，将会因烧灼受到伤害，特别是眼部受到的伤害更大。眼睛受到伤害后会形成红外线白内障和视网膜病。

（二）紫外线对眼睛的伤害

根据前述，UV-C 为短波紫外线，由太阳向地球照射时，可被地球外围大气层的臭氧所吸收。UV-B 和 UV-A 通过大气层时，部分被吸收，部分照射到地面。有害的紫外线即指：占 2% 的 UV-B（能使皮肤呈赤斑，易引起角膜炎和皮肤癌），占 3% 的 UV-A（能使皮肤晒黑，易患白内障）。除此之外，紫外线还包括各种反射的情况，如：厚云层的阴天反射至地面、雪地、泥沙、水面、玻璃等反射光。人造光源则有：水银灯、投射灯、摄影灯、复印机、制版机和电子荧幕等。

实际上伤害人体的大部分紫外线来自地球表面的反射光。由于气候变化，太阳照射角度、时间、海拔、云层等均会影响到紫外线的强度和光量。高山地区紫外线比平地多 200 倍，海边比平常户外多 180 倍，经草地射入人眼的紫外线为 3%，水面为 3%～6%，沙地为20%～30%，雪地为 85%～95%。

紫外线具有生物效应，对感觉神经不直接刺激，所以即使受到了伤害也不会立即感知，待 4～12 h 后症状才逐渐出现。一般症状有：眼部发痒、流泪、畏光、结膜肿胀、暗适应不佳。使眼睛产生白内障、视网膜炎、老年黄斑变性等病变。经研究对角膜造成损伤的是短波紫外线，一般认为波长在 280 nm 时，对角膜的损伤作用最大，而波长在 254 nm 左右或 310 nm 以上时，其伤害作用会减少。损伤晶状体的紫外线是长波紫外线，即波长为 320～380 nm 的紫外线主要被晶状体吸收。

紫外线损伤眼睛具有累积性，即某一点强度紫外线间歇照射，中间虽有间断，也能产生如同一次性强烈照射产生的效果。紫外线照射后常见病症可见于：① 电光性眼炎；② 日光性眼炎（雪盲）；③ 紫外线白内障：长波紫外线，可以透过角膜，进入晶状体并被它吸收。如果人们长期暴露在太阳光下，眼的晶状体就会产生光化学反应，导致晶状体蛋白变性凝结，在晶状体前皮质周边会出现混浊，形成早期老年性白内障，一般叫紫外线性白内障。老年性白内障发病率热带地区高于温带寒带地区。据统计，凡是所在地区纬度低，海拔高的地方，白内障的发病率就高，紫外线白内障的临床表现与老年性白内障相同。配戴适合的防辐射眼镜是预防紫外线对眼睛造成伤害的最有效简便的方法。

（三）激光对眼睛的伤害

激光与普通光线不同，是一种受激发射的光，它具有亮度高、单色性、方向性及相干性好的特点，被广泛应用于医疗卫生和通讯等科技领域，但激光对眼睛也会造成伤害。

常用激光器产生的波长包括紫外线、可见光及红外线三个波段。眼的屈光介质和视网膜对光的透射和吸收不同，所以不同波长的激光对眼的伤害部位也不一样，一般规律是可见光和近红外波段激光伤害视网膜，紫外和远红外波段激光损害角膜，对各部位的伤害程度随照射剂量增大而加剧。尤其从事激光工作者，由于长期暴露在激光下也会引起眼睛损伤，即慢性激光损伤。虽无明显症状，但发现视力在逐渐下降，需要配戴激光防护眼镜。

（四）X-射线对眼睛的伤害

X-射线一般指 10～1 000 nm 波长的射线。X 光透射机广泛地应用在医疗和工业产品的检查上,眼睛受到 X 光照射后也会造成伤害,使眼睛患眼皮炎、结膜炎和白内障。

(五)可见光中的强光对眼睛的伤害

强光就是可见光谱中任何使眼睛不舒适的光亮,这种光也能对眼睛造成伤害,其中很多因为眩光,引起不舒适感觉。由于雪地、海滩能强力反射紫外线和强光,人更不易接受,特别是屈光不正患者,当未矫正时,更会出现畏光症,大部分经矫正的患者会好转。

根据上述,很多光线都对人眼具有一定的作用,所以很多日常生活环境(电脑、开车)、特殊环境(雪地、水面等)均需要防护特别波段的光线,以保护眼睛。

二、透射比测量仪的使用意义

(一)了解紫外线的透射程度,判断镜片的质量

紫外线是指波长在 200～380 nm 之间的光辐射,该波段的紫外光可分为(315～380 nm)、(280～315 nm)、(200～280 nm)三个波段。由于大气层的阻挡作用,到达地面的光辐射已经没有 UV-C,但对眼睛有害的 UV-A、UV-B 紫外线仍然存在。近年来,国内外眼视光学和眼科临床研究证明,对于紫外线的照射,眼睛是人体最为敏感也是最容易受伤害的器官。紫外线对眼睛的伤害是很广泛的,它刺激眼睛组织,引起各类角膜炎、结膜炎及眼增生物,而且它是加速白内障的一个重要因素。紫外线对眼睛的伤害不能轻视,配戴眼镜不仅可以改善人眼的视力情况,同时免受紫外线伤害。

(二)检定太阳镜防护功能

自然界中存在着各种波长的光线,其中不少光线对人眼有害,配戴的太阳眼镜应尽可能滤去有害光,对有用的光线让其顺利通过,以达到保护眼睛的目的。通常用波长与透过率的关系曲线即光谱透射比曲线来描述太阳眼镜透过各种光线的情况。与人眼关系较为密切的波长范围是 280～780 nm,其中可见光波段 380～780 nm,长波紫外线 UV-A 315～380 nm,中波紫外线 UV-B 280～315 nm。紫外线会造成电光性眼炎、晶体混浊和白内障,眼镜片应具有防护紫外线的功能,使紫外线的透过率为零或接近零。对于普通镜片,为了看清物体,要求眼镜片在可见光范围内的透过率越高越好,不过太阳镜片应具有防止眩目,减少光线摄入的功能,在烈日下透过率太高的眼镜片会造成眩目,因而必须降低可见光的透过率以防止眩目。总之,根据各种需要设计出具有各种光谱透射比曲线的太阳镜片,以达到既能保护眼睛又能舒适地看清物体的要求。日常工作中,可用测定太阳眼镜片光谱曲线的方法来检验太阳镜的防护性能。

三、透射比测量仪的分类

眼镜产品的透射比测量装置可以分为三大类:

(一)专用眼镜透射比测量仪

指直接对眼镜产品在波段范围内的透射比指标进行无破坏性测量的装置,如市场常见各品牌眼镜透射比测量仪。其基本测量原理是:在 280～780 nm 波段内测出被检样品的光

谱透射比,再利用各种波段的加权函数,积分后最终分别得到被检样品在可见光、UV-A、UV-B三个波段的各种指标。

该类仪器是针对测量眼镜产品专门设计,操作方便,测量快速,对复曲面和高屈光度眼镜镜片的测量同样具有很高的准确性,即能测量原材料和平光样品,又可解决眼镜产品的成品检测问题。例如市场有国产和进口等镜片透射比测试仪,该类设备进行光谱透射比测试,测试范围从紫外光到红外光;主要测定内容包括镜片成品、太阳镜检测、驾驶用镜片的交通信号比测定;常见测量光谱范围:UV-B 280~315 nm,UV-A 315~380 nm,可见光 380~780 nm;镜片测量范围:球镜:−25~25 D,柱镜−10~10 D,棱镜 0~10 D。由于光谱透射比测力仪的应用范围较广,不同应用功能面向的对象也不同,目前主要应用对象分为眼镜门店、镜片生产厂家、各计量检测中心。

(二)分光光度计

利用分光光度计测量平光样品(指屈光度为 0~0.25 D,厚度通常为 2.0 nm±0.1 nm 的样品)。其测量的基本原理是:首先在 280~780 nm 波段内测出被检样品的光谱透射比,然后通过手工计算或编程计算的方法,最终得到各个波段的透射比指标。由于该类仪器一般不是针对眼镜产品设计而专门设计的,所以测量含有屈光度的镜片时会产生误差,加上人工计算量很大,不能确切保证得到可靠的数据。

(三)快速测量装置

指利用特定的光源和滤光片来得到某一紫外波段的测量光束(280~380 nm 或 280~400 nm),将光束直接照射在镜片样品上,测量透过镜片光束的能量高低,再根据透射的能量计算这一波段的透射比。但该类仪器的测量原理与 ISO 标准不同,不能用于专业的镜片检测,只可用于简单测量或演示。这类仪器只能对镜片的防紫外性能做出定性判断。当检查镜片抗 UV 透过率指数时,把检测镜片放在紫外线出口处,此时数字显示数值为抗 UV 通过率指数值,抗 UV 指数值达到 400 nm 为最好。

GB 10810.3—2006《眼镜镜片及相关眼镜产品第 3 部分:透射比规范及测量方法》规定:用于对外出具公正数据(如产品计量和质检)的透射比测量装置的测量重复性≤1.5%,透射比示值误差的绝对值≤2%,相对视觉衰减因子 Q 的示值误差≤0.02%;用于商业用途的透射比测量装置的测量重复性应≤2%,透射比示值误差的绝对值应≤3%,相对视觉衰减因子 Q 的示值误差≤0.04%。快速测量装置类仪器应能准确判断被测眼镜产品在紫外波段 280~380 nm 的透射比是否为零。

四、透射比测量仪的基本作用

建议将眼镜镜片透射比专用测量仪作为镜片透射比专用标准测量装置,目前市场上常见的眼镜镜片透射比专用测量仪有如下基本作用:

(一)紫外线透过率的检测

可对 UV-A、UV-B 的两种紫外波段的透射比进行测量,并将采集的数据进行计算对比,以此判断镜片是否符合标准。如图 4-18 所示某眼镜镜片透射比测量仪,该测量界面

UV-A(2.56％)代表 UV-A 的通过率,UV-B(26.91％)代表该镜片 UVB 透过率,可见光
(95.54％)代表在可见光范围内的可见光透过率。

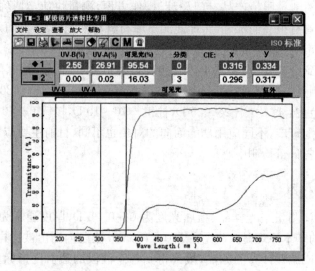

图 4-18　眼镜镜片透射比专用

(二) 镜片的分类

根据 ISO(国际标准组织)标准可将镜片按可透光率(即见光透过率)分为五类,而 ANSI
(美国国家标准协会)标准则将其分成四类。使用者可根据需要选择检测标准,见表 4-2。

表 4-2　检测标准分类

ISO		ANSI	
0	80％～100％	0	40％～100％
1	43％～80％	1	8％～40％
2	18％～43％	2	3％～8％
3	8％～18％	3	<3％
4	3％～8％		

(三) 交通信号识别能力评测

根据 ISO 标准,对驾驶员用镜采用相对视觉衰减因子"Q"来评测镜片识别交通信号比
的能力。

按 ISO14889 标准的要求,对镜片测量的各项指标进行判定,并依照 ISO 标准制定了驾
驶员用镜的日用、夜用及可见光透射率的标准评测。

(四) 色坐标定位

由于镜片材料或镀膜层对某一光谱的吸收较弱或没有吸收,使该波段的光谱能量透过
镜片呈一定的颜色。因此可利用 CIE 色坐标定量表示镜片的颜色。色坐标是限定黄、绿色

交通讯号色极限的直角坐标。测试样品所得的各类 x、y 值在色度图中的坐标必须在各自所限定的色极限以内。

根据现行国际通行的 ISO、ANSI、EN 三种镜片透射比标准设计,同时根据不同标准对同一镜片进行检测、分类。另外,针对各镜片出口生产厂家而专门制定了不同国际标准的打印报告,便于产品入关及有关部门的检测。

(五)紫外线透过率的检测

根据 ANSI 标准,对太阳镜的紫外透过率的检测以及驾驶员用镜的 CIE 色坐标定位。

依照评测数据统计确定镜片的使用类型,使用镜片专用透射比测量仪相对其他方法具有以下特点:测量速度快(1 s),测量精度达 5 nm,测量片的透过率光谱范围广(280~780 nm),非破坏性测量装置。可测量含有屈光度镜片,卡具单一,测量方便。一般仪器设计时采用测量光源闭环控制系统,避免因测量光源长时间使用引起的测量精度误差。部分产品内核程序按 ISO14889/8980 - 3、ANSI Z80.3、EN1836 标准设计,且可按不同标准打印检测报告。

五、眼镜产品透射比测量进展

2006 年开始实施国家标准 GB 10810.3 - 2006《眼镜镜片及相关眼镜产品第 3 部分:透射比规范及测量方法》。该标准规定了对眼镜镜片、太阳镜及眼镜产品的透射比的技术要求以及测量方法等,为达到中国市场对眼科产品质量检验的要求,该国家标准修改采用 ISO8980 - 3 - 2003;对眼镜产品在 UVA 和 UVB 范围内的透射比要求略高于 ISO 标准;要求太阳镜的透射比在 UVB 波段截止;检测方法涵盖了处方眼镜和处方装成太阳镜。涉及眼镜镜片、配装眼镜、太阳镜和驾驶员镜等。

该标准按照用途和透射比特性将眼镜产品分为以下四类:眼镜类、太阳镜类、驾驶用镜类、光致变色镜类。镜片除应提供与 GB 10810.1 规定相同的信息以外,该标准还提出了新的要求,如:眼镜类产品和太阳镜类产品应标明类别,太阳镜类产品和驾驶类产品应提供警示文字:不能用于驾驶;只限白天驾驶用;只限晚上驾驶用等。具体各类型主要指标变动如下。

(一)眼镜类

指用于矫正视力(含平光镜片)的各类无色、均匀着色和渐变着色的眼镜镜片或配装成镜。对可见光光谱区域(380~780 nm)的透射比要求放宽,统一简化为 80%,而 QB2506 - 2001《光学树脂眼镜片》中可见光透射比是按折射率不同划分的 $n > 1.56$ 时 $v \geqslant 88.0\%$;$n \leqslant 1.56$ 时 $v > 90.0\%$。将眼镜产品的抗紫外线能力分为 UV - 1、UV - 2 和 UV - 3 三挡,严格对该类产品在紫外 UV - A 和 UV - B 波段透射比的要求,其中对紫外 UV - B 波段(280~315 nm)的透射比要求统一为 $< 1\%$,对紫外 UV - A 波段(315 - 380 nm)的透射比提出不同指标的技术要求。另外相对 GB13511 - 1999《配装眼镜》增加了配装眼镜的透射比要求,如可见光透射比、左右镜片透射比的相对偏差。

（二）太阳镜类

指用于遮阳目的各类有色镜片或装成太阳镜（含均匀着色、渐变着色镜片和偏光镜）。标准根据可见光透射比(τ_v)的范围将太阳镜类产品分为四类，并严格了对该类产品在紫外 UV-A 和 UV-B 波段透射比的要求，紫外 UV-B 波段（280~315 nm）的透射比要求统一为≤1%，紫外 UV-A 波段（315~380 nm）的透射比要求为≤5%或≤0.5τ_v。

（三）驾驶用镜

用于驾驶目的的各类镜片（含偏光镜）或专用装成镜，或可用于驾驶时配戴的太阳镜。驾驶用镜的光透射比 τ_v≥8%。日用驾驶镜在采用标准光源 D65 的条件下，其设计参考点（或几何中心）处的光透射比 τ_v 必须≥8%。夜用驾驶镜在采用标准光源 D65 的条件下，其设计参考点（或几何中心）处的光透射比 τ_v 必须≥75%。交通信号灯识别的相对视觉衰减因子 Q：红色：≥0.8；黄色：≥0.8；绿色：≥0.6；蓝色：≥0.4。

该标准中驾驶用镜类的透射比以及对交通信号的识别要求和 QB 2659—2004《机动车驾驶员专用眼镜》完全一致，没有变化。

（四）光致变色镜类

指具有光致变色功能的各类镜片或配装成镜。光致变色镜类作为特殊镜片，其光透射比在褪色状态下应符合眼镜类产品的要求，在变色状态下应符合太阳镜类产品的要求。另外，标准还提出光致变色响应值的要求，即被测样品在褪色状态下的光透射比 τ_v 和经过 15 分钟光照后变色状态下的光透射比 τ_v 之间的比值应不小于 1.25。

（五）偏光镜片

根据透射比分为四类。一类偏光镜片平行于偏振面方向上的光透射比和垂直于偏振面方向上的光透射比之间的比值应大于 4∶1，二类、三类、四类偏光镜片的比值应大于 8∶1。

六、透射比测量示意

（1）测量仪器：光谱分析仪。

（2）测量准备：检测环境温度为（23±5）℃，对各类镜片的透射比要求均指在镜片设计参考点得到测量值，如未标明，则在镜片的几何中心即为设计参考点。测量光束在任何方向上的宽度不小于 5 mm。

（3）测量方法：利用 TM-3 光谱透过率测试仪对其进行紫外光区的光谱透过率测定，以此来判断样品的紫外透射性能的优劣。将 TM-3 光谱分析仪与计算机串行口相接，启动 TM-3 操作。正常检测结束后，选择打印图标，可进入打印模板选择界面，如图 4-19，选择需要的标准，即可

图 4-19　透射比测量报告

打印报告。

以某品牌仪器为例,图4-20为按国家标准GB10810.3-2006某太眼镜检测数据报告,该报告指出此镜片不适合于太阳镜。原因在于:① 可见光透过率高达92.06%,没有遮阳效果;② 紫外光谱范围UVA光线通过率40.46%,UVB光线通过率4.08%,完全超出国家标准τSUVA≤5%,τSUVB≤1%。而交通信号灯符合GB 10810.3-2006眼镜片国家标准,对于交通信号灯识别的相对视觉衰减因子Q,要求:红色≥0.8、黄色≥0.8、绿色≥0.6、蓝色≥0.4。

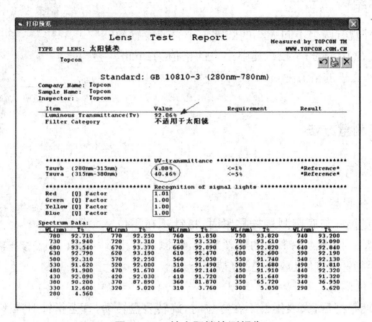

图4-20 某太阳镜检测报告

注:Tv:可见光透射比

Tsuvb:紫外B波段加权积分　　　　Tsuva:紫外A波段加权积分

Red:红色交通信号衰减因子　　　　Green:绿色交通信号衰减因子

Yellow:黄色交通信号衰减因子　　　Blue:蓝色交通信号衰减因子

此外,国家标准中还规定:装成太阳镜左片和右片之间的光透射比相对偏差不应超过15%。驾驶用镜设计参考点(或几何中心)处的光透射比要≥8%,日用驾驶镜设计参考点(或几何中心)处光透射比≥8%,夜用驾驶镜设计参考点(或几何中心)处光透射比必须大于75%,另外夜用驾驶镜在紫外线光谱范围内没有透射比要求。

第五节　镜片厚度测量仪

镜片厚度测量仪是测量镜片中心厚度、边缘厚度的专用测量仪器。厚度测量数值可以精确到 0.01 mm。

一、基本结构

仪器基本外观有两个不同大小的圆圈。小表的设置为一圈 10 mm，大表为一圈 1 mm。其中小表的格值为 1 mm，即 1 格为 1 mm；大表的格值为 0.01 mm，即一格为 0.01 mm。具体如图 4－21。

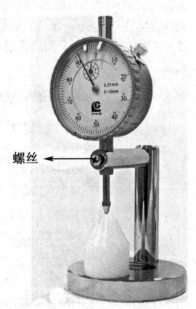

螺丝←

图 4－21　镜片厚度测量仪

二、厚度测量方法

（一）零位调整

1. 小表零位调整

当读表测量拉杆与底座测量杆靠紧时，指针不在零位时则零位需调整。把图 4－21 中的螺丝旋松，将测量杆上或下旋动，直至指针指向零位，即把螺帽旋紧。

2. 大表零位调整

小表零位调整好后，大表指针不在零位时，旋转表盘转动，直至指针对准零位。

（二）测量方法

（1）零位调好后，将测量杆向上提起，把待测镜片具体部位放入测量拉杆与下测量杆之间，再轻轻放下拉杆即可得出被测数据。

（2）在测量镜片厚度时，首先看小表指针在哪个数位或两个数之间，再看大表指针在哪个数位上。如小表指针在 2 与 3 之间且偏向 2，大表指针在 10 数位上，测镜片厚度为 2＋0.01×10＝2.1（mm）。又如小表指针在 4 与 5 之间且偏向 5，大表指针在 90 数位上，测镜片厚度为 4＋0.01×90＝4.9（mm）。

三、测量注意事项

仪器放在桌子上有时大表针会摆动，属于正常现象，说明表的灵敏度很高，例如一根头发丝放在表上都有 7 格至 9 格的变化。

第五章 眼镜验配处方分析与应用基础

第一节 眼镜验配处方分析

一、验配处方基础

由于视觉生理特点、视力下降程度、视力矫正方法等因素,配镜处方因人而异,处方中各项数据都不尽相同。眼镜只能单件、个性化加工。科学验光获得的配镜处方是加工师加工生产必须依据的专业参数,同时也是产品质量检测、验收的必检项目,所以准确无误地理解配镜处方极为重要。

(一)验配处方中的名词术语

验配处方内容主要包括:眼的屈光状态,所需的矫正镜度,瞳孔距离及配镜的使用目的。目前眼镜品牌和种类繁多,通常根据镜片的材料、结构、用途来对眼镜进行分类。处方中的眼镜类型以结构分类居多,目前主要以单光眼镜、多焦点眼镜为主,其中多焦点眼镜包括双光眼镜、三光眼镜、渐进多焦镜。

通常,眼的屈光状态是通过验配处方具体的矫正镜度来体现。远用处方中,负球镜矫正近视,正球镜用于远视或老视,负柱镜和正柱镜分别反映近视散光和远视散光。轴向表明散光出现的方位。处方的瞳距决定眼镜定配的光学中心距。远用瞳距适用于常规以远距离为使用目的眼镜,近用瞳距适用于近距离使用目的眼镜。远用镜度反映远用屈光不正,使用上既可视远也可视近。近用镜度用于老视或者需要近用的屈光状态,使用只限于视近。

(二)处方常用简略字与符号

略写字符	外文	中文
Rx	Prescription	处方
R、RE	Right Eye	右(眼)
L、LE	Left Eye	左(眼)
BE	Both Eye	双眼
OD(拉丁文)	Oculus Dexter	右眼
OS(拉丁文)	Oculus Sinister	左眼

略写字符	外文	中文
OU(拉丁文)	Oculus Unati	双眼
V	Vision	视力
DV	Distant Vision	远用视力
NV	Near Vision	近用视力
S、Sph	Spherical	球面
C、Cyl	Cylindrical	柱面
A、Ax	Axis	轴
D	Diopter	屈光度
PD	Pupillary Distance	瞳距(一般不标明,指的是远用瞳距)
FPD	Far Pupillary Distance	远用瞳距
NPD	Near Pupillary Distance	近用瞳距
PH	Pupil Height	瞳孔中心高度(简称瞳高)
RPH	Right Pupil Height	右眼瞳孔中心高度(简称右瞳高)
LPH	Left Pupil Height	左眼瞳孔中心高度(简称左瞳高)
P、Pr	Prism	三棱镜
△	Prism Diopter	棱镜度
Add	Addition	追加;近附加;下加光度
PL	Plano	平光
BI	Base In	基底向内
BO	Base Out	基底向外
BU	Base Up	基底向上
BD	Base Down	基底向下
⌒、√		联合
CL	Contact Lens	接触镜(通常指角膜接触镜)
SCL	Soft Contact Lens	软性角膜接触镜
RGP	Rigid Gas Permeable Contact Lens	透气性硬性角膜接触镜
OK	Ortho-keratology	角膜塑形镜

二、验配处方常规格式标准

验配处方目前尚无统一的格式,处方虽形式多样,但每个项目都已用文字(可中文或外文)注明而显得清楚易懂,了解相关书写规范,即可正确识别。

处方上若有散光应注明柱镜轴位方向。该标记法 0°起于每眼的左侧,即右眼为鼻侧,左眼为颞侧,按逆时钟方向180°终于右侧,称为标准记法(TABO标记法),是目前最普遍使用的轴位标记法,标注具体规则如图5-1所示。

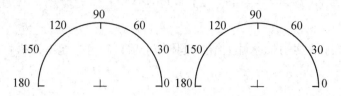

图5-1　TABO标记法

处方上棱镜的表示方法目前分为两种,棱镜360°标记法和直角坐标底向标示法。

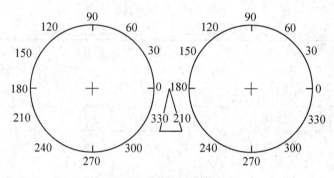

图5-2　棱镜360°标记法

棱镜360°标记法如图5-2所示,棱镜360°标记法与散光轴位表示相似,双眼都从右向左逆时针旋转360°表示基底方向。此法是把坐标分为四个象限,按角度表示底向的一种方法。从检查者角度出发,从其右手边为0°,以逆时针方向旋转360°。例如2△B135°,4△B90°,6.5△B265°等。

直角坐标底向标示法如图5-3所示,该标示法利用棱镜基底的主方向将棱镜基底分为BI(基底向内)、BO(基底向外)、BU(基底向上)、BD(基底向下)。鼻侧基底向内,颞侧基底向外。例如全自动顶焦计上显示0.05△BO,0.04△BU等。

需要注意的是,对于左眼来说0°表示基底向外,180°表示基底向内。而右眼则相反,0°表示基底向内,180°表示基底向外。

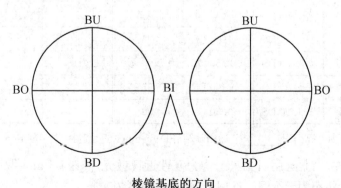

棱镜基底的方向

图5-3　直角坐标底向标示法

第二节　配镜处方填写

配镜处方是在验配处方的基础上结合具体加工项目确定的配镜订单。常见的验配处方格式如下。

一、表格式处方

【例 5-1】　见表 5-1。

表 5-1　配镜处方

姓名＿＿＿＿＿　年龄＿＿＿＿＿　职业＿＿＿＿＿　日期＿＿＿＿年＿＿＿＿月＿＿＿＿日

		球　镜 Sph	柱　镜 Cyl	轴　位 Ax	棱　镜 P	基　底 Base	视　力 V
远用	右眼 OD	−3.00 DS	−1.25 DC	90			1.0
	左眼 OS	−3.50 DS	−1.75 DC	95			1.0
		球　镜 Sph	柱　镜 Cyl	轴　位 Ax	棱　镜 P	基　底 Base	视　力 V
近用	右眼 OD	−1.00 DS	−1.25 DC	90			1.0
	左眼 OS	−1.50 DS	−1.75 DC	95			1.0

下加光(Add)+2.00 DS　远用瞳距(FPD) 64 mm　近用瞳距 61 mm　验光师＿＿＿＿＿

该远用处方表明左右眼远用屈光状态均为复性近视散光,远用瞳距 64 mm。而近用处方利用远用处方联合 Add 进行换算获得。

【例 5-2】　见表 5-2。

表 5-2　配镜处方

姓名＿＿＿＿＿　年龄＿＿＿＿＿　职业＿＿＿＿＿　日期＿＿＿＿年＿＿＿＿月＿＿＿＿日

		球　镜 Sph	柱　镜 Cyl	轴　位 Ax	棱　镜 P	基　底 Base	视　力 V
远用	右眼	−3.00 DS	−1.00 DC	95			1.0
	左眼	−2.00 DS	−0.50 DC	90			1.0
近用	右眼	−2.00 DS	−1.00 DC	95			1.0
	左眼	−1.00 DS	−0.50 DC	90			1.0

眼镜类型　双光:下加(Add)+1.00 DS　远用瞳距(PD) 65 mm　近用瞳距(PD) 64 mm　验光师＿＿＿＿＿

该处方表明左、右眼远用屈光状态均为复性近视散光,瞳距 65 mm 做远用镜。参考年龄与镜度,该屈光状态为老视眼。近用下加光度为+1.00 DS。

【例 5-3】　见表 5-3。

表 5-3　配镜处方

裸眼视力		球　面	圆柱	轴　位	棱　镜	基　底	矫正视力
远用	R	0.4	+2.75 DS	+1.00 DC	180	2△	向内	1.0
远用	L	0.5	+2.25 DS	+1.75 DC	180	2△	向内	1.0
近用	R							
近用	L							

瞳孔距离远用63 mm　近用60 mm　验光师_____

这是球镜、柱镜联合三棱镜处方。屈光状态是复性远视散光伴有斜视。

二、便笺处方

【例5-4】　DV　BE：+2.50 DS

　　　　　　　PD：63 mm

处方表达：双眼远视+2.50 D，远用瞳距63 mm，一般处方中 PD 不特别说明，通常指远用瞳距。

【例5-5】　远用　0.2R　−1.50 DS/−0.50 DC×165→1.0

　　　　　　　　　　0.1L　−2.00 DS/−0.50 DC×150→1.0

　　　　　　　PD：64 mm

处方带有视力记录。前面为裸眼视力，右眼 0.2，左眼 0.1。镜度后面为矫正视力均为 1.0。

【例5-6】　近用　R：+2.00 DS

　　　　　　　　　　L：+3.50 DS

　　　　　　　NPD：65 mm

表明近用处方，近用瞳距为 65 mm。

三、配镜处方常见加工项目名词与释义

配镜处方应在验配处方的基础上，详细标明上述加工具体参数，以方便加工师进行具体加工。常见具体加工项目如下。

（1）尺寸：根据处方的瞳距确定镜架的尺寸。

（2）光心内（外）移：凡眼镜几何中心水平距大于或小于瞳距，镜片光学中心应在镜框几何中心处作相应的位移。

（3）子片式样：指双光镜子片的式样，例如平顶或圆顶，可由配戴者自行选择。

（4）基弯：为镜片屈光度基准面弯度，用于只适应原镜基弯设计的戴镜者。

（5）开槽（拉丝）：半框眼镜的镜框加工时需要在镜框上进行开槽处理，以装入镜框。

（6）钻孔：无框眼镜镜片需要钻孔后，用螺栓、螺母、螺帽直接固定在镜架上。

（7）抛光：将镜片边缘抛光，以增加美观，用于半框眼镜、无框眼镜。

（8）染色：为防止过量光线进入眼睛，使镜片着色的工艺。

（9）镀膜：为增大透光率、反射、保护等目的在镜片表面镀制一层或多层光学薄膜。

（10）留唛：配制加工后的镜片，仍保留厂商标在镜片上的防伪标记。例如某些高档品牌的防辐射镜片、镀膜镜片、渐进多焦镜等。

除上述加工项目外，还有一些特殊眼镜美容等项目，也需要根据具体要求填写清楚。修理项目在明确修理部位的同时，需确定标注。提前检查眼镜有否其他缺损与毛病，发现问题应预先与配戴者说明。具体配戴处方如下示例，见表5-4。

表5-4 配镜处方示例

编　号			姓　名			邮　编		
联系人			地　址			传　真		
电　话			送货日期			订货人		
品　种	屈光度		球镜	柱镜	轴位	镜片设计	偏心内	偏心外
		右				球　面	mm	mm
		左				非球面		
远瞳距	mm	瞳高		原镜瞳距		镜片直径	镜片表面处理	
近瞳距	mm		mm		mm			
下加光度	右		镜架型号规格					
	左							
加工要求	车边	倒边	钻孔	开槽	抛光	安装	染色	其他
价格	镜片		元	加工费		元	合计	元

四、处方填写注意事项

科学加工是配镜处方能够得到很好实施的重要保证，不仅要求镜片的度数与处方一致，且要求镜片与眼保持正确的位置。处方填写中应按照一定的规范，填写正确的项目，过程中应注意以下事项。

（一）正确抄录配镜处方

按处方书写规范，处方先写右眼后写左眼，对不规范处方应作翻录；抄录镜度不要漏写符号，镜度的小数点及两位小数不可缺省；柱镜带轴位，棱镜有底向；瞳距及远用镜、近用镜反映要准确；除混合散光外，复性散光球镜和柱镜均应变为同符号。如有数据不明确，应弄清楚再填写。书写过程中注意字迹端正。

【例5-7】 处方转换。

原处方　R　$-3.50\,DS/+1.25\,DC\times30$

　　　　　L　$-4.25\,DS/+1.50\,DC\times150$

转换为　R　$-2.25\,DS/-1.25\,DC\times120$

　　　　　L　$-2.75\,DS/-1.50\,DC\times60$

一般建议配镜处方转换为球、柱镜同号。

【例 5 - 8】 转换远用处方为近用处方。

已知远用处方　R　 $-5.50\,DS/-1.25\,DC\times 25$

　　　　　　　L　 $-4.25\,DS/-1.50\,DC\times 155$

　　　　　　　FPD：65 mm

　　　　　　　Add：$+1.25\,DS$

转换近用处方　R　 $-4.25\,DS/-1.25\,DC\times 25$

　　　　　　　L　 $-3.00\,DS/-1.50\,DC\times 155$

　　　　　　　NPD：62 mm

　　　　　　　Add：$+1.50\,DS$

【例 5 - 9】 转换近用处方为远用处方。

已知近用处方　R　 $-2.50\,DS/-1.75\,DC\times 85$

　　　　　　　L　 $-2.25\,DS/-1.50\,DC\times 95$

　　　　　　　NPD：60 mm

　　　　　　　Add：$+1.50\,DS$

转换远用处方　R　 $-4.00\,DS/-1.75\,DC\times 85$

　　　　　　　L　 $-3.75\,DS/-1.50\,DC\times 95$

　　　　　　　FPD：63 mm

（二）注意远、近瞳距

若事先没有根据被检者工作性质、工作距离具体测量近用瞳距，一般单光眼镜也可按照远用瞳距减去 3 mm 换算为近用瞳距。

（三）注意处方正确性

处方的正确无误为加工提供更好的保障，处方中的各项资料完整以方便在加工过程必要时能及时联系被检者，同时也便于眼镜公司为被检者提供售后服务，因此加工师需认真填写并核实客户详细资料。

第六章　渐进多焦镜加工基础

第一节　渐进多焦镜市场现状

渐进多焦镜是渐进多焦点眼镜的简称,其中镜片又称为渐变多焦点镜片、渐变焦镜片、渐进镜片等。镜片的一个表面不是旋转对称的。在镜片的某一部分或整个镜片上,其顶焦度是连续变化的。

渐进多焦镜镜片为单片镜,其主要特征是:在镜片上方固定的视远区和镜片下方固定的视近区之间有一段屈光力连续变化的过渡区域,该区称为渐变区。在该区域,通过镜片曲率半径的逐渐变小而达到镜片屈光力(度数)的逐渐增加,如图6-1所示。渐变区域连接了上下两部分。上方的视远区和下方的视近区屈光力固定,基本无明显像差存在。

渐进多焦镜初始是为老视人群设计,从镜片远用区开始,经过中间的渐变走廊(又称为渐变区)到近用区,屈光力逐渐变化。渐进多焦镜是在单光镜、双光镜的基础上,开发研制而成。镜片以焦点来划分,可分为单焦点镜片、双焦点镜片、多焦点镜片。渐进多焦镜又称为渐进片,即镜片上有多个焦点,但该镜又不是变焦镜片。渐进多焦镜的设计灵感来自于象鼻的形状,即镜片前表面的曲率从镜片上部到底部连续增加,从而使镜片屈光力从位于镜片上部的远用区逐渐增加,直至在镜片底部的近用区达到所需的近用矫正度数。20世纪50年代法国依视路公司梅特纳兹经过8年的研究,制作完成临床配戴的渐进多焦点镜片。该镜片具有从上而下不断变化的光度,首先初步应用于老视矫正,并且于1959年国际视光学大会上第一次推出。该镜片被命名为Varilux, Vari是变化的意思, lux有两个意思:一个意思是光,一个意思是豪华。渐进多焦镜在视觉矫正概念上的创新使它赢得了世人的关注,不久就被推广到欧洲大陆和北美洲。

渐进多焦镜的设计初衷是为老视患者提供自然、方便和舒适的矫正方式。老视患者使用一副眼镜既可以看清远处,又可以看清近处,还可以看清中距离物体。随着"近视发展和调节理论"的研究,渐进多焦镜开始应用于控制青少年近视发展。该应用基于经典的调节理论:近距离阅读时使用了调节,长时间使用调节,将产生调节痉挛,引起眼轴增长,使近视发生,随着进一步长时间阅读工作,使得近视加深。基于此,研究者利用近距离阅读附加方法减少调节来预防儿童近视发生、控制近视发展。随着渐进多焦镜片的设计不断改善,国际、国内近视研究者加强了渐进多焦镜在近视控制矫正领域的应用,通过严格的设计和分析、对照研究,对分别配戴渐进多焦点和单焦点镜片的近视儿童进行对比分析,初步证明近距离阅读附加对缓解近视发展的作用;并通过眼球参数测量分析比较,进一步阐明近视发生和发展的机制。

目前,渐进多焦镜主要应用于以下三类人群:针对中老年,渐进多焦镜用以弥补视近时的调节不足;针对青少年,减缓视疲劳,控制近视发展速度;针对成年人(如教师、医生、近距离和电脑使用过多人群），以减少工作中带来的视觉疲劳。

在国外，渐进多焦镜在老视人群矫正市场具有较高的市场占有率，而中国目前的渐进多焦镜验配率较低，究其原因，主要由于渐进多焦镜验配基础知识和专业验配技能未能广泛的普及。近年，渐进多焦镜在国内呈现极快的发展和普及状态，但在大部分地区仍较为薄弱。

多年来，渐进多焦镜的设计在不断的改良。随着计算机的发展，先进设计软件和仪器应用于渐进多焦镜，使其设计由单一、硬式、对称、球面视远区、外表面渐进向多样、软式、非对称、非球面视远区、内表面渐进的方向发展。配适人群由最初的老视人群，逐渐扩展到现在的青少年人群、中青年人群。该镜片越来越受到配戴者和商家的欢迎，能否成功验配渐进多焦镜已经成为专业眼镜验配店视光技术专业形象的标志。

目前渐进多焦镜在中国市场已经广泛应用于中老年老视矫正、青少年近视控制和中青年视觉疲劳保健等多项视觉用途。渐进多焦镜的验配、加工、装配是成功实施渐进多焦镜验配处方的重要方面。

渐进多焦镜与传统的老视阅读附加镜、双光镜的验配不同，需要更加科学规范的验配技能和严格的工作程序做保障。任何一环节稍有不慎，不仅造成验配失误，还会对被检者眼睛健康和经济造成损失。渐进多焦镜需要严格按照工作程序和操作步骤进行科学验配，一方面需要熟悉渐进多焦镜的基础知识和验配方法，另一方面也应同时加强与配戴者的各项沟通能力。

第二节　渐进多焦镜的设计与识别

一、镜片设计

渐进多焦镜镜片不是可以自动变化焦距的镜片，而是通过改变镜片上下部分的曲率达到改变镜片光度的镜片。渐进多焦镜的设计与镜片功能具有密切的关系。

（一）镜片分区

渐进多焦点镜片可分为 4 个区域，即视远区、两侧的周边区、中间的渐变区和视近区，如图 6-1 所示。

1. 视远区

位于镜片上方，主要用于视远。随着渐进多焦点镜片在设计上的快速发展，目前在看远方面，无论是视野抑或是清晰程度，同单光镜片相比已相差不大。

2. 周边区

位于镜片两侧的鼻侧和颞侧，又常称为盲区、像差区、像散区、变形散光区等。目前比较中性地称之为周边区。该区域由

图 6-1　渐进多焦镜的分区

散光所构成的，这是渐进镜片在设计时不可避免地带来的问题。散光度数的分布规律是越靠近镜片周边部度数越大，而越靠近镜片的中央部度数则越小。因此，越靠近镜片周边部，视物则越模糊越不舒适，所以在镜架的选择上，在满足最低配镜高

度的需求上尽可能选择稍微小点的镜架,将周边部分切割掉。由于靠近中央部分度数较小,部分配戴者在看中、近时也会通过此部分来看。基于此,不同的配戴者配戴相同品牌相同下加光的镜片确实有不同的感受和视野宽度,原因即在于每个人对散光的耐受性是不一致的。同理,部分配戴者刚戴上时会有很多不适应的感觉,但配戴一段时间便逐渐感觉舒适,原因即在于逐渐对散光耐受和克服。

3. 渐变区

从配镜十字到近用参考圈,度数在逐渐发生变化的区域称为镜片的渐变区。度数的变化有快慢之分,相间隔的度数变化越大则越快。显然,度数变化越快,眼睛越难以克服和适应。例如,相同的镜片,配镜高度相同,下加光越高则度数变化越快,越难以适应;相反,下加光度数越小则越容易去适应。同理,下加光相同,不同的配镜高度,则配镜高度越短则度数变化越快,越难以适应;反之则亦然。

4. 视近区

由于视近时的双眼集合,近用参考圈向鼻侧内移,内移的范围根据下加光的不同而不同,一般内移量为单只镜片内转 2.5～3.2 mm。因此,对于集合功能不足的配戴者,需注意观察其视近物时是否利用渐进多焦镜的视近区。

(二) 镜片特征性设计

由无数个曲率结合而形成的渐变多焦点为渐变多焦镜片的基本设计基础。在此基本设计基础上,渐变多焦点镜片存在多种不同方面的设计区别。

1. 上半部球性设计和非球性设计

最初的渐变多焦点镜片,其上半部分为球性前表面。1974 年,Varilux 介绍了一种设计方法,称为非球性设计,即在镜片上半部视远区的周边保留少量散光。该设计可将周边散光扩散至外周较大的区域,以减少变形散光密度。后来研究发现,人眼能耐受视远区的少量而稀疏的周边变形散光。

2. 硬性设计和软性设计

(1) 硬性设计:配戴者视线从渐进镜移开向周边观看时,屈光力变化突然,散光像差增加迅速,配戴者甚至明显感觉视近区得范围,这种致视物区分界相对明显的渐进多焦镜设计原理称为硬式设计。配戴进多焦镜片,变形区散光柱镜屈光力的改变或增加会很突然。例如,散光柱镜快速从 0 增至 0.50 D、1.00 D、1.50 D 时,而变化的距离仅为数毫米。硬性设计的特点,是将变形散光集中在特定的区域,硬性设计镜片通常有较大且具有更稳定的视远区域和视近区域。其中较宽的视近区域,特别适合于高度数的附加。硬性设计的镜片渐变槽渐变速度快,即度数增加很快。这意味着当配戴者朝下看时,视线很快偏转到完全附加度数区域。硬性设计的缺点是变形散光柱镜度数增加太快,密度太集中。

(2) 软性设计:镜片视近区到周边区的屈光力变化相对于硬式设计缓和,散光像差增加较为缓慢。配戴者很难明确判断视近区的范围。这种致视物区分界相对不明显的渐进多焦镜设计原理称为软式设计。软性设计镜片的特点是从视近区至周边的变化比较缓慢,当配戴者眼球水平转动离开视远区域时,多余的散光度数也增加,但增加的速度比较缓慢。配戴者从视远区至视近区的度数过渡比较慢,即渐变槽比较长、比较宽,这也意味着配戴者需要将眼球向下转得更多距离才能到达完全附加的区域。软性设计的优点是:适应的时间比较短,看周边物体时变形比较少,头转动时物体"游离"现象比较少。软性设计的视近区域比较小,允许像差分布在较大的区域,甚至可以分布到镜片上半部分。这样变形散光较小,成像变形也并不明显。软式设计相对于硬式设计,镜片屈光力变化慢,渐变走廊更长,通常也更宽;相对视物时,达到全部的加光度,眼睛所要移动的距离更大。硬式设计与软式设计比较如下表6-1。

表6-1 硬式设计与软式设计比较

硬 式 设 计	软 式 设 计
视近区、视远区无像差部分较宽,屈光力稳定不变	渐变走廊边界不明显
视近区位置较高、范围较大,即视近区眼睛转动较少、视近区较大	视近区位置较低、范围较小,即视近区眼睛转动较多、视近区较小
渐变走廊较窄	渐变走廊较宽
配戴适应期较长	配戴适应期较短
周边视物偏移,变形明显	周边视物偏移,变形较不明显
周边区像差峰值较高	周边区像差峰值较低
适合于硬式设计成功配戴者,阅读时间和阅读范围要求较高者	适合于大部分老视者,尤其老视初期者,户外活动者

硬式设计与软式设计也可理解为渐变走廊较短与较长的差别。在同等Add的情况下,选择较长和较短的渐变走廊的差别如下表6-2。

表6-2 渐变走廊较长和较短优、缺点比较

	优 点	缺 点
渐变走廊较长	畸变像差区域较小 周边散光最大值较小 戴镜者头晕较小 从远到近过渡自然 戴镜者容易适应	视近时对眼睛下转的要求较高 使用姿势不自然 不易习惯 长时间视近易疲劳
渐变走廊较短	近用区很容易获得 阅读姿势较自然 易习惯 近用区大	周边像差区域较大 周边散光最大值较大 头晕感较强烈 中间视力不佳 适应较难,视力不佳

3. 单一设计和多样设计

单一设计,即中间过渡槽的屈光力变化形式基本固定,不同的下加光度,选择同样的渐变度。最初的渐变镜设计以此为主。单一设计为早期的渐变镜所采用,但实际上老视者随着年龄的增加,其调节能力逐渐减退,近附加不断增加,不同的老视阶段应设计不同的渐变方案。多样设计即对每一个不同的阅读附加处方,采用不同的中间过渡度数的变化方式。目前设计上主要采用随下加光度的增加,近用阅读区更靠向鼻侧,过渡槽越短的设计。设计者根据不同的近附加度数进行不同的设计,尽管这样设计出来的镜片从理论上讲各不相同,但是某一具体设计样式随近附加调整时,仍然具有多种共同特征。

4. 对称设计和非对称设计

渐进镜片的最早设计为左右对称设计,此时需要在装配时配合视近时瞳距的变化。由于阅读过程中眼球向下向内(鼻侧)偏转,渐变槽必须稍朝鼻侧倾斜。在装配时通过调整,装配右眼镜片时需逆时针旋转10°,装配左眼镜片时需顺时针旋转10°。此时对应点光度不一致,影响双眼融像,造成在看周边的物体时不平衡的双眼视觉。随着设计的进展,设计者注意到远近瞳距的不同现象,因此渐进镜片的设计中又有了"不对称"设计。左右镜片采用不同的设计,但周边的散光多被集中在鼻侧,对应点光度不一致,影响双眼融像,同样造成在看周边的物体时,不平衡的双眼视觉。最新设计采用非对称设计,即考虑远近瞳距的差异与镜片左右对应点光度的统一,使通过镜片中心部、两侧看物体,双眼都获得相同的清晰度,即双眼视平衡。从戴镜者的角度来看,非对称设计的镜片更符合他们的视觉需求。这种设计除了渐变通道朝鼻内侧倾斜外,渐变槽两侧的度数、柱镜、水平棱镜都是一样的。

5. 外渐进设计和内渐进设计

外渐进设计将渐进面加工在镜片的凸面,内渐进设计则将渐进面加工在镜片的凹面。内渐进设计其镜片外侧弧度固定,而变化面更贴近眼球,使得镜片各区域放大率的差异被大大缓解,也明显扩大了镜片各区的视场。

内渐进的加工方法是使用高精度的自由曲面数控设备,经过铣磨(粗磨和精磨)、抛光,将渐进面加工在镜片的凹面(即内表面)。传统的外表面渐进是先用陶瓷模具经过高温、去真空加工制成玻璃模具然后再进行原料的浇注,属于热加工。在生产过程中由于热胀冷缩,制成的玻璃模具的精度受到影响,不同模具之间曲率半径不稳定。而内渐进多焦点镜片在高精度的自由曲面数控设备里经过铣磨、抛光加工而成,整个过程采用冷加工。采用这种加工方法,镜片性能不受模具精度的影响,加工精度高,不同镜片之间光区恒定性好。设计时,由于内表面渐进片周边像差区更靠近左右两侧边缘,保证了足够的有效视野,加工装配完成后,镜片的周边区所存在的对视觉干扰的变形也更小。

内渐进设计相对外渐进设计视野更加宽阔。内表面的渐进面更接近眼球,配戴能增大配戴者的视角,提高中心可视区域的宽度和周边区域的视觉利用率,成像效果更真实、清晰,对比外表面渐进,视野更加宽阔。

内渐进设计相对外渐进设计舒适度进一步提升。内渐进采用独特技术,使得镜片变形量比一般渐进片更小,且像差区更靠近镜片两侧,对视觉干扰的变形区更小,因此,配戴的舒适度大大提升,适应更快。一般渐进片需要一周时间适应,内渐进适应时间仅需2~3 h。

二、渐进多焦镜镜片的标识与识别

渐进多焦镜镜片表面上有显性和隐性的标识。显性标识是镜片上直接可见的图形标记,眼镜加工完毕需要擦拭除去;而隐性标识则需要借助阳光或灯光通过仔细辨

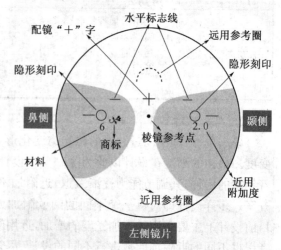

图6-2　渐进多焦点镜片常见标识

认才能看到,且终生保留在镜片内。图6-2为渐进多焦点镜片常见标识。

远用参考圈是测量镜片远用度数的区域,近用参考圈是测量镜片近用度数的区域。配镜十字和水平标志线用于加工时进行参考,用以确定加工时镜片的水平和垂直位置。配镜十字需与视远时瞳孔中心相重合,而水平标志线可以供装配加工时确定镜片的水平位置,加工中需要与镜架的几何中心水平线平行或重合。棱镜参考点是用于检测镜片棱镜大小是否符合规定的测量点。隐形刻印是恢复渐进多焦镜所有标记时的参考点。近用附加度在镜片的颞侧区域,用于核定下加光度;商标及材料标记在鼻侧区域,可帮助识别镜片的生产厂家及镜片材料、折射率等。

(一)隐性标识(永久性标识)

隐形刻印是恢复渐进多焦镜所有标记时的参考点。隐性标识包括隐形刻印、镜片颞侧区域的近用附加度标记和鼻侧区域的商标及材料标记。通过了解已配镜者的镜片标识,可以识别镜片的生产厂家及镜片材料、折射率等,帮助验配师了解其配镜历史。

1. 隐形刻印

在棱镜参考点的两侧各有一个小圆圈(或者方框、三角形,不同品牌镜片该标识具体表现形式不一),称为隐形刻印。一般来说,两个隐形刻印之间的距离为34 mm,因为两个刻印之间不能距离太远,否则在加工时易被切割掉;也不能太近,否则可能会阻挡视线。由于棱镜参考点距离所有显性标记都是固定的数值,因此将两个隐形刻印确定后,即可将所有擦拭掉的显性标记恢复。恢复显性标记需要借助测量卡,但需注意,不同品牌的镜片标记恢复应选择相应的测量卡。

隐形刻印在处理渐进多焦镜售后问题时起重要作用,能帮助恢复镜片表面各种标识,以判断问题的来源。恢复的过程中,只需标记出镜片的隐形刻印,然后同测量卡上的隐形刻印相重合,直接描绘出镜片下面的各个显性标记即可。

2. 近用附加度

颞侧隐形刻印的下方标记镜片的近用附加度,表明验光时的下加光度数,一般有两位数来表示,例如20代表下加光+2.00 D。理论上,远用参考圈测量的度数联合近用附加度,即等于近用参考圈测出的度数。

3. 品牌与折射率

在鼻侧隐形刻印下方标记镜片的商品品牌和材料。不同厂家生产的不同类型镜片,其商品名称、显示标记均不相同。例如某厂家鼻侧隐形刻印下方标记"WX",代表商标。标记"6",代表折射率为1.6。由于下加光、品牌、折射率在鼻侧和颞侧固定位置,可帮助判断该镜片属于左眼或右眼,对于加工完成的眼镜也可初步判断镜片左右是否安装正确。

(二)显性标识(临时性标识)

显性标识是装配加工的主要依据。通过上述参考点可确认远用屈光力、棱镜量和近用屈光力。加工完成之前均应保留,当验配问题出现时,恢复显性标识可帮助验配师复核验配结果。在恢复的过程中,只需标记出镜片的隐形刻印,然后同测量卡上的隐形刻印相重合,直接描绘出镜片下面的各个显性标记即可。但需要注意的是,不同的镜片可能会有不同的配镜高度,因此要注意选择不同的测量卡。

1. 配镜十字（又称验配十字）

配镜十字与视远时的瞳孔中心相重合。如果瞳距和瞳高测量准确,配镜十字与配戴者的瞳孔中心相重合。因此,通过观察配镜十字与瞳孔的相互位置,可大致判断测量是否准确。所以,连同配镜十字在内的所有显性标识,一定要等到配戴者试戴过后且无明显问题方可擦拭掉。

2. 远用参考圈

一般位于配镜十字上方 4 mm 处。远用参考圈是测量镜片远用度数的区域。将远用参考圈对准顶焦度计的测量窗,测量镜片的后表面,即测量后顶点度。

3. 近用参考圈

位于棱镜参考点的下方。同远用参考圈相同,近用参考圈是测量镜片近用度数的区域。视近区的度数理论上等于远用屈光力联合近用附加度。测量镜片的近用度数,需要将镜片近用参考圈的凸面对准焦度计的测量窗,从而测出镜片的近用光度,即测量前顶焦度。配戴者看近则主要是通过近用参考圈,因此,在镜架的选择、加工时务必要注意将整个近用参考圈予以完整地保留,否则会直接影响看近的视觉效果。一般近用参考圈的直径为 4 mm。

实际工作中,近用加光的实际测量较为困难,因为渐进片的近用加光的位置不一定在近用参考圈的中心,加光路径根据不同的屈光不正、不同的加光作不同变化,所以近用参考圈中心不一定能测到非常精确的加光度。因此常根据颞侧的近用附加度刻印来确定近用加光。

4. 棱镜参考点

棱镜参考点是用于检测镜片棱镜大小是否符合规定的测量点,一般位于配镜十字的下方 4 mm 处。渐进多焦镜由于前表面曲率自上而下不断变大（即曲率半径不断变小）,因此镜片下部厚度逐渐变薄,从而导致厚度差异而产生底朝上的棱镜效应。由于镜片上方和下方的度数和厚度不一致,从美观角度考虑,为取得上方和下方厚度的基本一致,因而车房加工时制作一个底向下的棱镜。通常棱镜的度数同镜片的下加光度数成正比,约为下加光度数的 2/3。例如近用附加度为 3.00 D,棱镜度为 $2^\triangle$,基底朝下。通过棱镜参考点可精确测量出镜片的实际棱镜度数,其意义在于如果两眼镜片的棱镜度数相差超过 $1^\triangle$,则配戴者较难以适应,故需要控制两眼垂直棱镜差异在 $1^\triangle$ 之内。

5. 水平标志线

在配镜十字和棱镜参考点两侧各有两条水平短线,这四条短线可帮助判断镜片的安装是否处于水平位置。配镜十字和水平标志线用于加工时进行参考。配镜十字需与视远时瞳孔中心相重合。水平标志线供装配加工时确定镜片的水平位置,加工中需要与镜架的几何中心水平线平行或重合。

第三节　中老年渐进多焦镜的验配基础

一、常见老视矫正方式

老视矫正目前主要有框架眼镜、角膜接触镜、手术三种方式矫正。其中框架眼镜矫正最为常见,目前主要分为以下四种。

1. 单光镜片

单光镜片仅有一个屈光度,适用于矫正近用视力,但近用视野最大。

2. 双光镜片

双光镜片具有两个不同的屈光度,两个不同屈光力的差值即为阅读近附加,补偿老视者阅读所需要的调节附加。镜片上部为远用矫正区域,提供清晰的远用视力;下部为近用矫正区域,提供清晰的近用视力。外观上,镜片表面明显有一条分界线。

3. 三光镜片

三光镜片在远用、近用矫正区域之间增加矫正区域,即中间矫正区域用于中距离视物。外观上,镜片表面明显有两条分界线。随着渐进多焦镜的广泛应用,目前三光镜片已逐渐退出市场。

4. 渐进多焦镜

渐进多焦镜镜片上具有多个屈光度。镜片自上而下,光度不断增加。不断变化的光度将镜片主要分为三个区域。镜片顶部为远用视力矫正区域,镜片中部为中距离视力矫正区域,镜片底部为近用视力矫正区域,各部分连接自然,外观如同单光眼镜,为配戴者提供不中断的远用视力、中距离视力和近用视力,不存在视觉分离。

二、渐进多焦镜优点与缺点

1. 优点

(1) 改善外观:避免了其他多焦点镜片显现的分界线,例如双光镜片具有明显的分界线。渐进多焦镜具有单光眼镜的理想外观,同时满足了配戴者要求老视矫正眼镜不暴露年龄的心理要求。

(2) 完整的工作距离范围:具有从远到近不间断的视觉感受,提供全程的视力范围,为配戴者提供了从远到近的连续清晰视力。单光阅读眼镜仅提供了近用区域的清晰视野;双光镜片虽然提供了远用、近用的视野,但是由于光度的突然变化,远近用视野完全分离。

(3) 无像跳:渐变镜的度数是渐变的而不是突变的,所以不引起棱镜效应。

(4) 方便:戴镜者不需要远近交替更换眼镜,避免了经常摘戴的麻烦。

(5) 更加自然的眼调节:渐进多焦镜上的每一点屈光力符合眼的聚焦距离,改变视线时,调节无需变化,符合人的视觉生理需要。而对于单光阅读镜,眼睛调节仅支持近用视力。对于双光镜片,当眼睛从远用区域通过分界线到近用区域时,调节突然变化。

(6) 只需要一副眼镜:戴镜者配戴单光眼镜时,需要一副看远,一副看近,交替互换来满足不同的视觉需求。渐进多焦镜一副眼镜完成远、中、近多部分视觉需求。

2. 缺点

(1) 中、近距离视野相对狭小:由于设计的原因,中、近视野宽度相对于其他多焦点镜片狭窄,因此对于初次配戴未经适应的渐进多焦镜配戴者,需相应增加水平头位运动,以改善眼部横向扫视幅度。

(2) 周边像差:渐进多焦镜的设计,使得中距离渐变走廊和近用区的周边区不可避免存在不期望的散光。

(3) 适应问题:渐进多焦镜配戴者需要一定时间适应这种新的视觉方式,戴镜使用习惯的改变会增加戴镜者的适应时间。相对来讲,正确的配镜指导可以进行相应的改善。

（4）镜架的选择受限：由于渐进多焦镜要求具有远、中、近三个区域视物，镜架必然受到一定的高度和形状限制。

（5）戴镜不能进行剧烈体育运动。

相对传统的老视阅读附加镜和双光镜的验配，渐进多焦点眼镜验配需要更加规范、严格的验配技术和程序做保障。目前渐进多焦点眼镜作为中老年人老视配镜的常规选择正逐步成为一种趋势。验配渐进多焦镜需要掌握镜片设计、验光、定配、调整、客户心理等多项专业知识。

三、验配对象选择

验配师在验配前需和配戴者进行充分的沟通，首先了解配戴者的年龄、性别、视觉需求、工作性质、工作环境、原配屈光度等情况；其次了解视力需求，询问顾客的眼镜史、职业、对新配眼镜的要求等从而选择合适的验配对象。

老视渐进多焦镜的适用人群：

（1）希望避免单光阅读镜导致视远、近物时频繁戴上摘下的麻烦的人。

（2）不喜欢双光镜有分界线，对眼镜的美观要求更高，排斥双光镜难看外形的人。

（3）喜欢尝试新事物，愿意感受不同于单光镜、双光镜的视觉的人群。

（4）有不同距离视觉需要，尤其具有中距离视物需求的人群，例如教师、演讲者、大会发言者等。

相对来说，容易适应渐变多焦点镜片的人群包括：学习主动性强，具有较好的理解力，熟悉了解渐变多焦镜镜片的优点和验配适应症；进入老视状态不久；Add 下加小于+1.00 D；个子较高，脖子较长，脊柱灵活性较好的中老年人，同时该人群无晕车、内耳疾病等，且具有较好的用眼习惯；具有良好的阅读姿势与习惯，如背挺得较直、不斜向视物等的人。

日常工作中，需要谨慎考虑验配渐进多焦镜的人群主要包括以下几种。

（1）屈光参差：双眼屈光参差等效球镜超过 2.00 D，尤其垂直子午线屈光力差异超过2.00 D 的配戴者，为避免引起双眼间垂直棱镜差异，需要谨慎验配。

（2）曾有屈光度或镜架适应困难史的人。

（3）视觉需求常存在非上方视远、下方视近的人群，例如图书管理员等。

（4）登高作业，不能随意移动头位，具有某种固定体姿者。

（5）运动系统障碍，平衡功能不良，容易有"晕车"和"晕船"等眩晕症状，内耳功能障碍等，双眼集合能力异常者。

（6）过分地在意价格、性格固执、不易沟通，甚至有心理障碍的人。

总之，成功的渐进多焦镜配戴者首先基于具有合适的心理素质和生理特点的人群。把握适用人群和禁忌人群的特征是验配师工作的基本技能。

四、渐进多焦点眼镜的验光

渐进多焦镜验光的步骤为：排除眼部器质性病变后进行规范的验光，准确验出屈光度数；根据需要了解定性或定量测量调节、眼位、双眼单视功能等；根据屈光、调节等初拟处方再经试戴清楚舒适才能确定、开具处方（远用、近用等）。

1. 规范的远屈光检测

在客观屈光检查的基础上，给予规范的主观屈光检查。主观检测基本流程包括第一次单眼 MPMVA/第一次单眼红绿视标检测,交叉圆柱镜检测,再次单眼 MPMVA/再次单眼红绿视标检测,双眼雾视/双眼平衡,双眼 MPMVA 五个部分。详细的步骤如下:

(1) 第一次 MPMVA/第一次红绿视标检测

① 打开右眼并遮盖左眼。

② 置入初始光度。

③ 右眼雾视至 0.3～0.5,在初始光度基础上增加约＋1.00 DS(或减少－1.00 DS)来获得。

④ 增加－0.25 DS(或减少＋0.25 DS),嘱被测者观察更小一排的视标。

⑤ 如视力提高,则重复④。

⑥ 如诉视标更小或更黑,MPMVA 结束。

⑦ 投放红绿视标。

⑧ 嘱被测者比较红、绿的视标是否有清晰度差异。

⑨ 如诉红色视标清晰加负(或减正)球镜片,如绿色视标清晰加正(或减负)球镜片。

⑩ 重复⑧～⑨步骤,直至红绿视标一样清晰。

(2) 交叉圆柱镜检测(JCC TEST)

① 投放斑点状视标。

② 转动交叉圆柱透镜的外环,使其翻转手轮轴向与柱镜试片的轴向重合。

③ 旋转翻转手轮翻转交叉圆柱镜,嘱被测者注意并比较翻转前、后(或称 1、2)两面的清晰度。

④ 如诉某一面较清楚,则停留在清晰面,并将柱镜试片的轴向与交叉圆柱镜负轴(红点)的方向移动 5°或者更大度数。

⑤ 重复③～④步骤,直至交叉圆柱透镜两个面的清晰度一致。

⑥ 转动交叉圆柱镜的外环,使其正柱镜或负柱镜的轴向与柱镜试片的轴向重合。

⑦ 进行如③步一样的操作。

⑧ 如果觉得某一面较清楚,则将交叉圆柱镜停留在清晰面。若清晰面为交叉圆柱镜负柱镜轴向(红点)与负柱镜试片的轴向重合,给予－0.25 DC;若清晰面为交叉圆柱镜正柱镜轴向(白点)与负柱镜试片的轴向重合,去除－0.25 DC。如增减达－0.50 DC,则需要相应增减＋0.25 DS。

⑨ 重复⑦～⑧步骤,直至交叉圆柱镜两个面的清晰度一致。

(3) 再次单眼 MPMVA/再次红绿视标检测

① 右眼雾视至 0.3～0.5。

② 增加－0.25 DS(或减少＋0.25 DS),嘱被测者观察更小一排的视标。

③ 如视力提高,则重复②。

④ 如诉视标更小或更黑,MPMVA 结束,记录屈光、视力数据。

⑤ 投放红绿视标。

⑥ 嘱被测者比较红、绿视标是否有清晰度差异。

⑦ 如诉红色视标清晰加负(或减正)球镜片,如绿色视标清晰加正(或减负)球镜片。

⑧ 重复⑥～⑦ 步骤,直至红绿视标一样清晰,红绿检测结束,记录屈光、视力数据。

(4) 双眼雾视/双眼平衡

① 双眼视孔开放，双眼予相同的雾视量，+0.75 DS/+1.00 DS，对应的双眼雾视视力 0.5。

② 从视力表中分离出单行视标(取雾视后最好视力的上一行)。

③ 用旋转棱镜于右眼前加置 $3^{\triangle}$BD、左眼前加置 $3^{\triangle}$BU。

④ 比较两行视标的清晰度是否一样，较清晰的眼前加+0.25 DS。

⑤ 重复④直到两行的清晰度一样或很接近或主视眼较清晰。

⑥ 移开棱镜。

(5) 双眼 MPMVA/双眼红绿视标检测

① 双眼同时增加-0.25 DS(或减少+0.25 DS)，嘱被测者观察更小一行的视标。

② 如视力提高，则重复①。

③ 如诉视标更小或更黑，MPMVA 结束(如第一次单眼 MPMVA 与红绿视标检测吻合，可用双眼红绿视标终止)。

④ 记录屈光、视力数据。

2. 规范的近阅读附加的检测

(1) 选择初步附加镜度的方法

初步附加的方法很多，以下各方法可根据情况选用。

① 以年龄和原有的屈光不正状态为依据：如表 6-1。

表 6-1　试验性附加与年龄和屈光不正状态的关系(阅读距离 40 cm)

年龄	近视、正视	低度远视	高度远视
33～37	P1	P1	+0.75
38～43	P1	+0.75	+1.25
44～49	+0.75	+1.25	+1.75
50～56	+1.25	+1.75	+2.25
57～62	+1.75	+2.25	+2.50
>63	+2.25	+2.50	+2.50

② 使用融合性交叉柱镜(FCC)方法：通过测量患者的调节滞后量来确定其所需的初步阅读附加。远屈光完全矫正，将 FCC 视标设置在 40 cm，取昏暗照明增加检测灵敏度，被测双眼前放置交叉柱镜(红点在垂直位，白点在水平位)；询问被测者水平线条和垂直线条的清晰情况，如水平线清，加正镜直至和垂直线一样清，所添加的正镜量即被测者的调节滞后量，也是初步阅读附加的度数。此法较适合老视初期人群。

③ 使用"一半调节幅度储备"原则：即利用阅读附加=工作距离(用 D 表示)-1/2 调节幅度。此法适合于工作距离特别近的特殊工种者。

调节幅度可测量获得(假设习惯阅读距离 40 cm)，具体可采用以下两种方法。

(a) 将最小视标置于眼前并逐渐向眼移近，直至感觉视标模糊。如看清最小视标的最近距离为 25 cm，则其调节幅度为 4.00 D。根据公式，其阅读附加=2.50 D-4/2 D=+0.50 D。

(b) 被测者注视距眼球 40 cm 处的最小视标，同时在其眼前加负镜，视标模糊时负球镜的度数再按"一半调节储备"公式换算即可得出其调节幅度。如眼前加"-1.00 D"后视标模糊,则调节幅度为 3.50 D。则阅读附加为 2.50 D—3.50/2 D＝＋0.75 D。

④ 以视力为依据判断阅读附加的方法　如被测者按远屈光矫正时的近距视力为 0.6,增加＋0.50 D 后近距视力增加至 0.8,再增加＋0.50 D 则达 1.0。＋1.00 D 即其初步阅读附加度数。

(2) 精细阅读附加度数

阅读附加的精细调整可用正/负相对调节测试法。具体步骤如下:① 在设置初步阅读附加后,让被测者观看其所需要看清的最小视标。如果看不清,加正镜直至看清。② 双眼注视视标,先加正镜至视标模糊,再加负镜至视标模糊。例如:某人初步阅读附加为＋2.00 D,加正镜至＋1.25 D(NRA)感觉视标模糊,然后退回＋2.00 D,加负镜至—1.50 D (PRA)时出现视标模糊,则其较精确的阅读附加为 NRA 和 PRA 的中值,即 0.125。

(3) 确定阅读附加镜度

上述均假设被测者的阅读距离为 40 cm。但被测者的实际用眼距离可能稍远或稍近,可据此增加或减少 0.25 D。

3. 远用镜度的确定

在规范的屈光检测基础上进行试戴、调整及确定。在被检者双眼前加上远用屈光度数的镜片进行试戴以确定顾客是否能接收这一远用度数。确定渐进多焦镜远用镜度的原则是:以远用视力满足顾客基本需求为基础,近视能浅则浅,远视能足则足,新加散光要谨慎。

4. 近用镜度的确定

在规范的近阅读附加检测获得的数据基础上进行渐进眼镜试戴、调整及确定。绝大部分情况下左右眼的加光应一致。假如左右眼加光不一致,若排除远用双眼视力不平衡的情况,常见于某些眼病,例如早期白内障、虹膜睫状体炎后等。如果左右眼的加光差异超过0.50 D 时可能会对戴镜的效果产生影响。对于希望尝试配戴渐进多焦镜或想尝试而又有疑虑者,更有必要给其做试戴镜配戴演示。为方便试戴和比较,试戴镜一般应由渐变多焦点、单光以及双光等一系列镜片组成。

五、镜架的选择与调整

1. 镜架的选择

渐进多焦镜配镜过程中,选择合适的镜架非常重要。具体要注意如下几点。

(1) 选择稳定的镜架,一般不宜选用容易变形的无框镜架。

(2) 选择具有一定垂直高度的镜架。通常瞳孔中心到镜架底部至少应有 18～22 mm,瞳孔中心到镜架上缘至少有 12 mm,故镜架高度不应少于 30～34 mm(具体依据镜片标注的配镜高度或渐进带长度而定),否则加工磨边时易把视近部分割掉。

(3) 选择的镜圈鼻内侧区域须足以容纳渐变区,避免选择鼻侧区域被切除的镜架;避免选择鼻内侧底部区域斜度较大,镜架视近区视野范围小于一般的镜架。

(4) 选择的镜架要有能够调整垂直高度的鼻支架,可考虑选用金属可调鼻托支架。

(5) 避免较大的镜片光学移心量,减少镜片周边区像差对视觉的干扰。

2. 镜架的调整

眼镜加工之前需先将镜架尽可能调整至与配戴者的脸形相配。

(1) 符合脸形:确保镜架前曲面弧度与配戴者的前额弧度相吻合,有助于保持足够宽的视野。

（2）镜架平衡：调整镜脚的角度，使镜架可以端正地戴在脸上。

（3）前倾角（指镜架配戴好之后镜圈平面和垂直面之间的交角）：调整镜脚使之保持在10°～15°之间，但不能接触脸部，即有助于保持足够的渐变视野。

（4）镜眼距离：调整鼻托使顶点距离尽量缩短，但不可触及睫毛，以保证更大的近用视野。

（5）镜腿长度（弯点长）：调整镜脚长度与耳上点相贴合（接触 0.5 cm 左右），垂长部分离耳后 2 mm 预留方便摘戴，使镜架配戴稳定且感觉舒适。

六、镜片的选择

主要针对镜片的度数、设计、直径、镜片的表面处理进行选择。

1. 镜片的度数

主要根据老视验光结果进行选择，包括视远屈光度数和近附加度数。

2. 镜片设计的选择

主要根据软性和硬性、长通道和短通道、配戴者要求选择相应镜片设计。

3. 镜片直径的选择

利用测量卡确定镜片尺寸。

（1）将镜架镜腿朝上水平置于测量卡上，使鼻梁位于斜线指标的中央，并使镜架下内侧缘最低处所对的刻度值为瞳高值。

（2）在样片的左眼瞳距读数处画一垂直线。

（3）在样片的垂直"0"刻度读数处画一水平线，并使其与垂直线相交。

（4）用同样的方法做右眼样片。

（5）将标记在样片上的配镜十字与测量卡上的镜片圆上的配镜十字对准。

（6）选择一个能完全包容镜架的镜片直径。

4. 镜片表面处理选择

主要根据配戴者的视觉需要，选择是否加膜、加硬、染色等。若需要工厂协助加工装架，还需要说明单眼配镜瞳距、单眼配镜高度和镜架规格等参数，以方便工厂选择相应的镜片直径进行加工制作。

七、瞳距测量

配戴者要想获得最佳视力，其视线需通过适当的视远区域，且从上往下看时恰好通过渐变区的中间部分并终止在视近区中央。渐进多焦镜装配时，要求配镜十字与瞳孔中心位置一致，才能使镜片不同区域的视觉清晰而舒适。当被检者处于自然体位时，渐进多焦镜的配镜十字应与瞳孔中心相对应，即镜框与瞳孔中心相对应的位置即配镜十字所在位置。因此加工前应确定单眼瞳距和单眼瞳高。

渐变镜的位置取决于前表面配镜十字的位置，该标记代表"配镜中心"。配镜中心置于瞳孔之前时，主参考点（即棱镜参考点）应位于瞳孔中心下方 2～4 mm 处（不同设计的镜片可能略有不同）。

由于主参考点是渐变走廊的起点，因此其位置应以瞳孔作参照点。镜片的正确位置取决于单眼瞳距的正确测量。视近区中心往往内偏 $2\sim2.5\ mm$。

单眼瞳距,即鼻梁中央到视远时瞳孔中心的距离。测量单眼瞳距有很多种方法,具体方法如下。

1. 瞳距仪

(1) 测量远用瞳距,将注视距离键调整到注视距离数值"∞"的位置上。

(2) 要求被检者双手捧住瞳距仪,将瞳距仪的额头部和鼻梁部轻轻放置在被检者的前额和鼻梁处。测量中,瞳距仪一定要紧贴被检者的前额和鼻梁处。

(3) 嘱被检者注视里面的光亮视标。检查者通过观察窗,可观察到灯光在角膜上的反射亮点,然后分别移动右眼 PD 调节键和左眼 PD 调节键,使 PD 指针与角膜上的反射亮点对齐。

(4) 取下瞳距仪后,读取瞳距仪上的数值。右眼 PD 数值为右眼瞳距,即表示从鼻梁中心至右眼瞳孔中心间的距离;左眼 PD 数值为左眼瞳距,即表示从鼻梁中心至左眼瞳孔中心间的距离;中间的数值为双眼瞳距,即双眼瞳孔中心之间的距离。

2. 瞳距尺(含有鼻梁槽的瞳距尺)

(1) 检查者与被检者间隔 40 cm 正面对坐,使眼睛的视线保持在同一高度上。

(2) 用右手的拇指和食指拿着瞳距尺,将瞳距尺置于被检者的鼻梁上使鼻梁槽中心的两侧空隙对称。

(3) 将笔式手电筒置于检查者自己的左眼下方,照射被检者的右眼,以确定瞳孔中心位置,但切忌直射被检者瞳孔,被检者也不应注视电筒灯光。

(4) 请被检者双眼注视检查者的左眼,检查者闭上右眼,以避免平行视差。

(5) 检查者用左眼看被检者右眼的角膜反光点。

(6) 在瞳距尺上读出单眼瞳距的读数。

(7) 用同样的方法测量被检者左眼的单眼瞳距。重复测量左右眼,以确定读数。

3. 标记样片法

(1) 被检者配戴所选择并已根据配戴者脸型进行个性化调整的镜架。

(2) 检查者与被检者正面对坐,使视线保持在同一高度上。

(3) 请被检者以舒适的姿势向前直视,使头颈位置不偏高也不偏低。

(4) 将笔式手电筒置于检查者左眼下方,并照射被检者的右眼,以确定瞳孔中心位置,但切忌直射被检者瞳孔,被检者也不应注视电筒灯光。

(5) 请被检者双眼注视检查者的左眼,检查者闭上右眼,以避免平行视差。

(6) 用标记笔在撑片上被检者的右眼角膜反光点的位置标出一点或一条短垂直线。

(7) 用同样方法标出另一眼的角膜反光点位置。

(8) 取下镜架,置镜架于渐进镜测量卡上,注意鼻梁的中心对准测量卡中心(斜线指标的两侧对称),由中央的水平刻度线上读出左右眼的单眼瞳距。

八、瞳高测量

瞳高是瞳孔中心高度的简称,指从眼的视轴通过镜片处到镜框下缘槽底部最低点的距离。调整后进行瞳高的测量以确定渐进多焦镜的配镜高度,测量中应注意平行视差。渐进多焦镜的配镜高度(即瞳高)有两种规定:① 自瞳孔中心位置至镜架最低点内槽的垂直距离,即到最低点水平切线的垂直距离。② 自瞳孔中心至正下方镜架内槽的垂直距离。由于第一种规定可以避免单眼瞳距和瞳孔中心高度误差的连锁反应,所以一般加工时推荐使用第一种模式。目前在很多全自动磨边机上都有相应的模式对应两种标准。验配师选择时可与加工师具体确定其标准。

以配戴者瞳孔中心高度确定的配镜高度随配戴者的高度、头位以及职业而异。测量配镜高度方法也有多种,常见方法如下。

1. 标记样片法

(1) 检查者与被检者正面对坐,使视线保持在同一高度上;被检者戴上所挑选的镜架,并以舒适的姿势向前直视。

(2) 将笔式手电筒置于检查者自己的左眼下方,并照射被检者的右眼,以确定瞳孔中心位置,但切忌直射被检者瞳孔,被检者也不应注视电筒灯光。

(3) 请被检者双眼注视检查者的左眼,检查者闭上右眼,以避免平行视差,用标记笔在角膜反光点的位置标记出一条水平线。

(4) 用同样方法标出另一眼的角膜反光点位置。

(5) 取下镜架,用瞳距尺测量出标记点到镜架下缘内槽最低点水平切线的垂直距离,即被检者的瞳高;或将镜架放置在渐进多焦镜测量卡上,使撑片上标记的水平线对准"0"刻度线,则镜架下缘内槽最低点所对的刻度数值即为被检者的瞳高。

2. 瞳高测量仪法

(1) 检查者与被检者正面对坐,使视线保持在同一高度上,被检者戴上所挑选的镜架。

(2) 用瞳高测量仪上的夹子将瞳高测量仪夹在镜架上,使瞳高测量仪对称的处于鼻梁两侧。

(3) 调节瞳高测量仪上的瞳高调节旋钮,使黑色的水平刻度线对准瞳孔中心,则镜架下缘内槽最低处所对的刻度数值即为瞳高。

3. 配镜高度固定调整法

(1) 在镜架模板上点出左右眼的瞳距点,并画垂直线同水平线形成"十"字线,在十字中心点向上 5～6 mm 处做一记号,作为配镜高度的参考点。

(2) 检查者与被检者(相距 40 cm 左右)相向,且处于同一高度;被检者戴上镜架,以舒适的姿势平视前方。

(3) 检查右眼,检查者将笔式手电筒置于左眼下,勿直射被检者的瞳孔,观察被检者右眼角膜反光点是否位于已标记的垂直瞳距线上。

(4) 确认角膜反光点是否与瞳距线上的配镜高度参考点重合,不符重新点出,无误时画出水平线,即配镜高度"十字"标识。

(5) 重复上述步骤测量左眼。

(6) 测量配镜高度:取下镜架,用瞳距尺测量出标记点到镜架下缘内槽最低点水平切线的垂直距离,即被检者的配镜高度;或将镜架放置在渐进镜测量卡上,使撑片上标记的水平线对准"0"刻度线,则镜架下缘内槽最低点所对的刻度数值即为被检者的配镜高度。

该方法相对于前两种方法,主要优势在于边测量边进行参数的调整。

根据上述测量和检查,可确定渐进多焦镜验配处方参数,确定加工参数,为进一步正确进行渐进多焦镜的加工与质量检测打下良好的基础。

第七章　眼镜材料加工制作

第一节　镜架测量和镜架几何中心水平距计算

一、镜架测量

眼镜架的规格尺寸是由镜框、鼻梁和镜腿三部分组成。眼镜架规格尺寸的表示方法均采用方框法和基准线法两种形式。

（一）方框法

方框法是指在镜框内缘(亦可用镜片的外形来表示)的水平方向和垂直方向的最外缘处分别作水平和垂直方向的切线,由水平和垂直切线所围成的方框,称为方框法。左右眼镜片在水平方向的最大尺寸为镜圈尺寸,左右眼镜片边缘之间最短的距离为鼻梁尺寸,如图7-1所示。方框法常见名词概念如下。

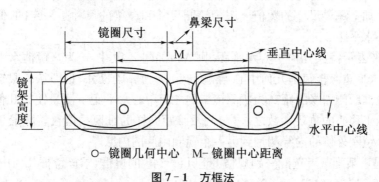

O- 镜圈几何中心　　M- 镜圈中心距离

图 7-1　方框法

(1) 水平中心线:镜片外切两水平线之间的等分线。
(2) 垂直中心线:镜片外切两垂直线之间的等分线。
(3) 镜圈尺寸:左右眼镜片外切两垂直线间距离。
(4) 镜架高度:左右眼镜片外切两平行线间距离。
(5) 鼻梁尺寸:左右眼镜片边缘之间最短的距离。

（6）镜腿长度：镜腿铰链孔中心至伸展镜腿末端的距离。

（7）镜框几何中心点：实际是镜框水平中心线与垂直中心线的交点。

（8）镜架几何中心水平距：两镜框几何中心点在水平方向上的距离。

眼镜架的规格尺寸通常均表示在镜腿的内侧。标有"□"记号时表示采用方框法。如56□14-140 表示采用方框法，镜圈尺寸 56 mm，鼻梁尺寸 14 mm，镜腿长度 140 mm。我国大部分镜架尺寸采用方框法表示。

（二）基准线法

基准线法是指在镜框内缘（即左右眼镜片外形）的最高点和最低点做水平切线，取其垂直方向上的等分线为中心点再做水平切线的平行连线（即通过左右眼镜片几何中心的连线）作为基准线。上述方法也是基准线的测量方法，如图 7-2 所示。

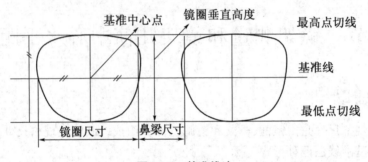

图 7-2　基准线法

高档镜架尺寸多采用基准线法表示，标记在镜腿的内侧。标有"-"记号时表示采用基准线法，如 56-16-135，表示镜圈尺寸 56 mm，鼻梁尺寸 16 mm，镜腿长度 135 mm。

二、镜架几何中心水平距的计算

镜架几何中心水平距是指从右眼镜框几何中心点到左眼镜框几何中心点之间的距离，即为镜圈尺寸加上鼻梁尺寸的数值。因为镜圈尺寸和鼻梁的尺寸是一定的，便可直接测得镜架几何中心水平距。

如用 M 来表示镜架几何中心水平距，则 $M=2a+c$，其中，a 为一镜框水平距离的一半（一侧镜框的水平边缘至镜框几何中心点的距离）；c 为鼻梁尺寸，也即从右眼镜框鼻侧内缘开始到左眼镜框颞侧内缘的距离为所测镜架的几何中心水平距。测量镜架几何中心水平距是配装镜片加工移心的重要参数之一，与测量瞳距同样的重要。但在实际的工作中通常沿着基线从一个镜圈外侧的内缘测量到另一个镜圈内侧的内缘。

【例 7-1】　某配戴者选配一副规格 56□14-140 的镜框，求该镜框几何中心距多少？

解：$M=2a+c=56+14=70(\text{mm})$

【例 7-2】　某配戴者选配一副规格 52□16-138 的镜框，求该镜框几何中心距多少？

解：$M=2a+c=52+16=68(\text{mm})$

第二节　手工磨边工艺

一、手工磨边工艺概述

磨边工艺是把符合验光处方的毛边定配眼镜片磨成与眼镜架镜圈几何形状相同的一种加工工艺。根据磨边加工的手段不同可分为手工磨边和自动磨边。

手工磨边是以手工操作为主,通过专业器具磨出镜片边缘形状的一种磨边方法。手工磨边的优点是设备简单、加工成本低廉;缺点是要求操作者有较高的技能,加工中光心位置、柱镜轴位等不够精确。

近年来,随着科学技术的发展,模板制作、镜片磨边都已实现机械化自动化。磨边质量、尺寸精度和生产率都有很大提高。手工磨边已逐步被自动磨边所替代,手工磨边工艺已成为自动磨边工艺的有益补充。

自动磨边的特点:操作简便,磨边质量好,尺寸精度高,光学中心位置、柱镜轴位、棱镜基底的设定精确,但设备投资较大,加工成本较高。随着国家对眼镜定配标准的日益完善和眼镜生产许可证制度的实施,半自动磨边和全自动磨边已经成为行业必不可缺的两种磨边方式。半自动磨边和全自动磨边目前也成为加工师考核的基本项目。

手工磨边按操作过程可分为三道工序:模板制作工序、划钳工序、磨边工序。由于树脂镜片的大规模占领市场,目前手工磨边程序中第二道工序即划钳工序在眼镜加工中已经使用较少,但是模板制作工序和磨边工序仍然是眼镜材料加工的重要工序。即使在半自动、全自动磨边工艺盛行的今天,模板制作与手工磨边仍然是眼镜加工师必须掌握的基本功。

二、模板制作工序

目前常用的模板制作方法分为四种,具体如下。

1. 有撑片镜架制作模板

眼镜架撑片起保护镜架镜圈不变形作用,由于撑片与镜圈几何形状相同,所以是理想的模板材料。操作步骤如下。

(1)不卸下撑片用直尺量出两镜圈纵向最大高度的 1/2 处,在撑片上用笔划出水平线 EF。

(2)用直尺量出镜圈横向最大宽度的 1/2 处,用笔划出垂直线 GH。

(3)水平线 EF 与垂直线 GH 的交点 O 就是撑片的几何中心。光学中心的偏移量以此为基准。

(4)确定模板的方向:为了在磨边加工时分清左右眼镜片及镜片的上下,一定要在模板上确定鼻侧、眉框方向。可简单地在模板的鼻侧上方划一箭头,指向鼻侧,既指明鼻侧方向又指明模板的朝上方向。在模板上还应标明镜架型号、规格及品牌,便于以后相同型号镜架眼镜模板的制作。

2. 无撑片镜架的模板制作

有些镜架没有安装撑片,可用塑料或硬纸板制作模板,或者购买专用的空白模板(最好上下方含有刻度)进行制作。操作步骤如下。

(1) 画出模板外形,把眼镜架镜腿朝上,右手稍用力按住镜圈压在空白模板上。右手用油性记号笔等在镜框里面紧贴边缘画出相似图形。用笔画线时,笔尖要紧贴镜圈内缘,不要变动,以免模板形状发生变形。

(2) 在纵横向 1/2 标记处做好记号,画出水平线与垂直线。

(3) 确定模板的鼻侧、眉框方向。

3. 利用制模板机制作模板

制模机上部为镜架工作座,由连体夹子、前后定位板、坐标面板、夹紧螺丝等组成。制模机中间部由模板工作座、切割装置、操作机构三大部分组成,模板工作座由定位钉、模板顶出杆、顶出按钮等组成,切割装置由曲柄滑块机构和刀具组成,操纵机构由压力调整装置、模板大小调整装置、模板基准线轴位调整装置及操纵手柄等组成。制模机下部封闭在箱体内,由电机、带传动机构、齿轮传动机构等组成。

制模机工作原理:模板机内有两个电动机,一个电动机通过传动带带动曲柄滑块机构连接的刀具作高速上下往复运动进行模板的切割,另一个电动机通过齿轮传动机构同时带动镜架工作座和模板工作座作逆时针旋转。由于两个工作座的齿轮传动比一致,所以能同步旋转,保证了模板与镜圈的一致性。操作步骤如下。

(1) 放置模板坯料

取一块模板坯料放置在模板工作台上,模板定位孔镶嵌在模板工作座的定位钉上,模板的顶出孔镶嵌在模板顶出杆上,垂直线的指示孔朝里。

(2) 镜架的定位和固定

镜架的定位:将镜架两镜腿朝上放置在镜架工作座上,镜架的眉框处朝向前后定位板。镜架工作座上有纵、横坐标的刻度线以确定镜架的位置。转动定位板位置调节螺母,使定位板位置按需前后移动。当镜圈的上下边框所处的纵向坐标刻度值相同时,则镜架的纵向位置已调好,保证了基准线位于上下边框的中间。手扶镜框左右移动,当右(左)眼镜圈的左右边框所处的横向坐标刻度值相同时,镜架的横向位置则已调好,保证了镜圈的几何中心与模板的几何中心一致。

镜架的固定:镜圈被固定的位置为鼻侧、颞侧、眉框、下边框。一般鼻侧夹紧螺杆可直接夹在鼻梁上,颞侧夹紧螺杆在颞侧镜框的桩头处外侧,前后定位板限制了眉框处变形、移位,连体夹子的两夹夹在镜圈下边框,通过五点固定,基本上消除镜架的移动和镜圈的变形。操作过程中注意镜架的固定,右手先后旋紧各夹子相关螺杆。在旋紧螺杆时,左手扶镜架,避免镜架移位,以减少模板误差。

(3) 切割模板:操纵手柄扳到预备位置(ON),接着将仿形扫描针嵌入镜圈沟槽内,把操纵手柄扳到工作位置(CUT)。模板机开始工作,仿形扫描针绕镜圈旋转一周约 30 s,完成模板制作。

(4) 修整模板:模板切割完毕后,把操纵手柄扳至停止位置(OFF);按下顶出按钮,使模板被顶离模板工作座,取下模板与模板坯废料;用钢锉对模板进行倒角,防止其刮伤镜架镀层;然后压入镜圈,对光检查吻合程度,进行微量整修,保证模板与镜圈完全吻合,松紧适度。

(5) 制模机的使用注意事项:

① 模板形状、尺寸大小是保证磨边质量的关键,所以制模机的压力调整装置、模板大小

调整装置等不要随意变动,否则调整不易。

② 固定镜架时,颞侧边框上下不能加力,否则会影响镜圈的弯度,使模板与镜圈形状发生变化。

③ 目测确定镜架的位置,要观察镜圈的四周最大水平距离和最大垂直距离处切点的坐标刻度值,要上下对等、左右对等。

④ 模板镶嵌入镜圈检查无误后,在取下模板之前,请用油性记号笔,标上鼻侧近眉框的标记,以备进一步加工应用。

⑤ 制模机只限于全框眼镜,且对于镜架高度较小的镜框制作具有一定困难。

4. 直接利用撑片打孔机制作模板

眼镜架撑片可保护镜架镜圈不变形,由于撑片与镜圈几何形状相同,可以直接用原眼镜架撑片制作模板,把撑片放在撑片打孔机上,将撑片的几何中心和水平中心线对准该机器上的中心和水平线,按下机器压杆,打下 3 个孔,即可制作适合该镜架的通用模板,如图 7-3 所示。该机器也可通过瞳距和瞳高数值的计算,直接移心制作偏心模板用于加工。该法缺点是打孔需要一定的技巧,孔不能偏斜、过小或过大,要恰到好处,如果撑片本身就很薄的话,比较容易裂掉;同时还必须控制好打孔的速度,过快或过慢都会影响模板的质量。若撑片比较薄,必要时可考虑叠加铁片在磨边机上加工进行固定,以免加工时影响精度。

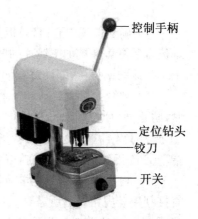

控制手柄
定位钻头
铰刀
开关

图 7-3　撑片打孔机制作模板

总体来说,模板制作的各种方法中,均应注意宁大勿小。模板尺寸过大,可以修整;模板尺寸过小,只能报废。

一般模板制作主要制作中心模板,但是一些特殊情况下,也可以制作偏心模板。对应配戴者的瞳距,将模板几何中心与镜片光学中心重合,即为偏心板。偏心模板一般用于加工高度镜片时使用,为了使镜片在自动磨边机旋转轴中不倾斜,并使尖边位置不靠近镜片颞侧第二面,则以最大限度减少镜框弯曲度的调整,使镜片弧度与镜架弧度一致。

三、划钳工序

利用金刚石玻璃刀划出所需要镜片形状,再利用修边钳(老虎钳)修出镜片形状为划钳工序。具体过程如图 7-4、图 7-5、图 7-6 及图 7-7 所示。

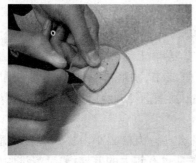

图 7-4　根据计算的移心位置确定划钳位置

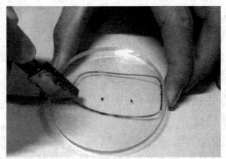

图 7-5　利用金刚石玻璃刀划出所需镜片形状

图 7 - 6　利用修边钳进行修剪　　　　　图 7 - 7　修剪完的镜片进行手工磨边加工

1. 具体操作步骤

(1) 确定加工中心：将模板分清左右向，根据光学中心偏移量要求，对准光心位置和光轴位置后覆盖在被加工镜片的凹表面上。位置的准确与否可在镜片凸表面观察印点与模板上十字线的偏移量，即注意光学中心和水平线的位置。

(2) 划线：右手拿刀，左手将大拇指紧按样板的中央，食指按在镜片的凸表面，两指捏紧，防止划片时模板移动错位。镜片凸表面边缘部分放在垫有清洁软性垫的工作台上。① 握刀手势：右手大拇指与食指相对握住刀柄，中指按在刀板右侧稍前方，其余手指助托中指。② 走刀方向：从左向右，以臂动为主，腕部不动保持刀锋角度不变。

(3) 划片：主要用于光学玻璃材质的镜片。光学塑料镜片用油性记号笔划出加工界线，直接利用老虎钳钳出所需要形状即可。玻璃刀的刀头左侧紧贴模板周边，用力使刀刃切入镜面，由左向右划动。左手配合右手，以大拇指为旋转中心，镜片向逆时针方向转动。右手握刀沿模板边缘划完全程。最佳操作是只有一个接刀点，划痕细而通亮。

(4) 钳边：指用修边钳沿划片切割痕将多余的部分除去，使被加工镜片与模板形状基本相同。钳边准备操作步骤为① 轻击划片切割痕，扩展裂纹深度；② 左手大拇指按在镜片凹表面中央，食指、中指托在凸表面，右手握玻璃刀，用刀板轻击划片切割痕的对应面（凸表面），使切割裂纹向纵深扩展。敲击点不能过切割痕内侧，以免在成型镜片上留下敲击痕点。③ 左手持片姿势与上基本相同，只是中指抵住修边钳口控制进钳量，右手握修边钳。钳口夹住镜片，向下向外用力，达到剪除效果。左手持镜片，大拇指与其余四指相对分布在镜片两表面上，中指控制进钳量，食指与无名指推动镜片旋转配合右手修边钳的动作。左手持镜片循序旋转，右手握修边钳用腕部轻轻转动连续钳剪，直至划片切割痕外多余部分全部去除，形成与模板相同的粗形毛坯。

2. 注意事项

(1) 加工师的金刚石玻璃刀应专刀专用、专人专刀。

(2) 沿模板周边划割只能划一次，不能在原痕处重复再划，否则会使第一次划割造成的应力紊乱，又易损坏金刚石刃口。划片的质量要求：划线细、割痕深、声音脆、无碎屑、形状准。有些镜片上留有防护层类物质会使刀头滑溜，造成划割不良，所以进刀时，要用力将刃口切入镜面。

(3) 划片时压力的控制：一般薄片压力小些，厚片大些。力的大小由操作者自我感觉控制，看切割效果而定。不同质地的光学玻璃的硬度、脆性也有较大的差异，要反复试验而定。

(4) 钳片时，钳口不要夹得太紧，防止镜片向内裂开破损。每次钳片量不要过大，防止用力过大,镜片断裂。钳片要按划片切割裂痕钳,钳口不越线。钳边的质量要求:钳口不过切割痕线,线内不缺口,不崩边。钳片力大小的控制应注意镜片的厚薄与镜片材料的物理性能。钳边要反复操练,才能熟练掌握。

(5) 光学塑料镜片,现在一般都用自动磨边工艺。当采用手工磨边工艺时,油性记号笔划线后也可直接用剪刀,剪去多余部分,形成粗形坯。

(6) 钳片后的毛坯镜片宁大勿小,充分保证合适的磨边加工余量。

四、磨边工序

1. 手工磨边机的结构和功能

磨边机的结构形式为卧式,砂轮轴可正、反旋转,镜片与砂轮的冷却主要靠海绵吸满水与砂轮接触来完成。磨边机可完成镜片的粗磨、精磨、倒角和修边等工作。

2. 手工磨边机操作应用

镜架根据造型主要分为全框架、半框架、无框架。镜片的手工磨边分为平边和尖边磨削。磨平边——磨出与模板完全相同的形状。磨尖边——按镜架类型要求,磨出嵌装于框架眼镜镜圈沟槽内的尖边。全框架需要眼镜保留尖边磨削装框加工,而半框架、无框架眼镜需要保留平边磨削装框加工。

(1) 磨尖边

目的为防止镜片受外力及温度变化而脱离镜架。镜架周边的尖角约 $110°\pm10°$,以使镜片镶嵌在有框眼镜的镜圈沟槽内。

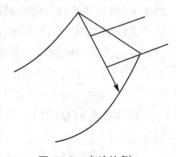

图 7-8 尖边比例

尖边弧度的确定:由于双曲面凹透镜一般以前表面为基弧,故凹透镜尖边弧度应与镜片前表面弧度基本一致。由于双曲面凸透镜一般以后表面为基弧,故凸透镜尖边弧度应与镜片后表面弧度基本一致。

尖角两夹角边长度的分配:通常中、低度数的镜边两夹角长度相同;高度近视镜片边缘较厚,从配戴的美观及镜眼距的要求等因素的考虑,两夹角的长度采用不等长度,朝凸表面角边窄些,朝凹表面角边宽些,一般的比例约为 $1:2$,如图 7-8所示。

磨尖边的操作姿势:建议采用水平磨边操作进行磨尖边加工。右手食指稍弯曲置于镜片下表面左方靠近镜片中央,大拇指置于镜片中央。左手食指稍弯曲置于镜片下表面左方靠近镜片中央,大拇指置于镜片上表面左方靠近镜边。左右手持片,使镜片呈水平与磨边砂轮接触,如图 7-9 所示。

(2) 磨平边

建议采用垂直磨边法,进行磨平边加工。划钳工序后,磨平边的加工使镜片周边光滑平整,左右镜片形状尺寸与模板一致,提高眼镜配装质量。镜片周边与砂轮的接触要平稳,左右不要晃动,如图 7-10 所示。

图7-9　水平磨边

图7-10　垂直磨边

　　磨边时,镜片经常与模板比较,镜片尺寸宁大勿小。半框架、无框架镜片磨平边时,镜片周边上不能有明显的分段磨削的接痕。切入和退出砂轮时动作要轻,分段接痕需被后道的连续磨削消除,以保证镜片周边的平整光滑。

　　装架时,尽可能使镜架镜框的弯曲变形在最小限度。通常保证凹镜片与第一面平行,凸镜片与第二面平行,以此决定尖边的弯度。

　　(3)磨安全角

　　镜片成形磨削后,凸凹表面边缘出现棱角,装配镜时,棱角部易产生应力集中而崩边,同时配戴者受外力冲、撞击后皮肤易被棱边刮伤,所以必须在镜片凸凹表面边缘进行倒边去棱、倒棱去峰。安全斜角的要求:与边缘成30°角,宽约0.5 mm,如图7-11所示。操作时只需将成形镜片的凸凹表面边缘各连续旋转轻磨2周既可。建议采用垂直磨边方式,用手横向抚摸棱角边缘,以不刮手为适宜。

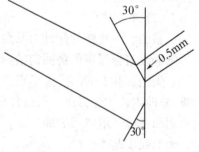

图7-11　安全角

　　3.手磨时力的分配与磨削要点

　　棱角部分容易接触磨轮,即使不使力也会多磨,应充分注意。

　　检查镜型设计与镜片形状是否一致,更要对应磨的地方或能磨的地方进行认真确认,完全按镜型进行研磨,同时还需注意镜片与镜型大小是否吻合。

　　对于普通球镜,磨边中主要考虑到瞳高、瞳距的因素;对于含散光的镜片,加工前需要用油性记号笔标出水平线,并注意水平线与镜架几何中心水平线始终平行,同时特别要观察其上部形状是否与镜框一致,这样才不会出现散光轴位误差,或使误差控制在最小范围内。

第三节　半自动磨边和全自动磨边工艺

　　自动磨边按模板的存在形式分为半自动磨边和全自动磨边两种。半自动磨边是自动磨边机按实物形式的模板进行自动仿型磨削。全自动磨边是自动磨边机按电脑扫描的镜圈或撑片形状、尺寸的三维数据(无形模板)进行自动磨削。

　　半自动磨边按操作过程可分为三道工序:模板制作工序、定中心工序、磨边工序。其中模板制作工序在第二节手工磨边工艺中已介绍,本节着重介绍定中心工序、磨边工序。

一、定中心工序

定中心工序可以采用定中心板或者直接使用定中心仪进行操作。目前定中心仪的使用更为广泛一些。

1. 定中心板的介绍与应用

定中心板可用来确定镜片加工中心的图板,利用该图板能点出镜片的光学中心、划散光轴线、找出镜片水平和垂直移心量以及确定镜片加工中心等。该图板如同两个半圆形的量角器拼凑在一起,形成了一个360°的圆形。以圆心为基准点分别划水平和垂直中心线,并在其中心线上分别标每小格为1 mm的刻度。在图板的中间划196个边长为1 mm的正方形小格,这些均是镜片光学中心点移心量的刻度。在图板上下半圆边缘处标有逆时针从0°～180°的角度刻度,每大格为10°角,每小格为5°角。划散光轴位时,将镜片凸面朝上按右眼(R)和左眼(L)放置在图板上,再按逆时针从0°开始旋转。

单光镜片水平和垂直移心量及确定加工中心的应用。

(1)用顶焦度计测量镜片顶焦度,并打印光心,然后在镜片凸面上端用细油性笔分别标有右眼(R)和左眼(L)的记号。

(2)将镜片凸面朝上放在图板的上面,使镜片上的三个印点与图板的水平中心线重合用瞳距尺和油性记号笔分别划出镜片的水平和垂直基准线,并用箭头标明鼻侧的方向。

(3)根据公式水平移心量=(镜架几何中心距-瞳距)/2,计算出水平移心量,将镜片的光心沿图板的水平中心线平行向内或向外移动,并在镜片的水平基准线上做短垂线。

(4)根据公式垂直移心量=瞳高-镜架高度/2,计算出垂直移心量,将镜片的光心沿图板的垂直中心线平行向上或向下移动,并在镜片的垂直基准线上做短垂线。

(5)步骤(3)和(4)短垂线的交点,即为加工中心点。加工制作时,将模板的几何中心点与加工中心点重合即可。

若镜片有散光,可按照以下程序划出散光轴线,并确定加工水平基准线。

(1)用顶焦度仪或目测法找出散光镜片180°的轴位,将镜片凸面朝上放在图板的水平中心线上并重合,划出180°轴位的水平基准线。

(2)将镜片180°轴位的水平基准线按逆时针0°开始旋转至处方所需的散光轴位后,这时平行于图板水平中心线在镜片上再划一条新的水平基准线,即为处方上的散光轴线,也是镜片加工基准线,并用箭头标出鼻侧方向。

(3)也可以直接利用顶焦度计打印三点后画出水平线,然后进行相应的移心。

2. 定中心仪的介绍与应用

定中心仪用来确定镜片加工中心,使镜片的光学中心水平距离、光学中心高度和柱镜轴位等达到配装眼镜的质量要求。定中心仪的工作原理是通过在标准模板几何中心水平和垂直基准线上移动镜片光学中心至水平和垂直移心量处,从而寻找出镜片的加工中心。

(1)使用定中心仪应按配镜处方的要求确定镜片光学中心水平和垂直移心量。

(2)使用定中心仪前应用顶焦度计测量镜片的顶焦度、光学中心和柱镜轴位,并打印光心。

(3)在定中心仪上使用的标准模板应是合格的标准模板,即模板几何中心与配装眼镜的镜圈几何中心相一致。模板外形与镜圈形状相吻合,且大小相当。模板上两只定位销孔与定中心仪刻度面板上两只定位销配合松紧良好。

（4）以常见定中心仪为例,具体操作步骤如下。

① 打开电源开关,点亮照明灯,操作压杆将吸盘架转至左侧位置。

② 将制模机做好的标准模板正面（有刻度线的一面）朝上,标记朝前装入定中心仪上刻度面板的两只定位销中,以备用来确定左眼镜片的加工中心。当确定右眼镜片加工中心时,将标准模板鼻上方标注朝加工师右上方放置,标记朝前装入刻度面板的定位销中即可。

③ 将镜片凸面朝上放置在模板上,并且使镜片的光学中心水平基准线与模板水平中心线相重合。

④ 根据配镜处方瞳距要求和镜架几何中心水平距,计算出左右镜片光学中心水平移心量。

【例 7-3】 镜架的规格为 54-16-135,配镜处方要求瞳距为 64 mm,镜片光学中心上移 2 mm,问在定中心仪上应如何来确定左右镜片的磨边加工中心?

解:左右镜片光学中心各向内移动(54+16-64)/2=3(mm)。所以,右眼镜片的光学中心应位于定中心仪上刻度面板中心右侧 3 mm 处和垂直上方 2 mm 处,左眼镜片的光学中心应位于定中心仪上刻度面板中心左侧 3 mm 处和垂直上方 2 mm 处。

⑤ 转动中线调节螺丝,使红色中线与水平移心后的位置相重合。

⑥ 通过视窗进行观察,并移动镜片的光学中心,使镜片的光学中心与红色中线相重合,然后再沿红色中线垂直方向上下移动镜片的光学中心与垂直移心后的位置相重合。这时镜片光学中心的位置即为加工中心位置。

双光镜片子镜片顶点水平移心量和子镜片高度的确定:首先转动中线调节螺丝,使红色中线至子镜片顶点水平移心量的位置,并移动子镜片顶点与红色中线相重合,再沿红色中线垂直方向上下移动子镜片顶点高度至面板横线刻度所需的位置,然后再转动包角线调节螺丝,使左右两条黑色包线分别与子镜片左右二顶角相切即可。

⑦ 将吸盘红点朝里装入吸盘架上,操作压杆,将吸盘架连同吸盘转至镜片光心位置,按下压杆即将吸盘附着在镜片的加工光心上。

⑧ 注意事项:清洁定中心仪时,应使用软毛刷或软布擦拭刻度面板和视窗板,切勿用干硬布料等擦拭面板,以免损坏。操作完毕时应关闭照明灯,当照明灯不亮时,应先检查电源插座上的保险丝,再检查照明灯泡,检查和更换照明灯泡应先拧下护圈。每周在压杆活动配合处加入少量润滑油。

二、半自动磨边工艺

1. 半自动磨边机的结构

目前使用的自动磨边机型号众多,外形相差很大,但机械结构、工作原理基本相同。自动磨边工艺中的磨边是采用仿形法磨边,金刚石砂轮的表面就按镜架框槽沟形状 110°角制作好,所以倒角匀称磨边质量好。为了提高磨边效率,自动磨边机采用粗磨、精磨、倒角、抛光等组合砂轮。除此外,大部分自动磨边机还可调整磨削压力和砂轮类型,根据玻璃或塑料选择不同的专用砂轮,来提高加工效率和磨削质量。根据镜架的种类不同,镜片磨边尺寸可通过尺寸调节装置微量调节。而且可以根据镜架种类选择倒角种类及位置。半自动磨边机的磨边量由机器保证,中心仪确定后,将安装含有吸盘的镜片嵌按于镜片轴的卡槽内,用手动或者自动的方式,使镜片夹紧轴上的橡皮顶块夹紧被加工镜片的凹面,即可设定各项操作。部分有抛光功能的半自动磨边机在磨削平边时,会自动进入抛光程序,利用机器的抛光砂轮实现镜片边缘的抛光,省却抛光机的使用。半自动磨边机外观如图 7－12 所示。

图 7－12　半自动磨边机

2. 半自动磨边机的各类调节装置

(1) 压力调节装置

部分机型设置有压力调节装置,磨削压力大,磨削量大,提高了生产效率,但砂轮寿命将显著缩短。磨削压力的大小,随镜片的硬度及厚度等不同作调整,大致的标准是磨削时无火花产生。

(2) 镜片类型调节

光学玻璃与光学塑料镜片的基体硬度相差很大,所以磨削时磨削压力也应有所区别。一般磨削光学塑料镜片应减轻磨削压力,部分自动磨边机除了磨削压力作变化外,还有玻璃、塑料的不同专用砂轮,来提高加工效率和磨削质量。例如玻璃镜片不能用光学塑料镜片砂轮磨削,而 PC 镜片需用专用的砂轮进行磨削。具体内容详见本章第十一节。

(3) 倒角种类及位置的调节

考虑镜架的种类(全框架、半框架、无框架)、镜片的屈光度、装架后的美观等因素,调整镜片进入组合砂轮的成型 V 槽的位置,达到所需尖角边(平边)的要求。

(4) 镜片磨边尺寸调节

根据镜架的种类(塑料、金属)不同,镜片磨边尺寸可通过尺寸调节装置微量调节。

3. 半自动磨边机的操作步骤

由于磨边顺序是自动转换,磨边质量由机器保证,所以在自动磨边机上进行操作,重点是模板与镜片的装夹和磨削加工前各控制调节按钮的预选,这些都将直接影响被加工镜片的磨边质量,因此要给予重视。目前市场上的镜片磨削机器原理皆大致相同,只是在机械结构、控制系统、电路系统方面有所差别。常见操作过程如下。

(1) 模板、镜片的装夹操作

① 开启电源开关,自动磨边机处于待工作状态。

② 把合适的模板安装在左边模板轴上,安装时模板的上侧指示孔与轴上红点标记对准,确认左右无误后,嵌入轴上的两定位销上,用压盖固定。模板放置时需要根据所加工镜

片的左右上下确定模板的放置位置。例如对操作者而言,镜片凸面装夹朝向左侧,则模板安装时,其鼻上方标记朝向外侧,否则正好相反。若模板安装错误,则可导致镜片的上下移心、内外移心方向出错。

③ 将定中心仪确定的安装橡皮真空吸盘的镜片嵌按在镜片轴的键槽内,安装时橡皮真空吸盘铜座的红点标记与轴上的红点标记对准,用手动或机动的方式,使镜片夹紧轴上的橡皮顶块夹紧被加工镜片的凹面。手动夹紧时,夹紧力要适中。过大,镜片易夹裂;过小,磨削时镜片易移滑,从而导致光学中心偏移或轴位偏移。

(2)镜片材料的设定操作

目前大部分自动磨边机都有镜片材料(光学玻璃、光学塑料)选择按钮,来保证磨削质量与效率,操作时根据被加工镜片的材料进行选择。

(3)镜片加工尺寸的调整操作

由于模板尺寸通常比镜框槽沟略小及砂轮的磨损等因素,所以设定镜片加工尺寸比模板稍大,操作时可按使用说明并根据经验进行微调。

(4)磨削压力的调整操作

磨削压力,一般机器出厂时已调好,操作时可按使用说明,选择一个最佳值。

(5)倒角种类位置的调整操作

操作时根据框架类型选择尖边或平边按钮,除全框架外,一般都应选择平边;根据镜片周边厚度,设定尖角在周边上分布的位置,有些自动磨边机可自动判断,不需预设。

(6)加工顺序的设定操作

大部分型号机器可自动进行粗磨→精磨→倒尖角边(平边)的磨削,只需按动联动开关,否则选择单动开关。

(7)磨边启动和监控操作

装夹好模板、镜片后,关好防护盖,做好各项预定调节工作,自动磨边的主要手工操作阶段结束,按下磨边启动按钮开关;启动后,镜片由摆架带动向下与磨边砂轮接触进行磨削,镜片轴低速旋转。当磨削至模板与靠模砧接触后,镜片轴以顺序逆转(一正一反)方式依次进行磨削,减少空行程,提高磨边效率;当镜片基本成形后,镜片轴朝一个方向连续旋转进行精加工,完成后,摆架自动抬起使镜片脱离砂轮,并自动移动到倒角 V 形槽成形砂轮上方,然后自动向下,使镜片进入倒角磨削。

当 V 形尖角边基本完成后,镜片轴连续向一个方向旋转进行倒角精加工。磨边全过程结束后,摆架自动抬起,使镜片脱离砂轮的 V 形槽,并向右移动到原位,磨边机自动关机停转。在带有抛光砂轮的机器中,若磨削平边,机器将在最后自动让镜片进入抛光砂轮完成操作。使用过程中,有时也可以利用夹紧或松开旋钮进行镜片在砂轮上的移位以保护砂轮,防止砂轮在同一位置持续磨削。

(8)卸下镜片,倒安全斜角操作

自动磨边结束后,打开防护盖,按下松开按钮或旋松夹紧块,卸下镜片,并在手磨砂轮机上对镜片的凸凹两边缘上倒出宽约 0.5 mm×30° 的安全倒角。

4. 半自动磨边机使用的注意事项

(1)为了使粗磨区砂轮平均磨损,在使用中旋转调节砂轮粗磨区位置旋钮或键入位移指令,使磨削位置左右移动,提高粗磨区砂轮的寿命。

（2）冷却水要经常更换，减少水中的磨削粉末对镜片表面质量和砂轮寿命的影响。更换冷却水时，需同时清扫喷水嘴和水泵的吸水口，保证工作时冷却水的顺畅流动。有条件者，可采用直供水进行磨削。

（3）有些老型号自动磨边机镜片加工尺寸的调整装置螺旋结构存在回程误差，当刻盘向正方向旋转时，置于要求的尺寸位置即可；但当刻盘向负方向旋转时，要将刻盘过量旋转，然后再向正方向旋转至要求的尺寸位置，以消除回程误差。用数码显示的新型自动磨边机，则直接在控制键上，键入所需增减尺寸，不必考虑回程误差。具体可详细参考机器使用说明书。

（4）加工中，冷却水要充分流动。冷却水过少，会出现火花，使金刚石砂轮的寿命、锋利度会显著下降，同时还会引起镜片破损。冷却水过多则飞溅出盖板，影响加工环境的整洁。

（5）真空吸盘（粘盘）使用时，不要沾上磨削粉末，否则安装时会擦伤镜片。磨削完成后装配在镜架上，在镜片尺寸与镜框尺寸大小完全一致前不要卸下真空吸盘（粘盘），若镜片尺寸稍大时，则可重新上机器进行二次研磨，真空吸盘（粘盘）不移动，光学中心位置不会改变。

（6）经常对自动磨边机进行清洁保养，随时擦去机器上的灰尘和镜片粉末，对滚动、滑动的轴承处按保养说明，加注润滑油，保证机器灵活正常工作。

三、全自动磨边工艺

全自动磨边工艺又称免模板仿形磨边工艺，使用方法快捷简便，产品质量更易控制，但是价格昂贵，一般均在大型眼镜中心使用。今后眼镜加工趋向于集中加工中心加工，摒弃单店设置加工部。该制度实施将促使全自动磨边机成为眼镜材料加工市场上重要的加工器械。

目前市场上的全自动磨边机，虽种类繁多，但是在熟练半自动磨边机使用技巧基础上结合产品使用说明书，即可进行操作。

1. 全自动磨边机常规操作步骤

（1）选择双眼扫描、右眼扫描、左眼扫描。若镜架对称性较好，选择右眼扫描或左眼扫描；若镜架对称性不好，选择双眼扫描。

（2）镜架类型多选择塑料镜架或金属镜架。

（3）将镜架放置在扫描箱中，并用镜框夹固定。若为无框眼镜，则将撑片（或改变造型的模板）装在撑片定心的附件上，使撑片或模板的水平基准线与垂直基准线对准附件上的水平基准线与垂直基准线，然后将附件放置在扫描箱中。

（4）按扫描循环启动键，扫描镜架或撑片（或根据被检者需要，使用预先已经改变尺寸的模板）。

（5）将吸盘装在中心臂上。

（6）输入单眼瞳孔距离和配镜高度，将配镜中心对准加工中心，应使镜片水平基准线与镜架（撑片或模板）的水平基准线保持平行。

（7）上吸盘，取出已定中心的镜片。

（8）将镜片放置在磨边机的镜片夹支座上，选择镜片夹持压力，通常有强、中、弱三档压力。对于一般镜片采用中压力；当镜片很大或切削量较大时，采用强压力；当镜片较薄或切削量较少时可采用弱压力。

（9）镜片材料多选择玻璃镜片、塑料镜片或聚碳酸酯（PC）镜片。

（10）斜边类型多选择自动斜边、个性化斜边（即可手动改变斜边位置）和平边，例如无框眼镜或半框眼镜选择平边，而后按全循环启动键。

（11）镜片加工完毕后，取出镜片与镜架对照（无框眼镜与模板对照），如不符合要求，修改磨边量并重新磨边。

（12）整个磨边循环结束后，部分类型机器屏幕下方会出现闪烁的图标。如不按压此图标，直接按压此图标右侧的"＋"、"－"符号，则可修改磨边量；然后按压图标，磨边机就会按照修改后的磨边量重新磨边。若按压此图标就会保持刚完成循环磨边的第一次镜片的磨边选择。

（13）第一只镜片（右片）加工完毕后，放上第二只镜片（左片），然后按左眼选择键，即可开始加工。

（14）左右镜片加工完成后倒角并抛光。

2. 全自动磨边机使用注意事项

（1）在镜片加工前必须定出镜片的水平基准线和光学中心，若为渐进多焦点镜片必须定出水平基准线与配镜十字。

（2）在扫描仪上确定瞳距和瞳高。

（3）将标记好的镜片放在扫描仪的镜片支座上，使光学中心或配镜十字线中心对准扫描仪上的移心位置。注意水平线保持与基准线平行。安装镜片时，注意镜片上下、内外移心方向不能颠倒。

第四节　全框眼镜的装配与应力仪的使用

装片加工是指将磨边后的镜片装入镜圈槽内的过程，主要包括试装、修整、装片、整形四个步骤。材质不同的镜架其装片加工的方法也不同。金属镜架是将镜架桩头处连接镜圈锁紧管的螺丝钉打开，把镜片装入镜圈槽内，然后再将螺丝上紧使镜片固定在镜圈槽内。塑料镜架是利用其热软冷硬的特性将镜圈加热变软，随即将镜片装入镜圈槽内，待冷却收缩后，使镜片紧固在镜圈槽内。

装片加工前，需要进行镜架、镜片基本情况检查。镜片检查主要对照配镜处方对镜片度数、散光轴位、水平方向偏差、垂直互差以及镜片表面、形状、棱角、倒角状况等进行检查。镜架检查主要包括左右镜圈的形状、大小是否一致，以及有无变形等。

装片加工中注意镜片弯度和镜架弯度的符合。镜片的弯度是指镜片表面的弯度。镜片的前表面称为凸面，后表面称为凹面。球面镜片表面弯曲度是由两个不同曲率半径的圆球表面的一部分所组成。但镜片表面弯曲度不用曲率半径的大小来表示，而是用曲率半径的倒数，即换算成镜度（D'）来表示。镜度越大，镜片的弯度也越大，反之则相反。因为镜片的顶焦度与镜片的凸面和凹面镜度有关。所以，镜片的顶焦度不同，其弯度也不同。在加工制作眼镜时，通常凹透镜以镜片的凸面为基准面来进行磨边加工。而凸透镜以镜片的凹面为基准面来进行磨边加工。

镜架的弯度是指镜圈的弧度。各类不同材质、款式和形状的镜架均有一定的弧度。通常，镜架的弯度是以镜度 $5\sim6\ D'$ 为基准来进行设计加工，其目的是为了配合装配镜片，使镜圈的弧度与镜片的弯度相吻合，装片后镜架不变形，且镜片在镜圈中所受应力均匀。

一、金属全框眼镜的装配

1. 装配性能分析

金属镜架的材料要求具有一定强度、柔软性、弹性、耐磨性、耐腐蚀性和重量等。金属镜架是在基体材料表面进行各种加工处理，如镀镍、镀铑、镀金以及包金等。金属镜架的性能随所使用材质的不同而有所不同。但金属镜架产品性能要求机械性能、金属表面质量、外观质量和各部位的装配精度等，均需达到眼镜架国家标准的要求。有关金属材料的性能特点请参阅本书上篇基础知识部分。

2. 装配方法

（1）要求

① 镜片外形尺寸大小应与镜圈内缘尺寸相一致。

② 镜片的几何形状应与镜圈的几何形状相一致，且左右眼对称。

③ 镜片装入镜圈槽内，其边缘不能有明显缝隙、松片等现象。

④ 镜圈锁紧管的间隙不得大于 0.5 mm。

⑤ 镜片装入镜圈后，不得有崩边现象。

⑥ 镜架的外观不得有钳痕、镀层剥落以及明显的擦痕。

（2）工具

螺丝刀、尖嘴钳、调整弯度钳以及各种用来调整框缘钳等。

（3）操作步骤

① 检查左右眼镜圈的几何形状是否对称，如发现差异之处，需进行整形调校。

② 如带有眉毛的金属架，先将眉毛拆下来与镜片上缘弯度进行对照是否相吻合。当两者的弯度不符时，加热眉毛使之与镜片的弯度相一致。

③ 检查镜圈的弯度与镜片的弯度是否相吻合，如两者的弯度不符时，调校镜圈的弯度使之与镜片的弯度相一致。

④ 检查镜片尺寸是否吻合，割边后的镜片尺寸大小应比镜圈内缘尺寸略微大一点，以便调整至恰好装入镜圈槽内。

⑤ 打开镜圈锁紧管螺丝，但无需将螺丝全部打开，少许留几扣，然后将镜片装入镜圈槽内，检查镜片与镜圈几何形状及尺寸大小是否完全吻合。如果吻合，可轻轻将螺丝拧紧，否则应修整镜片。

⑥ 镜片装入镜圈后，需按照上述要求进行逐项地检查，确认是否完全符合要求。如发现明显缝隙，镜片松动等现象，应及时调校修正或重新换片加工。

⑦ 最后用软纸沾酒精擦净镜片上的指纹、污点后进行表面质量检查，检查镜架表面有无损伤，利用应力仪检查镜片有无变形，检查装框的牢固度等。

3. 装配注意事项

（1）注意镜片弯度与镜架弯度的吻合：两者弧度应相匹配，否则镜片易脱落或崩边。

（2）注意镜圈锁紧管螺丝的松紧度：锁紧管螺丝的松紧程度一定要适当，在操作时，不能用力过大，否则，螺丝过紧会造成镜片崩边或破损。

（3）注意加工后的眼镜日常保养：用水冲洗后，用软纸轻擦；放置时，镜片凸面不能朝下；不能使用质地较硬的擦布擦拭；定期进行镜盒的清洁。

二、塑料全框眼镜的装配

1. 装配性能分析

塑料镜架的性能取决于所使用的材质。各种常见类型镜架材料的热温状况如下。

（1）醋酸纤维架：软化温度为60℃～75℃，整形温度80℃，不易燃烧，收缩性较小，反复加热后材质变脆。

（2）环氧树脂镜架：软化温度为80℃，整形温度在100℃～120℃；温度在350℃以内，不易燃烧；收缩性极差，经加热可恢复至原状；急剧冷却时，材质变脆。

（3）玳瑁镜架：导热性非常的迟钝；收缩性极小；反复加热后，材质干燥产生龟裂；加热时，最好用蒸汽加热或先用蒸汽加热后再用热风加热。

进行装配需要掌握其加热性能，严格控制加热温度，避免烤焦镜架。镜身和镜圈不得出现焦损、翻边、扭曲现象。

2. 装配方法

（1）要求

① 根据镜架材质要求，严格控制加热温度，避免烤焦镜架。

② 镜身和镜圈不得出现焦损、翻边、扭曲现象。

③ 镜片形状、大小应与镜圈相吻合，不得出现缝隙现象。

④ 左右眼镜片和镜圈的几何形状要对称。

（2）工具

眼镜专用电热烤炉、电热吹风器等。

（3）操作步骤

① 装片加工前检查：检查镜架、镜片基本情况。

② 将镜架加热器接通电源，打开开关、进行预热。

③ 左手持镜架，均匀地加热镜圈，但不要加热鼻梁部分。

④ 用右手手指轻轻弯曲镜圈上缘部分；当镜圈加热至能自如地前后弯曲时，将镜圈弯曲成一定的弯度；此时，将镜片从鼻侧放入镜圈槽内，慢慢地用力向耳侧将镜片全部装入镜圈槽内。

⑥ 确认镜片是否全部、准确地装入镜圈槽内。

⑦ 用自来水冷却镜架，以固定镜片。

3. 装配注意事项

（1）加热镜架时，勿将镜架靠近火源，以免烧焦或燃烧。

（2）加热镜架时，不让镜片受热（特别是镀膜镜片，温度到了80℃

（3）装上镜片后，镜架不宜用水冷却，以防止镜架变形，导致镜片

（4）塑料镜架的膨胀率高、收缩差，镜片宜大（一般镜片横径比镜圈

（5）注意加热温度，要充分加热，但装框时镜片不能硬性挤压入镜框。

（6）镜架加热器具使用后，应随手关掉电源开关。

图7－13 应力仪

三、应力仪

应力仪是由电源和两片偏光板组成的一种检测装置，用来

检查配装后镜片所受镜圈的压力是否均匀和镜片的变形程度,如图7-13所示。

当材料在外力作用下不能产生位移时其几何形状和尺寸将发生变化,这种形变就称为应变。材料发生形变时内部产生了大小相等但方向相反的反作用力抵抗外力,把分布内力在一点的集度称为应力。

配装加工后的眼镜镜片在镜圈中会产生应力,要求镜片周边在镜圈中的应力基本均匀一致。在眼镜装配中使用应力仪进行应力检查,对不符合应力要求的进行手工调整或修正,避免镜片崩边、破损或在戴用过程中出现镜片脱落等现象。镜片应力不均匀时会有视物感觉波浪起伏,路面感觉不平,产生距离感,人为造成视觉不舒适等现象。若玻璃镜片应力不均匀,往往产生自裂。若树脂镜片应力不均匀,易产生视物扭曲变形。

1. 应力仪的使用方法

(1) 接通电源,打开开关,灯即亮。

(2) 将被检测的眼镜置于仪器的检偏器和起偏器中间。

(3) 检查者从检偏器的上方向下观察,可观察到镜片周边在镜圈中的应力情况。

(4) 根据所观察到的应力情况,判断镜片周边的应力是否均匀一致或需要修正的部位。

2. 应力仪检查结果的分析

通常可观察到如下四种情况。

(1) 应力均匀:镜片周边呈半圆形均匀的线状,如图7-14所示。

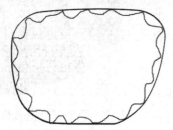

图7-14　应力均匀

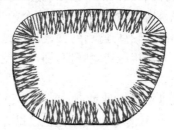

图7-15　应力过强

(2) 应力过强:镜片周边呈锐角长条的线状,如图7-15所示。

(3) 局部应力过强:镜片周边局部出现锐角长条的线状,如图7-16所示。

(4) 应力过弱:镜片周边几乎无任何线条图像。

其中后三种情况不符合装配要求。引起应力过弱的主要原因是镜片整体磨削过小。引起应力过强和局部过强的原因主要有:① 镜片整体磨削过大;② 镜片形状与镜圈几何形状不相符,包括其棱或角的形状、位置以及整体形状等;③ 镜片弯度与镜圈弯度不相符;④ 镜片棱、角不在一条直线上。

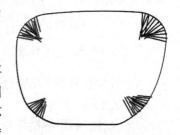

图7-16　局部应力过强

眼镜配装过程中,尤其全框眼镜、半框眼镜配装中,避免镜片磨削过大而配装过紧导致应力过大或局部应力过大。因此,在配装加工中可根据应力检查的情况及原因进行重新修正,避免则会造成镜片崩边、破损或在戴用过程中出现镜片脱落、戴用不适等现象。在实际配装中,镜片周边多少会出现一些半圆形均匀线条状阴影,尤其是树脂镜片自身有一定的弹性,则更加不可避免。必要时可考虑利用简易应力检查装置,例如将两只偏光镜片偏振面

(即偏振光轴)互相垂直放置,将被检测的眼镜平行放置于两片偏光镜片的中间,即可检测镜片的应力情况。

第五节 半框眼镜的装配与开槽机的使用

半框眼镜又称为开槽眼镜,通过在磨边成型的镜片上开槽,将镜框上的尼龙丝嵌入镜片槽中并固定,组成眼镜。在全框眼镜的加工工序基础上,掌握开槽、抛光工艺即可完成半框眼镜的加工。常见的半框眼镜主要见于上部金属丝,下部尼龙丝的类型。随着镜架造型设计的发展,目前也有一些镜框侧面或镜框上部为尼龙丝的半框架。

一、抛光机

(一)用途和工作原理

光学树脂片和玻璃片经磨边后,磨边机砂轮所留下的磨削沟痕,需要抛光机抛去,同时使镜片边缘表面平滑光洁,以备配装无框或半框眼镜,如图7-17所示。

抛光机是由电动机和一个或两个抛光轮所组成,由电动机带动抛光轮高速旋转,使镜片需抛光部位与涂有抛光剂的抛光轮接触产生摩擦,即可将镜片边缘表面抛至平滑光亮。

抛光机常见有两种类型。一种是沿用眼镜架抛光机经改装而成,可称为立式抛光机。抛光轮材料使用叠层布轮或棉丝布轮。另一种称直角平面抛光机或卧式

图7-17 抛光机

抛光机。其特点是抛光轮面与操作台面呈45°角倾斜,便于加工操作,且抛光时,镜片与抛光轮面呈直角接触,免除了非抛光部分产生的意外磨伤。抛光轮材料选用超细金刚砂纸和压缩薄细毛毡。超细砂纸用于粗抛,薄细毛毡有专用抛光剂用于细抛。

(二)使用操作步骤

(1)粗抛:利用专用粗抛砂轮,双手手持镜片,使镜片与抛光轮面呈直角状态,然后轻轻接触进行抛光。

(2)细抛:利用细抛砂轮,通常为加装薄细毛毡的抛光轮并均匀地涂上抛光剂,然后与粗抛同样的手法进行抛光即可。

(三)注意事项

操作时应双手拿住镜片,以免镜片被打飞;镜片和抛光轮不能用力接触,以免将镜片抛焦;尽可能配戴防护眼镜和防尘面具。

二、开槽机

(一)用途及各部位名称

自动开槽机是用于树脂镜片或玻璃镜片经磨边后在镜片边缘表面上开挖一定宽度和深度的沟槽,以备配装半框眼镜之用。开槽机部位名称如图7-18所示。

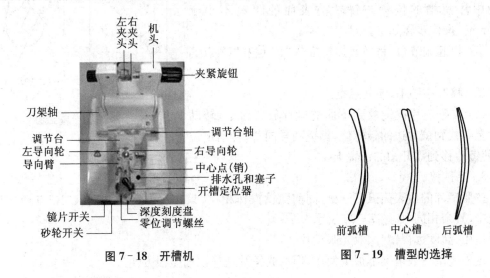

图7-18 开槽机

图7-19 槽型的选择

(二)镜片槽型的选择

如图7-19所示,镜片槽型有三种类型。前弧槽即按照镜片前表面弧度开槽,后弧槽按照后表面弧度开槽,中心槽按照中心弧度开槽。在开槽之前,首先要确定槽的类型,提起调节台,按照槽的类型设定调节台后面的弹簧挂钩。

1. 中心槽

按照镜片的中心弧度开槽。

适用:边缘厚度相同的薄镜片、远视镜片或轻度近视镜片。按照图7-20进行设置操作。

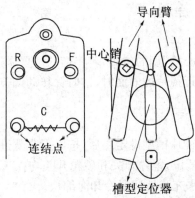

图7-20 中心槽

（1）提起调节台，将弹簧挂钩插入最下面的标有"C"记号的两个联结点。

（2）将中心销插入两导向臂的中间。

（3）将定位器旋到中心位置。

2. 前弧槽

按照镜片的前表面弧度开槽，如图 7-21 所示。

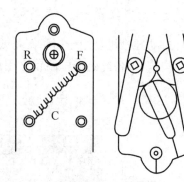

适用：高度近视镜片、高度近视及含高度散光镜片。使用中注意槽的位置与镜片前表面的距离不小于1.0 mm。操作步骤如下。

（1）提起调节台，将弹簧挂钩插入"F"点和"C"点的孔中。

（2）移开中心销，使其悬空。

（3）夹紧镜片慢慢放到下面的镜片放置台上，转动镜片至寻找到镜片边的最薄位，靠拢两导向臂，转动定位器，使镜片移到需开槽的位置上。

图 7-21　前弧槽

3. 后弧槽

按照镜片的后表面弧度开槽，同前弧槽操作相比，只需将弹簧挂钩插入"R"点和"C"点的孔中，其余相同，如图 7-22 所示。

适用：高度远视镜片、双光眼镜片。

这种槽型一般情况下很少使用，但双光镜片选择该槽型很方便。

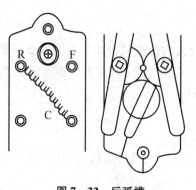

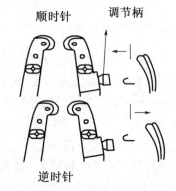

图 7-22　后弧槽　　　　　　　图 7-23　中心槽的位置调整

4. 调整"中心槽"型位置

有些机型还可以调整"中心槽"型的位置，若将槽的位置靠近镜片的后面时，可顺时针转动调节旋钮；若将槽的位置靠近镜片的前面时，逆时针转动调节旋钮即可，如图 7-23 所示。

（三）开槽机的使用方法

以常用自动开槽机为例，镜片槽型设定之后，按以下步骤进行开槽。

（1）深度刻度盘须调到"0"位，镜片开关和砂轮开关均在"OFF"位置。

（2）利用附件加水器，用水充分地润湿冷却海绵块。

（3）将镜片最薄处朝下（大部分仪器前表面朝右，后表面朝左）放置到机头上的左右夹头之间，用旋钮控制夹紧镜片。注意使镜片上的内面朝向与仪器上的标识一致。

（4）将机头降低到操作位置,打开导向臂,使镜片落到两导向轮之间切割砂轮之上。

（5）设置开槽类型:前弧槽、后弧槽、中心槽。打开镜片开关至"ON"位置,使镜片转动1/4转后,检查确定槽的位置是否恰当。

（6）设置开槽深度:一般刻度调到3～4,即0.3～0.4 mm。打开砂轮开关至"ON"位置,大约40 s后,切割的声音发生变化时,表明开槽完成。

（7）关闭砂轮开关。

（8）关闭镜片开关。

（9）打开导向臂,抬起机头,卸下镜片。

（四）开槽机使用注意事项

（1）开槽机的切割轮前方固定有一小排水管,同时配制有一个塞子以防止偶然的浅喷,经常拔动塞子,防止过多的积水使轴承锈蚀。

（2）每日取出海绵清洗干净,使用前需注入水充分浸湿海绵,当海绵用旧后及时更换。

（3）使用前应给各转动轴部位上润滑油,并经常保持清洁。

（4）重新更换切割轮时,应先断开电源插头,在轴的小孔中插入一细棒,再旋开轮盘的十字槽头螺丝钉,即可更换。

三、半框眼镜的装配与加工

半框眼镜主要利用尼龙线固定开槽后的镜片。尼龙线为钓鱼线,使用10号(直径0.5 mm)或12号(直径0.6 mm)。槽的深度为尼龙线直径的1/2深时,不易产生毛口。为使镜片上部紧紧与框架咬合,槽可稍开深一点。镜片沟槽的深浅,可由开槽机进行调整。突出镜片的尼龙线在受冲击时,可起到缓冲作用。无论是凹镜片还是凸镜片,都需在开槽镜片厚度最薄的地方确认设定的沟槽位置。第一种情况可以设置与镜片前面弯度平行的位置,固定镜片靠左侧部分(用于高度凹镜片、凸镜片等)。第二种情况可设置沟槽在镜片厚度中央的位置。

（一）半框眼镜的装框工序

（1）镜圈在上,开槽后镜片在下,先将镜片的上半部的沟槽嵌入金属框内凸起的尼龙线内。

（2）左手将金属框与镜片固定,右手用宽约5 mm的丝绸带将与上部镜圈连接的下部镜圈尼龙线嵌入镜片下半部的沟槽内,在镜片下中央部用力拉绸带,从耳侧到鼻侧逐渐开始嵌入沟槽内。

（3）尼龙线嵌入后,用绸带在镜片下中央部拉试,出现1.5～2.0 mm左右的间隙最合适,如图7-24所示。

（二）检查

（1）检查框架与镜片是否完全吻合。倾斜左右镜片,在镜片内侧和上方检查框架同镜片之间有无缝隙,必要时调整框架,使之与镜片一致。

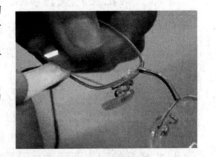

图7-24　半框眼镜装架

（2）检查鼻侧部：鼻托和鼻托支架不能接触镜片边缘，看是否保持一定的间隙。

（3）检查沟槽的均匀性：从正面观察，特别要确认转角部、平行部有无差异。

（4）检查尼龙线：是否突出沟槽 1/2 左右。

第六节　无框眼镜的装配与打孔机的使用

无框眼镜又称为打孔眼镜，通过在磨边成型的镜片上打孔，将镜片、镜架、鼻梁和镜腿用螺栓连接固定，组成眼镜。在全框眼镜的加工工序基础上，掌握打孔、抛光工艺即可完成无框眼镜的加工。

无框镜架种类很多，一般鼻、颞侧各 1 孔，共 4 孔；也有部分无框眼镜颞侧各打 2 个孔的，一共打 6 个孔；甚至鼻侧、颞侧各打 2 孔，一共打 8 个孔。部分无框眼镜造型也结合半框眼镜造型，即开槽与打孔工艺相结合。无框镜架的桩头分为安装在镜片前表面和镜片后表面两种，镜架镜腿利用金属螺栓或塑料螺栓固定。无框眼镜虽造型各异，但基本加工原料和方法类似。与全框眼镜、半框眼镜相比，无框眼镜制作难度较大，要求眼镜加工师应具备良好的加工基本功和相当熟练的技能、技巧，重点在于眼镜打孔和装配工序。眼镜打孔主要利用钻孔机。

一、钻孔机

（一）钻孔机的图示与结构

钻孔机采用两个相同类型的钻头和一把扩孔铰刀为钻孔刀具。机器上下各有一微型电机，其中上钻头尖向下固定于上端电机轴，通过调节打孔控制臂可上下移动；下钻头尖向上固定于电机轴的上端，两钻头尖相对。机器下方有一扩孔铰刀，刀尖向下，加工时用于调整孔径大小。在固定臂上有一可调节的前后位置圆形刻度盘挡板，可以控制打孔的精确方位，如图7-25所示。

图 7-25　钻孔机

（二）钻孔机的操作步骤

（1）根据装配要求，标定镜片打孔标记点。

（2）定位上下钻头尖对准标记点，操作控制手柄，在标记偏内处钻出定位点，控制钻头的钻入深度不使镜片击穿。

（3）将镜片放在铰刀位置，校正钻孔位置的角度是否正确。

（4）用铰刀将镜片上的定位孔打通（孔径要稍小）时，速度一定要慢；退回铰刀，镜片翻转 180°，双手握稳镜片，从反面少许扩孔；将孔的中心对准下端的铰刀，由下至上平稳扩孔。钻孔时，越往铰刀上面移动，所钻孔越大。

（5）钻孔完毕，用锥形锉在孔的两侧倒棱。

（三）使用注意事项

（1）钻孔前需检查钻头与钻孔机的同心性和稳定性，以保证钻孔质量和人身安全。头发较长者，需戴工作帽，钻孔时不得配戴手套。

（2）在钻通的瞬时要小心，防止通孔的瞬时用力过大，使镜片产生破裂。

（3）树脂镜片打孔快要打透时，应适当减力以防止压力过大造成镜片的另一侧出现片状斑痕。

（4）玻璃镜片打孔，需用机器配以特殊的玻璃钻头，为控制摩擦过热，边操作边孔内注油以降低温度。玻璃镜片打孔时，为避免孔周边崩边或破裂，应先穿透玻璃镜片厚度的一半，再从反面穿透。

二、无框眼镜的加工制作

（一）无框眼镜模板的制作

（1）将镜架反置在平板上（镜架的撑片超出平板，使镜腿平放在平板上），用划针在平板上移动，在镜架撑片上划出等高线，如图 7 - 26 所示。

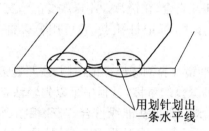

用划针划出一条水平线

图 7 - 26　划针画水平线

（2）以等高线为基准在撑片中心位置画出水平基准线与垂直基准线。

（3）拆下撑片，将撑片的水平基准线与垂直基准线对准模板毛坯上的十字线，用划针在空白模板上画下撑片的轮廓。

（4）剪下模板，并在模板上用箭头同时标示出鼻侧与镜片的上侧，如图 7 - 27 所示。

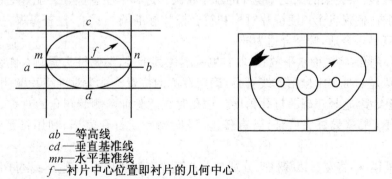

ab —等高线
cd —垂直基准线
mn —水平基准线
f —衬片中心位置即衬片的几何中心

图 7 - 27　无框模板制作

（5）用锉刀将模板修整光滑。

（6）可根据配戴者对片形的特殊要求改变原眼镜模板的形状，过程中注意模板几何中心和水平基准线位置的固定。

（二）无框镜架模板制作注意事项

（1）务必在撑片及模板上标示出鼻侧与镜片的上侧，以防在磨片时将左右镜片以及镜片的上下侧混淆。

（2）改变模板形状时，不可移动模板的中心位置，并要使模板桩头处的形状与眼镜桩头的形状一致，以防装片后桩头处有缝隙。

（3）在根据等高线画出水平基准线与垂直基准线时务必精确，否则将会引起割边时镜片散光轴位的变动和光学中心的移动。

（4）如使用免模板全自动扫描磨边机，且不需修改形状，则不需要制作模板，直接扫描撑片即可。

（三）无框眼镜的装配过程

（1）镜片上做出打孔参考标记：镜片磨边完成后，确定镜架上的孔位（金属鼻托、鼻梁、镜脚处），用标记笔标出准确的位置。镜架的桩头安装在镜片前表面，则在前表面标记，反之亦然。将镜架撑片与镜片相互吻合，在镜片大小未改变的情况下，注意两者水平基准线应重合。以镜架撑板上的孔为参考，标记打孔点，并可用鼻梁桩头或镜腿桩头的定位孔与之验证。

（2）打鼻侧孔：钻头对准镜片鼻侧标记点偏内侧，按照透镜类型，选择正确的打孔角度。钻孔过程中注意验证两侧鼻侧孔的对称，过程中可以先轻钻点一下，用鼻梁桩头验证，若有偏差，及时修正。将两镜片水平加工基准线重合，对称相扣，验证另一片鼻侧打孔点位置。过程中注意及时修正位置，最后利用锥形孔进行两侧倒棱，以防止发生装配过程中的镜片破裂。

（3）装配鼻梁：将鼻梁左右桩头分别与左右镜片在鼻侧用螺栓连接，螺母用内六角套管旋紧。注意在孔的两侧用镊子垫上塑料垫圈，必要时垫上金属垫圈。安装鼻梁时，用双手握住左右镜片，检查镜片水平度，并再一次确认所作记号的位置是否准确。安装好完毕，双手握住左右镜片，观察镜架的弧度和镜片的水平状况。过程中注意检查装配好的镜片对称性，要求正视、侧视、俯视各个角度镜片对称和符合镜片标准调校要求，检查鼻梁左右桩头与镜片连接松紧度是否合适，调至合适为准。

（4）打颞侧孔：将镜面水平放置，取右侧镜腿让其折叠，颞侧桩头紧贴右侧镜片的颞侧，使镜腿与鼻梁左右桩头螺帽连线平行，确定颞侧的位置。钻头对准镜片颞侧标记点偏内侧，按照透镜类型，选择正确的打孔角度。钻孔时注意验证两侧颞侧孔的对称，过程中可以先轻钻点一下，用鼻梁桩头验证，若有偏差，及时修正。打孔完毕，利用锥形孔进行两侧倒棱。

（5）装配镜腿：将左右镜腿桩头分别与左右镜片在颞侧用螺栓连接，螺母用内六角套管旋紧。注意在孔的两侧用镊子垫上塑料垫圈，必要时垫上金属垫圈。该过程可以配合颞侧打孔，可边打孔边装配边调整，以最后确定正确的位置。

（6）调整确认：首先，要检查螺栓、垫片、金属套垫是否拧紧，如有松懈，将螺母重新拧紧,最后装上螺帽。其次,要用调整钳进行开合的调整,主要是镜腿的前倾角和把镜腿折叠后的角度。在对所有的螺栓进行紧合后,再对镜腿的角度、弧度等进行调整。

（四）无框眼镜装配注意事项

（1）制作时,需强调鼻侧孔和装配的正确性,因为与颞侧相比较,鼻侧一旦打孔有误,调整难度较大。打孔与装配过程互相交叉,若先打完孔后再装配无法获得良好的装配效果,一般次序应为先装鼻梁再装左右镜腿。先打鼻侧孔,然后与鼻梁装配,要求装配后两镜片在鼻梁处两侧对称,必要时进行调整。颞侧孔位确定仅作为参考之用,具体位置应在打完鼻侧孔装配后,以镜腿倒伏平行为依据,再做最后标记确认。总体而言,两左右镜片上标记点的位置要对称,即左眼侧孔与右眼鼻侧孔对称,颞侧孔亦是如此。两镜片的水平基准线需水平成一条直线,两鼻侧孔的连线、两颞侧孔的连线与镜架水平中心线平行或重合。

（2）打孔的位置为桩头一侧,打孔的方向原则上垂直于镜面。一般建议:① 凹透镜的打孔方向略向曲率中心方向倾斜;② 凸透镜的打孔方向为与上下两面几何中心连线方向平行;③ 平光镜的打孔方向垂直于镜面。打孔角度的确定,目的使装配更牢固,同时避免镜面角太小或太大。

（3）确定打孔位置以及打孔时要反复验证。注意不要一次性把孔打透,需慎重地确认打孔的位置,边检查边打孔,分成几次完成。对初学者来说,刚开始最好使用细的钻头进行实践,可减少甚至避免发生错误。同时,还须注意的是,打孔时,孔的位置不要太靠近镜片外侧的边缘,而要尽可能地略微向内侧靠拢,以避免镜片的破裂。必要时,可利用改锥等工具伸入周边已打好的孔中,根据改锥竖直的程度检查所打孔是否垂直、方向是否准确。

（4）打孔后,对孔倒棱。打孔装配旋螺母时不可旋得过紧,以防止镜片破裂。

（5）装配时注意螺栓长度应与镜片厚度相配合。如螺栓过长,可用专用剪钉钳等工具将螺栓剪短。

（6）如不需修改形状,也可以考虑直接利用撑片与加工后的镜片重合,按照撑片打孔位置确定镜片打孔位置并进行装框。

（7）聚碳酸酯(PC)镜片适合无框眼镜,可作为首选镜片,但需要注意打孔过程中无水操作及热量的散发。

（8）指导配戴者使用时,应注意强调双手摘戴无框眼镜以减少变形。

（五）无框眼镜的装配质量检查

（1）检查镜片的磨边质量与尺寸式样,检查镜片上的钻孔是否与镜架上的螺孔在靠近镜片中心处内切,若不符合要求则应返工修正。

（2）调整眼镜:镜片的面、鼻托和镜腿的调整要求同普遍金属镜架,但是在调整时特别注意用力的方法。检查时把眼镜反置在平板上,检查架形有否扭曲;两镜片是否在同一平面上;镜脚的弯度、接头角、外张角、眼镜的倾斜角是否埋想,鼻托叶是否对称等。调整时要用两把钳子以控制受力。如无法调整,则需将镜片拆下,调整后再装上镜片。在操作时不可用力过猛,因为镜片上的钻孔所能承受的力极小,受力过大会引起镜片钻孔处破裂。

第七节　双光眼镜的装配

一、双光眼镜镜片基础

双光镜片,即双焦点镜片,是在同一镜片上具有两个不同的焦点,形成远用和近用两部分。担任远用视力矫正的部分称为远光区,以 Dp(distance portion)表示;担任近用视力矫正的部分称为近光区(阅读区),以 Rp(reading portion)表示。双光镜既能看远又能看近,适合老视者配戴。用于远用部分的镜片称为主镜片,用于近用部分的镜片称为子镜片。

根据制造方法常见分为胶合双光、熔合双光、整体双光。

熔合双光:在折射率较低的主体镜片上磨出一个预定的陷窝,并研磨抛光,再将一较高折射率的小阅读镜放入陷窝,加热使两片镜片熔合在一起,然后将整个镜片研磨抛光以达到处方的要求。由于在子片表面和主片表面曲率一致,感觉不到存在分界线,因此熔合双光镜又称无形双光镜。熔合双光一般都用玻璃材料制作。

胶合双光:指用环氧树脂黏合加工好的镜片主体和小阅读透镜。该种双光镜片的特点是可以将小透镜按需要粘贴在透镜的任何部位,方便实用,不足之处为外观可能较差。胶合型双光的设计使得子片设计形式和尺寸多样化,包括可以采用染色子片和棱镜控制设计等。

整体型双光镜片:该镜片由同一折射率材料制成,近光区在主镜片的一个面加磨第二曲面而成。对不显形整体双光镜,第二曲面和主平面几乎平滑相连,分界线不明显,但手指可以触摸到曲面的曲率变化。一般主要以树脂材料为主制作,采用铸模法制作。

双光镜还有一些特殊类型,例如分离型双光(福兰克林式)是最早出现且最简单的双光镜类型。分离型双光镜使用两片不同度数的镜片,分别作为视远区和视近区进行中心定位。这也是目前很多双光镜设计的基本原理。E 型或一线双光镜具有很大的近用区,用玻璃或树脂制成。该双光镜可认为在近用镜上附加远用的负度数。该种类型镜片上半部边缘厚度较大,可通过棱镜削薄法,使镜片上下边缘厚度相同。

从子镜片外观形状上分为圆顶双光(如图 7-28)和平顶双光(如图 7-29)。

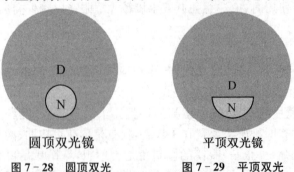

圆顶双光镜　　　　　　　　平顶双光镜

图 7-28　圆顶双光　　　　　图 7-29　平顶双光

二、双光眼镜制作加工常见相关术语

双光镜的主镜片用来视远。视远部分的光心称为视远光心(distance optical center),以

O_D 表示。子镜片的光心称为子片光心（segment optical center），以 O_S 表示。被加于主片的子片阅读区光心称为视近光心（near optical center），以 O_N 表示。O_N 位置在设计中随着 O_D 和 O_S 以及视远区和子片的屈光力而定，在许多双光镜设计中的最终位置无法控制，甚至有时不在镜片上。图 7-30 为 O_D、O_S 和 O_N 相对位置示意图，其中 O_N 位置不确定。

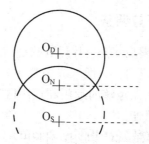

图 7-30　双光镜片光心示意图

双光镜制作加工常见相关术语，如图 7-31 和图 7-32 所示。

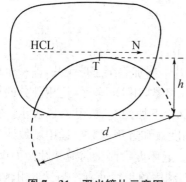

图 7-31　双光镜片示意图

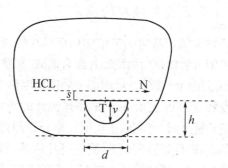

图 7-32　双光镜片示意图

（1）基线：通过主片圆心的水平线。

（2）分界线：远光区与阅读区的交界线。

（3）子片直径 d：子片圆弧的直径。

（4）子片顶点高度 h：从子片顶至主片最低点水平切线的距离。

（5）子片高度 v：从子片顶至主片最低点水平切线的距离，子片不超过主片圆周。

（6）子片位置：针对特殊类型的子片规格而定，包括子片直径和子片高度。

（7）子片顶位置 s：从子片顶至基线的垂直距离。当镜片高度和子片高度为已知时，可求出子片顶的位置，即等于镜片高度的一半减去子片顶点高度。

（8）子片顶点落差 S'（cut）：子片顶到视远光心垂直距离，当视远光心与主片圆心重合时 S=S'。

（9）几何偏位 i：视远光心（无棱镜效果的视远光心位置）与子片直径中点间的水平距离。

（10）光学偏位：视远光心与视近光心间的水平距离。

双光镜处方书写要求内容包括主片镜度（远用处方）、子片镜度（近用处方）及子片位置。子片位置以上述术语进行描述。例如：双光镜子片位置表示为"22 d×17 h×2.5 in,cut 5"，其含义为子片直径 22 mm，子片顶点高度 17 mm，几何偏位 2.5 mm，子片顶点落差（即 S'

值)5 mm。若给出主片直径 40 mm,则该例镜片子片顶点位置在基线下 3 mm 处,该子片位置即可表示为"22×3 below dat ×2.5 in,cut 5",其中第一项表示子片直径为 22 mm,第二项表示子片顶点位置在基线下 3 mm,第三项表示几何偏位 2.5 mm。该规格同时也可缩写为"22×17×2.5,cut 5"或"22×3bel×2.5,cut 5"。

三、双光眼镜的镜架选择与调整

镜架具有一定的垂直高度以满足双光镜片远近视物的需要,为有足够的近光区,确定双光镜片的不同区域进入配镜者视线内。一般双光镜片中平顶双光子镜片半径约为 20 mm,镜框高度一般不小于 36 mm,以确保足够的远用和近用区域。尽可能避免使用固定鼻托的镜架,以免给后期眼镜校配带来困难。

通过调整,保证镜架舒适的配戴在配戴者脸上,前倾角 8°～15°,镜眼距 12 mm,并符合面弯。

四、双光镜片加工参数确定

(一)双光镜片镜度的确定

内容详见第四章第一节中多焦点镜片的测量环节。

双光镜可看成是由两块镜片组合而成,在普通镜片上附加一个正球镜片,即一个镜片上形成远用和近用两个部分。远用部分的顶焦度称为远用度数,用 DF 表示;近用部分的顶焦度称为近用度数,用 DN 表示;附加的正球镜片的屈光度称为下加光度数,用 Add 表示。在实际测量双光镜片镜度时,可利用顶焦度计来分别测得远用度数和近用度数。远用度数测量时应镜片凸面朝上,即镜架镜腿朝下,测量镜片后顶点焦度。近用度数测量时应镜片凸面朝下,即镜架镜腿朝上,测量镜片前顶点焦度。若需要测定 Add,利用顶焦度计直接测量近用区前顶点屈光力和远用区前顶点屈光力,近用度数减去远用度数即可得到加光度数,即Add=DN－DF。

(二)子镜片顶点高度的确定

子镜片顶点高度根据配戴者使用目的确定子镜片顶点高度。在垂直方向,若以近用为目的验配普通双光镜时要求在第一眼位,子镜片顶点位置在可见虹膜下缘(即角膜下缘)切线处,由于很多情况下,尤其东方人的虹膜下缘被下眼睑遮盖或者与下睑缘相重合,故测量以瞳孔垂直下睑缘确定位置。根据配戴者用途,测量双光镜子镜片顶点高度,当配戴者以远用为主时候,应位于配戴者瞳孔垂直下睑缘下方 2 mm;当配戴者以近用为主时,子镜片顶点高度应位于配戴者瞳孔垂直下睑缘处的位置。子镜片顶点高度需进行实际测量而得到,如图 7-33 所示。

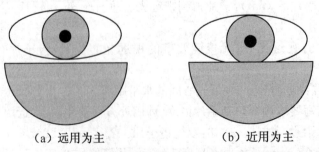

(a)远用为主　　　　　　(b)近用为主

图 7-33　双光镜片配镜高度

1. 操作步骤

验光师与配戴者正面而坐,眼睛保持在同一高度上,配戴者配戴已调校好的镜架,嘱配戴者注视验光师的鼻梁中心。检查者手持瞳距尺,将瞳距尺"零位"对准瞳孔垂直下睑缘的位置,使用油性记号笔在配戴者左右眼瞳孔中心正下方的下睑缘处(近用目的)或下睑缘处2 mm(远用目的)分别画出水平线,分别测量左右水平线至镜圈内缘最低点的数值,即为子镜片顶点高度。

2. 注意事项

(1) 镜圈内缘最低点不在瞳孔中心下方处时,所测量的子镜片顶点至镜圈内缘的高度和子镜片顶点至镜圈内缘最低点的高度是不同的。一般建议利用方框法重新测量子镜片顶点高度,以免所测子镜片顶点高度太低。

(2) 左右眼下睑缘的高度不在同一高度时,首先检查所配戴的镜架是否在同一水平线上,若确定在同一水平线上,当左右眼相差2 mm以内时,以主眼下睑缘高度为基准确定子镜片顶点高度;当左右眼相差2 mm以上时,以左右眼的平均值为基准来确定子镜片顶点高度。

五、双光眼镜加工

双光眼镜通常作为老视患者的辅助矫正眼镜之一。视远用眼镜与视近用眼镜在一副镜片上,将远用部分(主镜片)与近用部分(子镜片)的光学中心相应与远用瞳距和近用瞳距相匹配。对于平顶双光眼镜,加工完成的子镜片顶点间距离与近用瞳距相一致,子镜片顶点高度与验光所获得的子镜片顶点高度一致。双光眼镜的子片形状,一般根据平顶和圆顶双光采用不同的加工方法。双光镜片加工主要应确定子镜片顶点和子镜片加工基准线。

(一) 平顶双光眼镜的加工

平顶双光子镜片分界线为加工基准线,分界线的中点即为子镜片顶点,如图7-34所示。

1. 水平移心

根据公式子镜片顶点水平移心量＝(镜架几何中心水平距－近用瞳距)/2计算出子镜片顶点水平移心量,数值为正向内移心,数值为负向外移心。以子镜片顶点为基准点,沿子镜片水平基准线找出移心的位置,即可正常加工。

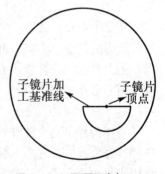

图7-34　平顶双光加工

【例7-4】　被检者选用56-16-135的镜架,其近用瞳距为64 mm,求子镜片顶点水平移心量?

解:根据子镜片顶点水平移心量＝(镜架几何中心水平距－近用瞳距)/2＝(56＋16－64)/2＝4(mm)。制作时则需要子镜片顶点水平移心4 mm,向内移心。

2. 垂直移心

根据公式子镜片顶点垂直移心量＝子镜片顶点高度－镜架高度/2,计算子镜片顶点垂直移心量,即可正常加工。

【例7-5】　被检者选用高度40 mm的镜架,子镜片顶点高度经测量为18 mm,问如何移心?

解:根据子镜片顶点垂直移心量＝子镜片顶点高度－镜架高度/2＝18－40/2＝－2 mm。制作时则需要子镜片顶点垂直移心2 mm,向下移动。

(二)圆顶双光眼镜的加工

对于圆顶双光,加工基准线和子镜片顶点的确定比平顶双光复杂,又根据远用屈光度是否有散光分为两种情况。

第一种,远用屈光度含有散光时,首先使用顶焦度计点出远用的光学中心和远用加工基准线(方法和普通散光眼镜确定加工基准线方法相同,即利用顶焦度计打印3点),将此远用加工基准线水平向下移,当和子镜片相切时停下,此切点就是子镜片顶点,切线就是子镜片加工基准线,如图7-35所示。

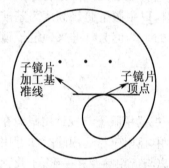

图7-35　圆顶双光(主片含散光加工)　　　图7-36　圆顶双光(主片无散光加工)

根据处方中的近用瞳距和子镜片顶点高度确定子镜片顶点的水平和垂直移心量,

【例7-6】　近用瞳距为60 mm,子镜片顶点高度为15 mm,镜架几何中心距离为70 mm,镜架总高度35 mm,则子镜片顶点水平移心量为(70－60)/2＝5(mm);垂直移心量为15－35/2＝－2.5(mm)。

在定中心仪上按照计算的移心量将子镜片顶点移到所需的位置,根据上例,子镜片顶点移到所需的位置,即移动到内5 mm,下2.5 mm处即可。

第二种远用屈光度没有散光时,首先确定远用光学中心位置,若远用区为平光时,以镜片几何中心点代替。

1.水平移心

将子镜片最高点放在远用光学中心正下方,根据左右眼镜片分别向左和右旋转子镜片(一般需要旋转10°左右),旋转时以远用光学中心为旋转点,会发现子镜片最高点在变化,当远用光学中心和子镜片最高点在水平方向的距离为远用和近用瞳距差值的一半停下来,此时最高点就是子镜片顶点,做一条水平切线就是子镜片水平基准线,例如远用瞳距为68 mm,近用瞳距为64 mm,则旋转后远用光学中心中心距离为68 mm,子镜片最高点在水平方向的距离应该为64 mm,如图7-36所示。

2.垂直移心

当以远用光学中心点为基准,向左右方向旋转子镜片,使运用光学中心点和子镜片顶点分别与远用瞳距和近用瞳距的内移量相等之后,再根据处方中的子镜片顶点高度确定垂直移心量,确定加工中心。例如子镜片顶点高度为17 mm,镜架总高度38 mm,则子镜片顶点

垂直移心量 $17-38/2=-2(\text{mm})$，即向下移 2 mm。

第八节　棱镜眼镜的装配

棱镜具有特殊的光学效果，即改变光线的传播方向，而不改变光线的聚散度。通过光线位移达到矫正斜视或双眼视觉功能异常的目的，同时特殊情况下，棱镜眼镜还可以用于青少年近视控制与减轻眼球震颤。

一、棱镜眼镜加工的基本方法与原理

棱镜眼镜的制作，目前主要采用两种方法。

（一）光学中心移心原理制作

由于经过棱镜的光线向其底端偏斜，所以所视物像向顶端偏斜。球镜柱镜均可看做是由大小不同的棱镜组合而成。所以，经过移心后，球镜、柱镜会产生棱镜效应。根据这一原理，镜片通过移心，即能加工出带有棱镜度的眼镜。遵循原则：移心量为所需棱镜度除以镜片屈光度，即移心量公式：$C=P/F(P=\triangle,F=$ 屈光度$)$，同时正球面镜移心与所需棱镜的底向同方向，负球面镜移心与所需棱镜的底向反方向。

【例 7-7】　-8.00 DS 镜片需要制作 $1^{\triangle}$BU 的棱镜效果，需要向下移心 $C=P/F=1/8(\text{cm})=0.125(\text{cm})=1.25(\text{mm})$ 方向向下。又如 $+8.00$ DS 镜片需要制作 $1^{\triangle}$BI 的棱镜效果，需要向内移心 $C=P/F=1/8(\text{cm})=0.125(\text{cm})=1.25(\text{mm})$，方向向内。

在镜片磨边加工过程中，常常会遇到需要通过镜片基准中心或光学中心的移位添加镜片棱镜效果，而此时光心定位除了掌握透镜与棱镜的关系外，还需了解最小未切镜片的直径计算（指标准毛坯镜片）。

最小未切镜片直径＝镜框（左或右）几何中心两边的最长处＋移心量的二倍＋2 mm 预留量。

【例 7-8】　一镜框最长为 52 mm，加工时需要光心向内位移 3 mm，假设最小磨边余量 1 mm，即最少需要边缘有 1 mm 直径用于磨削，求最小未切片直径？

解：$52+3\times2+2=60(\text{mm})$，最小未切镜片直径为 60 mm，即最少需要直径 60 mm 的镜片。

【例 7-9】　处方 -8.00DS/$2^{\triangle}$ 底向外，采用移心来达到棱镜效果，镜框尺寸 56-16-135，$PD=64$ mm，求最小未切镜片直径。

解：移心量公式为 $C=P/F(P=\triangle,F=$ 屈光度$)$，需要移动光心，$2/8\times10=2.5(\text{mm})$ 内移。由于镜片本身需要移心（$56+16-64)/2=4$ mm 内移，故总体需要镜片向内移动 6.5 mm。故计算最小未切镜片直径 $=56+2\times6.5+2-71$ mm，即最小需要直径 71 mm 镜片，若库存镜片直径小于该直径则无法加工，需要重新定做。

（二）厚度差原理制作

根据方法 1，若所需要棱镜度过大，无法利用移心方法获得，则必须采用厚度差形式定做镜片。根据棱镜的定义,车房订制具有一定鼻侧颞侧厚度差的镜片,以获得所需的棱镜效果,通常此方式是在棱镜度很大,且单纯采用移心量并不能解决棱镜效果后采用。

棱镜片的厚度差计算:棱镜片的制作一般可通过眼镜片移心来实现,但若是平光眼镜片或该方向没有屈光度时,棱镜必须事先加工。

加工时可利用"厚度差"计算公式进行棱镜加工:

$$g = P\varphi/100(n-1)$$

式中:g 为厚度差(mm);P 为棱镜度(△);φ 为棱镜片直径(mm);n 为棱镜片材料折射率。

例如:$P = 8^{\triangle}$, $\varphi=44$ mm, $n = 1.523$,则 $g = 8 \times 44/100(1.523-1) = 6.73$(mm)。

二、棱镜加工中全自动顶焦度计的运用与注意事项

全自动顶焦度计是检测镜片屈光度的强制检定计量设备,其中棱镜表示菜单这一功能常见分为关闭、X-Y、P-B、mm 四项,具体视品牌顶焦度计的功能菜单内容不同而变。

(一)"关闭"选项

不推荐使用关闭这一栏。加工普通眼镜时,打印光学中心应尽量使得棱镜度值小。在日常检测配装眼镜含棱镜时,除了屈光度、轴位外,需要测量其棱镜效应是否在国家标准允差范围,若该菜单关闭,眼镜检测则无意义。

(二)"X-Y"选项

X-Y 是指直角坐标底向标示法,即将棱镜基底分为 BI(基底向内)、BO(基底向外)、BU(基底向上)、BD(基底向下)。鼻侧基底向内,颞侧基底向外。例如全自动顶焦度计上显示 $0.05^{\triangle}BO$,$0.04^{\triangle}BU$。

(三)"P-B"选项

P-B 是指 360°底向标示法。此法是把坐标分为四个象限,按角度表示底向的一种方法。从检查者角度出发,从其右手边为 0°,以逆时针方向旋转 360°。例如 $2^{\triangle}B135°$,$4^{\triangle}B90°$,$6.5^{\triangle}B265°$等。

P-B 法与 X-Y 法在棱镜方位的表达方式有所区别。

例如:右眼 $4^{\triangle}(BI)/3^{\triangle}(BU)=5^{\triangle}(B37°)$

　　　左眼 $4^{\triangle}(BI)/3^{\triangle}(BU)=5^{\triangle}(B143°)$

所以棱镜加工在初次测定棱镜度数或确定加工中心时,必须注意利用全自动顶焦度计上的左右按钮确定眼镜片的左右。

(四)"mm"选项

有些全自动顶焦度计棱镜设置还有 mm 一栏,此方法表示镜片光心离开坐标十字中心的偏移量,单位用 mm 表示。读数前加"+"、"-"符号,以坐标为据,上为正、下为负,右为正、左为负,表示偏移的方向。

（五）全自动顶焦度计在棱镜测定中的质量控制

（1）自动顶焦度计应置于温度为 20±5 ℃、相对湿度≤85％RH、光照度约 80lx 的整洁环境中。

（2）使用稳压装置确保顶焦度计的供电电压正常稳定，避免强电磁干扰。

（3）顶焦度计放置的高度应与测量人员坐姿的高度相适应。

（4）开启电源之前，应确保测量光路无阻挡物，开启电源后，顶焦度计应预热 5 min 以上。

（5）设置顶焦度计的测量参数：根据测量对象设置测量方式（单光模式、渐进模式还是角膜接触镜模式）；根据镜片的阿贝数设定阿贝数；根据准确度要求设定测量步长（眼镜质检一般设置 0.01 D 步长）；根据镜片球柱镜性质尽可能将顶焦度计设置为"球-柱同号"状态，对于混合散光镜片尽量保证在球镜度最大的情况下设置柱镜测量符号；把测量波长设定为 e 谱线。

（6）正确放置被测镜片或眼镜，在对焦的情况下，微调或旋转镜片，并在棱镜度尽量小的情况下读数，先读数后打印标记。

（7）处理数据，务必对顶焦度计读数进行修正以获得最终的测量结果。

（8）如果 30 min 内仍将使用顶焦度计，可把顶焦度计设置为省电模式；否则应关闭顶焦度计，并用防尘罩盖好。

三、棱镜眼镜的加工操作流程

（一）装配前检查

棱镜眼镜加工前，利用全自动顶焦度计（由于手动顶焦度计测量精度的限制，建议使用全自动顶焦度计）测量棱镜度的大小是否符合国标。由于棱镜镜片在未加工时棱镜方向随着检测方位发生变化，故而只需检测具体的棱镜度。根据国家眼镜镜片 GB10810.1－2005 标准中棱镜镜片测量标准，检定镜片是否合格。

（二）装配操作方法

目前，主要采用以下两种方法进行棱镜眼镜的装配。

1. 直接测量加工法

顶焦度计上可以直接测出镜片上含有处方所需棱镜的点，只要将此点和瞳孔中心相重合，无需复杂的计算。含有棱镜度镜片的中心移位，是以棱镜镜片加工中心，根据镜框尺寸与瞳距大小作相应的移心，如瞳距 60 mm，镜架尺寸 52－16，在磨边时确定的棱镜度镜片加工中心基础上把镜片加工中心向内移 4 mm，而不是将镜片的光学中心向内移 4 mm，如果基准线需作上下移位同样是把加工中心作上下移量。必须注意的是，镜片移动光心时，需顶焦度计上先通过镜片的移心找到含有与所需要棱镜读数方向相反的点，再以此点按照正常眼镜加工方法进行水平移心即可。

【例 7－10】　加工镜架 56－16－135，PD＝64 mm，R：－3.00 DS/2$^\triangle$BD，L：－5.00 DS/3$^\triangle$BO 的镜片，需要镜片凸面朝上，在顶焦度计上寻找数据 2$^\triangle$BU 后，此时对镜

片打印,则镜片打印中心点非光学中心点,而是镜片上含有 $2^\triangle$BD 的点。左眼镜片与右眼镜片相似,只要通过移心使顶焦度计上显示 $3^\triangle$BI 即可,此时对镜片打印 3 点,则镜片打印中心点也非光学中心点,而是镜片上含有 $3^\triangle$BO 的点。其余操作方向与正常眼镜加工时镜片方向相同,且方法相同。

按照刚打印的三点的中心点进行向内移心 $(56+16-64)/2 = 4$(mm) 操作即可。注意此期间,眼镜的上下方向标识不能颠倒,此时的镜片不像散光镜片可以调转 $180°$ 加工,棱镜加工中确定棱镜度点后即包含方向,不能旋转,否则底向会反转。

若能确切理解棱镜眼镜的加工原理,也可以直接打出所要加工的棱镜度和基底方向装配即可。但是需要注意,此时镜片上下左右移心与常规眼镜制作全部相反,同时还需要注意模板放置的方向,对于初学棱镜眼镜加工者特别容易混淆,故不宜采用。

2. 计算法

根据镜框尺寸、瞳距直接计算出所需要棱镜的移心尺寸。

【例 7-11】 L:-8.00 DS/$1^\triangle$BO/$2^\triangle$BU 的要求配镜,假设眼镜规格 56-16-135,瞳距 64 mm,眼镜整体高度 40 mm,瞳孔中心高度 23 mm,求水平、垂直移心量和方向。

解:水平方向为使镜片光学中心与瞳孔中心一致,需要移动光心 $(56+16-64)/2 = 4$(mm)(向内)。

水平方向为获得 $1^\triangle$BO 的效果,由于是负镜,移心与所需要棱镜效果相反。

故为产生 $1^\triangle$BO 的效果,需要移心 $1/8 = 0.125$(cm) $= 1.25$(mm)(向内)。

水平方向总移心取两次移心代数和,即 4(向内)$+1.25$(向内)$=5.25$(mm)(向内)。

垂直方向为使镜片光学中心与瞳孔中心一致,需要移动光心 $23-40/2 = 3$(mm)(向上)。

垂直方向为获得 $2^\triangle$BU 的效果,由于是负镜,移心与所需要棱镜效果相反,故为产生 $2^\triangle$BU 的效果,需要移心 $2/8 = 0.25$(cm) $= 2.5$(mm)(向下)。

垂直方向总移心取两次移心代数和,即 3(向上)$+2.5$(向下)$= 0.5$(mm)(向上)。

3. 直接测量加工法与计算法的比较

实际加工中如果每副三棱镜眼镜均要按照上述第二种方法进行计算则相对繁琐,对于加工师的眼镜光学知识要求较高,尤其含有散光的眼镜更为复杂,且精度最小单位是 mm,计算出的数据很多情况下都是有小数位的,实际应用较为复杂。直接测量加工法由于利用全自动顶焦度计即可简便地进行棱镜的定位,在全自动顶焦度计上可以直接测出镜片上含有处方所需棱镜的点,加工中注意原理,只要将此点和瞳孔中心相重合。直接测量加工法能够更加直观进行棱镜眼镜的制作,且计量更加准确,故推荐使用。

4. 加工后检定的注意事项

全自动顶焦度计用于棱镜眼镜加工的加工后检定中需注意,一定要将镜片凸面向上、镜架鼻托朝内对准水平挡板放置,此时测出的棱镜度为真正的棱镜度。该方法同时也适用于散光眼镜、球光眼镜的标准检定。测定结果根据国家装配眼镜质量标准 GB 13511—2011 进行相关棱镜度的检测即可,具体测定方法可以考虑采用直接测量法和间接测量法。若检定摆放位置错误,即镜片凸面向上,镜架鼻托朝外放置,测定棱镜度数方向正好相反。例如按照正确的检定方法:镜片凸面向上、镜架鼻托朝内的标准检测方法测定出 L:-8.00 DS/$1^\triangle$BO/$2^\triangle$BU。若检定摆放位置错误,镜片凸面向上,镜架鼻托朝外放置,则测定结果为 L:

－8.00 DS/1$^\triangle$BI/2$^\triangle$BD。

　　棱镜眼镜的加工时,加工师需要掌握棱镜的基础知识与配装方法,熟悉顶焦度计,尤其自动顶焦度计的使用,注意镜片的左右、上下位置确定与棱镜度的设置,按照正确的方法与规范加工,过程实行质量控制,即可加工一副符合国家眼镜装配标准的棱镜眼镜。

第九节　偏光眼镜的装配

一、偏光眼镜的基础原理与分类

　　偏光(polarized light),又称偏振光。可见光是横波,其振动方向垂直于传播方向。自然光的振动方向,在垂直传播方向的平面内是任意的;对于偏光,其振动方向在某一瞬间,被限定在特定方向上。

　　一般的光源具有多方向性,可以将光线理解为在与传播方向相垂直的各个方向都振动的发光运动粒子。偏光膜(偏振膜)是将矽晶体等涂料垂直排列地喷涂在衬膜上,使光线通过此衬膜时一个方向(一般是垂直方向)振动的性能保持下来,另一个方向(一般是水平方向)振动的性能被减弱,甚至被消除。偏光膜(偏振膜)的作用是使光线由多方向性的光变为同一方向性的偏振光,偏光眼镜一般是使光线成为垂直方向的偏振光。从透射比角度,偏光镜片是对不同偏振入射光表现不同透射比特性的镜片,其中偏振面指透射比最大方向所在的平面,与之垂直平面上的透射比为最小。

　　偏光膜是利用有颜色的矽晶体等涂料改变光的多方向性,所以没有无颜色的偏光膜。所谓无色偏光片只是颜色很浅,但浅色偏光片比深色偏光片的偏光效果差,即浅色偏光片偏光率低。

　　光在自然界中传播会遇到许多反射物质或界面,由于物质表面或界面的性质、形状、角度不同,所反射的光在不同方向的多少、强弱也有所不同。有时会造成某些方向的反射光比较强,使得漫反射现象中出现局部的强反射光,这种造成视觉不舒适的强反射光被称之为眩光。一般太阳光被地面、水面、建筑物、汽车等反射,都会造成水平方向振动的光强于垂直方向振动的光,即太阳光反射后产生的眩光,大部分来自于光在水平方向振动的分量。偏光片是通过消除部分或大部分水平方向的眩光,使光线在各个方向都不会产生刺眼的眩光,使视觉更加清晰自然,使偏光镜配戴者眼睛更加舒服。

　　偏光眼镜是含有偏光膜,具有偏光功能的眼镜,属于一种特殊的太阳镜。普通的太阳镜片或染色片只是利用减光的作用,无法过滤光线,所以只能减低眩光、紫外光等强度,但不能完全阻隔。普通眼镜仅能降低光的透过率,使景物变暗,包括眩光,但是淡眩光下的景物仍看不清楚,无法彻底消除眩光的影响。偏光镜片相比普通太阳镜,更具有偏光性质,可完全阻隔因散射、屈折、反射等各种因素所造成之刺眼的眩光,重点在于消除水平方向的眩光干扰,而对垂直方向的光减弱较少;同时也能将对人眼有害的紫外光线完全阻隔,使人在强光下长期活动时,眼睛不易疲倦,达到真正保护的功能,而且能让看见的东西更清晰、立体,适合驾驶、钓鱼、旅游、日常佩戴。偏光镜重点在于消除水平方向的眩光干扰,而对垂直方向的光减弱较少。

偏光眼镜,既可以消除强光和眩光,同时还能保持暗处的光线不被过分的减弱,使得物像的对比色得到适当的还原,使视觉更清晰,景观色彩更丰富,物像更真实;在非强光却有大量散射眩光的天气中,偏光片可以提高物体色泽的对比度,配戴舒适,适应于多种环境及长时间配戴。

目前偏光镜常进行前后表面加硬和加膜处理,这样既提高了镜片的使用周期,还可以消除斜后方的眩光干扰,是驾驶、休闲和遮阳等活动中较好配戴镜片的选择。

偏光眼镜可根据用途可以分为:滑雪镜、钓鱼镜、偏光驾驶镜、户外运动镜、高尔夫眼镜等。偏光眼镜根据是否具有矫正功能,又可分为普通偏光眼镜和偏光矫正眼镜。偏光矫正镜片,针对屈光不正患者,一方面具有偏光镜的功能;另一方面又具有普通眼镜视力矫正的作用,即可以解决一般屈光不正的矫正问题,同时兼具遮阳、消除眩光作用,适合配戴者长时间驾驶或休闲运动时配戴。

二、偏光矫正镜片的工艺及特点

偏光矫正镜片不仅应具有偏光镜片的特征,同时又要具有矫正眼镜的光学功能,故其加工工艺对配戴者的光学效果实现具有很大效果。目前的偏光片都是将偏光涂料喷涂在衬膜而先形成偏光膜,再将偏光膜加厚或附加在光学镜片中形成偏光镜片。由于偏光涂料的性能不同、衬膜不同以及与光学镜片结合方式的不同,所以偏光矫正镜片的生产工艺也有所不同,其镜片的物理性能也就有差异。目前偏光矫正镜片大体可分为下述几种方法制造。

(一)冲压法

将偏光膜的衬层加厚,由原始的百分之几毫米的厚度增加为 0.7～1.5 mm,使偏光膜变厚,从而具有一定的刚性,成为偏光片(又加厚偏光膜片);根据需要再用模具将其冲压成各种弯型的镜片。

此种方法简单、经济实用,但这种偏光片受材料和工艺的限制,其表面平整度、弯型稳定性、材料纯净度、光学性质等都存在缺陷。这种工艺的偏光镜片一般不做加硬处理或不能做较好的加硬处理,镜片的耐划性较差故不用于光学镜片。该类型镜片通常用于平光镜片,即用为一般偏光太阳镜片,不用于矫正屈光不正的光学镜片。

(二)三明治法

为使偏光镜片具有折光作用,要求镜片前后面的弯型具有差异;同时为使偏光镜片获得较好的光学性能,可以将偏光膜夹在一个平光镜片和一个矫正镜片之间,并用胶将其三合一成为光学级的偏光镜片,这种方法称之为三明治法。

这种偏光镜片的优点是可以矫正屈光不正,光学性质稳定,镜片的均匀性和纯净性都大为提高;但是这种偏光镜片较厚,易分层,不能长时间浸泡水中,不能长时间暴晒,怕温度的突变,不适合于打孔和吊丝架,对镜架弯型、形状要求较苛刻。

(三)铸模法

这种方法类似于金属和塑料铸造工艺,只是将偏光膜夹在铸片之中,偏光膜前侧为一胶状平光片,偏光膜内侧为一胶状屈光镜片材料,用模具压成所需屈光镜片,待固化后去模和退火,由此产生出偏光镜片。这种方法制造的镜片,在使用中比三明治方法制造的镜片耐久性好、生产效率高、成本低,但该偏光片的偏光膜弯型稳定性会受生产过程中胶状材料变化的影响,所以车房加工时的光度较难控制,给二次加工造成难度。

(四)注射法

这种方法与铸模法的最大区别在于偏光膜的前后面不是同时生产,即偏光片不是一次成型,而是依托模具将偏光膜与屈光镜片先成型,待初步固化后重新定位,再向镜片偏光膜前侧与模具间的空隙注入镜片材料并与其一同固化形成偏光片。这种方法生产的偏光镜片最薄处一般控制在 1.6～2.2 mm。

此方法生产效率高,成本低,镜片光学稳定性较好,镜片耐久性也较好,是目前应用较多的生产工艺。在这种生产方法中,有将偏光膜直接压弯使用的,也有将偏光膜增厚再压弯使用的;有用液态镜片材料直接生产的,也有用胶状镜片材料生产的;有用高温固化工艺的,也有用相对低温固化工艺的,再加之加硬温度控制水平的差异,这都造成镜片的纯净度、偏光膜性能稳定性、镜片成像扭曲程度、耐刮性等镜片品质存在很大差异,也就造成最终配戴舒适度有很大差异。

(五)融合法

该法要求镜片基弯和偏光膜的弯度都制造得非常均匀、准确和吻合。此法中偏光膜非常薄,这样偏光膜就能很好地被吸附在镜片前表面,再利用特殊的光电和化学的方法处理后,非常薄的偏光膜就牢牢地融合为镜片前表面,然后用液态镜片材料在镜片的前表面附上一个均匀的外衣,形成保护壳。这种保护壳和偏光薄膜总厚度一般可控制在 0.3 mm 以内,与镜片融为一体。这种方法生产的偏光片,镜片最薄处一般控制在 1.2～1.8 mm。

融合法生产的偏光片镜片材料相对均匀、纯净、不易分层、光学性能稳定、耐久性好、可装配打孔镜架、中心厚度薄;但此方法工艺要求高,生产成本高。

综上所述,目前偏光片注射法是可以普及而实用的方法,融合法是成本和品质最高的方法,其他方法都有较为明显的缺陷。根据偏光矫正镜片的加工工艺,其二次加工是很重要的环节,因为偏光片有偏光轴的定位要求,所以散光度数和散光轴确定后才能经二次车房加工生产所需的偏光片,而二次加工和直接生产单光片都需要加硬和加膜处理,但偏光膜恰恰对温度很敏感,温度过高偏光膜就会皱褶,偏光性能也发生变化,偏光片成像会扭曲,所以控制偏光镜片质量的关键点之一是控制温度。所以检查偏光片质量很重要的一点是看偏光膜是否发生皱褶并引起镜片成像扭曲。检查偏光膜是否皱褶,可通过检查镜片反光时是否出现偏光膜皱褶引起的浪纹而发现。

三、偏光眼镜的选择

(一)镜架的选择

(1)选择镜架的弯型要尽可能与所配光度相匹配,避免选择大弯型镜架或将太阳镜架改配偏光镜,尤其对高度近视。目前偏光片的弯型主要为200、400、600弯三种,有些厂家还提供50弯和800弯的偏光片;为使高度近视镜片薄,一般选200弯或50弯镜片加工,如果镜架选 600 弯,此时安装就不吻合,会造成很大的装配应力,镜片容易掉下;如果选 600 弯镜片加工会造成镜片边缘很厚,不美观。所以,镜架弯度与配镜度数采用的弯度尽可能匹配;如果不匹配,必须向被检者讲明可能出现的问题,还要告知二次加工厂改用与镜架相匹配弯型的镜片来加工所配光度。镜架的框架弯度应与所配镜片弯度吻合,即高度近视镜架不适宜选大弯型,而远视镜架应选较弯的镜架。

(2) 注意选择镜架类型,即是否有打孔、开槽等特殊眼镜加工工艺类型。对于无框镜架,最好选融合法生产的镜片。对于低光度半框镜架,偏光镜片应适当加厚,注意不能再偏光膜处开槽。订制镜片时,需将偏光片选配的镜架、光度和瞳距等资料通知给厂家,以便加工出适合的镜片。例如有些公司半框镜架由于生产工艺的原因,不能内移过多,故选择时需要避免。

(二)镜片的选择

颜色选择:目前偏光片的基本颜色是由偏光膜决定的,所以每批之间有差异,不能指定颜色。即使厂家可以通过染色改变镜片的颜色,但也不像一般染色片那样随意(因为偏光膜有底色),而且偏光膜对温度很敏感,不适宜在开水中热煮染色;若勉强加热染色,可能使偏光膜失效,镜片成像扭曲,配戴不舒服。偏光片颜色目前常见以灰、茶两色为主。通常偏光片都有底色,深色偏光片比浅色偏光片偏光率高,消除眩光效果较好。验配师要根据供应商的样品和颜色说明书为被检者选择颜色,并适时向被检者解释色差问题,以免配戴者投诉。

四、偏光眼镜的加工流程

偏光眼镜加工不同于普通眼镜加工的主要是表现在偏振面的方向定位,该定位决定镜片光学矫正效果和眩光消除效果。无论普通偏光镜片或偏光矫正镜片加工,定位是加工环节中首要环节。

(一)偏光镜片的定位

1. 偏光镜片定位标记

(1) 圆弧缺口标记:为偏光膜标志,在镜片的偏光膜中有一个(或两个)圆弧缺口表示水平。注意此圆弧缺口是偏光膜的缺口,只表现明暗上,不表现在镜片材料外观的圆缺上,如图7-37所示。

(2) 凹槽缺口标记:在镜片的外径周边(直径处)有一对向内凹槽,凹槽的沟槽表示水平。此对沟槽一定是在直径位置上对称,且只有一对。此对沟槽一定是镜片外径上向内的凹槽,不是突出的,如图7-38所示。注意此过程中,别与加硬夹具在加硬过程中的夹迹搞混。一般,镜片加硬过程中的夹迹是在镜片外径上突出的,而且夹迹一般是3～4个以上,不是唯一对称的。

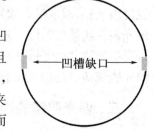

图7-37 圆弧缺口标记

(3) 镜片上下削平标志:圆形镜片上下削平一部分,形成上下两个平行线,如图7-39所示。

图 7-38 凹槽缺口标记

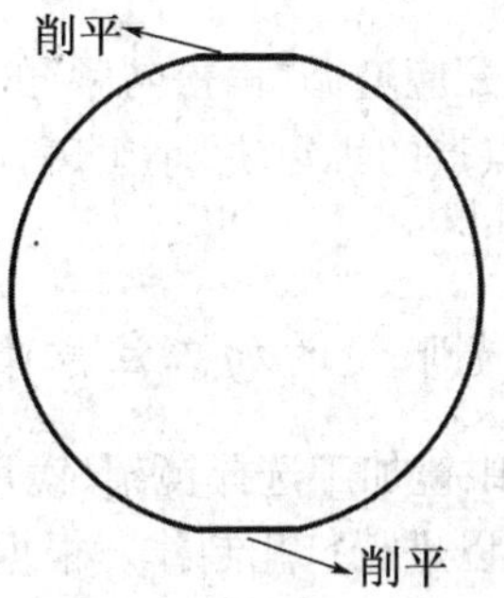

图 7-39 削平标记

2. 偏光镜片的定位过程

找到上述三种定位标志之一,将镜片按常规加工流程进行水平安装即可,确保定位标志安装在水平位置上。可用偏光实验图片复核一下,即在标志的镜片水平位置看一下偏光图片,能出现偏光示意图时说明标志寻找正确。也可采用一安装正确的偏光镜比对一下,即拿一般的偏光太阳镜与偏光片叠在一起看透光现象,透光率高(亮)说明位置正确,透光率低(暗、黑)说明位置不正确。

(二)偏光镜片的加工

偏光镜片,可以理解为由三层组成(生产工艺根据厂家的不同,各层的情况也有所差异)即前表层、偏光层、光度层。前表层根据工艺不同厚度约在 0.5~1.5 mm 之间,偏光层约 0.05~0.1 mm 之间。光度层中心厚度≥0.5 mm,所以目前带光度的偏光镜片中心厚度一般≥2.0 mm,特殊工艺的中心厚度≥1.4 mm,变色片的中心厚度≥2.2 mm。

偏光眼镜加工要避免加工装配时造成偏光层分层,即避免加工不当造成偏光层与前表层或光度层分离。

加工方法同一般普通镜架,偏光镜片的定位标志应放在水平位置上。每片偏光镜片的两边均有 1 800 水平记号,将两记号之间画一直线即为该偏光镜片的水平线,此为标准水平线装入镜框中。

因为偏光矫正镜片主要为树脂材质,若偏光层和其他层的黏合工艺不尽完美,树脂偏光镜片极易出现加工切边时的分层现象造成加工报损。所以加工时要将磨边机的压力调小一点,加工时尽量选择机头压力最小的档位,调到研磨玻璃片的档位,选择磨玻璃片的砂轮研磨偏光片,即减小磨偏光片的垂直压力和振动。粗切时可将水关上,一会打开水阀,这样可以减少阻力防止偏光层分层。注意镜片尺寸大小要合适,不要磨得过大,以免装配时造成镜片变形。

加工完成后,注意镜框的弯度要做适当调整,尽可能与镜片的弯度一致。装配好的偏光镜最好用偏光应力检查仪(一对偏光片)检查装配应力,尽可能修整大小、形状和弯度,使装配应力最小。

偏光片打孔时要特别注意几点:打孔机的钻头要锋利,注意通过偏光膜的力度,注意散热。即分几次打孔,将扩孔步骤与打穿孔的步骤分开,厚镜打孔时,应在打孔中停几次,以便散热。钻头通过偏光层时,速度放慢,不要过分挤压镜片,以免镜片分层。打孔时从前表面向后表面钻孔。

偏光镜装配应遵循"稍松勿紧"的原则。装配完毕后,手持眼镜,若发现镜片边缘出现小条、小块或一点点的小黑块、小黑斑,则说明配装过紧,必须把镜片再适当磨小些,直到不出现上述情况为止。

(三)偏光眼镜的加工注意事项

(1)偏光眼镜加工选择镜架、镜片类型建议参照厂家的说明书。例如,部分厂家只有高折射率镜片可以进行打孔制作。根据不同的加工工艺,部分偏光镜片低度数不适合进行半框制作。总之生产企业对于不同类型的镜框选择有具体的要求,例如折射率的高低、颜色的深浅、半框架的选择与否,具体必须参照企业的二次加工流程。例如某企业规定,半框架最好选1.6折射率的偏光镜片,1.5折射率的偏光镜片拉丝架只能选茶色和灰色,光度不能太低。所有半框偏光眼镜制作时内移量不能太多,订片时需要注明"半框镜架"。

(2)目前矫正偏光镜片的基弯一般约为200、400、600弯三种,选择镜架的框架弯度应与所配镜片弯度吻合。大弯型镜片订制时要注明镜架的弯度并告知配戴者加大基弯可能会造成外边缘加厚。若要为高度近视选择大弯型镜架必须注明并强调订600弯或400弯以匹配镜架。同时注意不应选择内移过的大的架子。必要时提前沟通加工厂商,事先告知镜片尺寸和瞳距,以便加工时做内移和偏心处理。

(3)不可用丙酮擦拭镜片边缘,因为可能会破坏镜片边缘的偏光薄膜。

(4)镜片不宜在水中长时间浸泡。

(5)镜片不宜存放在高温环境中。

第十节　染色眼镜的装配

染色眼镜适用于各类人群,目的为防止过量光线进入眼睛。时尚人群配戴者将其作为日常个性生活的体现。具体颜色选择主要根据配戴者的视觉喜好、屈光不正性质及与其使用环境状况有关。

一、染色原理

树脂片受热时,分子间隔扩大,染色剂掺入间隙内,而随着树脂的冷却,分子间隔减小,溶于水的染色剂微粒被封入镜片内部,在常温下不会褪色。染色的深度一般为0.03~0.1 mm左右。褪色恰与染色相反,使用褪色剂时,当褪色温度与染色温度差不多或稍高时,将封入的染色剂分子拆出,使镜片脱色。镜片一般不能完全脱色,越浅越易脱色。一般未加膜未加硬的树脂镜片直接染色,必要时镜片可先染色再进行加膜加硬处理。染色的深度将改变镜片对可见光的透光量。ISO国际标准对镜片染色后的透光量分为5级,即0~4级,见表7-1。

表 7 - 1　染色等级

染色等级	透光量从%	到%
0	80	≈100
1	43	80
2	18	43
3	8	18
4	3	8

二、染色颜色调节

　　无论任何颜色都是由色彩三基色组成即红、黄、蓝三种,按适当的比例便可调出不同的颜色。通常颜色为褐、灰、绿色和三原色红、黄、蓝等 6 种。三原色可进行调配,从"红＋黄＝橙"、"红＋黄＝紫"、"黄＋蓝＝绿"的变化,理论上讲可染出任何颜色。一般来讲,对眼睛较有利的色调为棕色、灰色和绿色。染色可以染成单色,也可以染成渐变色,主要取决于戴镜者个人的喜好,有时也和屈光不正的性质有关,比如近视眼戴棕色的镜片视物较清晰,远视眼戴绿色的镜片视物较清晰。而淡黄色的镜片可增加视物的对比度,适合于雾天行驶的驾驶员以及某些低视力者。在雪地环境中,最好的染色镜片是灰色,一方面可以防止雪地反光,另一方面可以增加视物的对比度。镜片根据染色对光谱的吸收分为 5 类,见表 7 - 2。

表 7 - 2　镜片染色对光谱的吸收

1 类	均匀地吸收光谱中的各波长光线
2 类	只吸收紫外线,可见光均匀地透过
3 类	只吸收紫外线和红外线,可见光均匀地透过
4 类	不均匀地吸收光线
5 类	镜片只吸收特殊光谱带光线,常用于职业防护镜

（一）常见颜色镜片的染色作用

　　（1）灰色片:灰色镜片的作用是能均衡吸收任何色谱。因此,配戴灰色眼镜观看景物,景物稍微变暗,但不会有明显色差,感觉看事物时较为真实、自然。

　　（2）茶色片:茶色镜片能滤除大量蓝光,可以改善视觉的对比度和清晰度,通常在多雾天气、污染大的环境下配戴效果好。

　　（3）绿色片:绿色镜片一方面吸收光线,另一方面最大限度地增加到达眼睛的绿色光。所以,配戴绿色眼镜的人,会有凉爽、舒适的感觉。绿色片起到缓解眼睛疲劳的功能,适合眼睛容易疲劳的人士使用。

　　（4）蓝灰片:蓝灰镜片与灰色镜片作用相似,同属于中性镜片,但颜色比灰色片深,吸收更多阳光中的可见光。

（5）水银片：水银镜片表面采用高密度的镜面镀膜。这样的镜片能大量地吸收入射光，而且把入射光反射出去，适合户外、沙滩、雪地运动人士配戴。

（6）黄色片：黄色镜片严格地说，不属于太阳镜片的范畴。因为，黄色镜片几乎不吸收可见光，但其优点在于，多雾环境或黄昏的天色时，黄色镜片可以提高对比度，提供更准确的视像，所以又称为夜视镜，适合驾车人士使用。

（7）装饰片：浅蓝色、浅粉红等其他染色镜片，由于染色材料的特性原因，不吸收阳光中的可见光和紫外线。因此，这些镜片的作用是装饰性高于实用性，适合追求时尚的一族。

（二）染色分类

1. 单色染色

即染一种颜色。方法可以采用直接调配所需颜色染色溶液浸泡染色也可以进行混合染色。混合染色首先将镜片放入一种染色液内，经过一段时间的染色，从染色液里取出镜片，用清水冲洗干净后，再放入另一种颜色，即不是采用混合染液的方法，而且按顺序先后染色的方法，例如染灰色时可混合褐色和蓝色染色液。

2. 渐变染色

即染颜色渐变效果，例如从上到下颜色逐渐变浅。从透射比角度来说，渐变染色镜片是指整体或局部表面颜色按照设计要求变化（透射比也随之变化）的镜片，即镜片上部颜色较深利于遮阳，下部颜色较浅利于观看近处物体。从上到下镜片颜色逐渐变浅，可采用手工或机器方法上下移动确保镜片颜色的渐变。

在选择镜片的染色颜色时，必须要注意色度还原的指数，即通过有色镜片，看不同的颜色的物体时能保持物体原来颜色的色度。这就要求镜片对可见光谱的其他波段的光的透光量相对比较均衡。一般情况下，染灰绿色的镜片在日光照明下对各个可见光波段的光的透光量的减弱是比较均匀的。具体知识可参看相关太阳镜质量检测原理类的书籍。

三、染色工具

染色炉、染色钳、染色粉等。

四、染色步骤

（一）染色前检查

染色之前先检查镜片度数是否准确，有无瑕疵划痕等。确认无误后，用酒精将镜片表面擦拭干净，去除表面堆积物、油污等；也可以先用超声波清洗眼镜后再进行加工。注意：加膜镜片不能染色；如需镀膜镜片，可先染色再向厂家定制镀膜。

（二）染色液配制

先将染色液摇均匀，若染料是粉末状的则按一定比例兑水配制好，然后倒入不锈钢容器中，用清水按1/3的比例稀释，最好用纯净水或蒸馏水，因为自来水中含有各种化学物质和矿物质，其成分与染料不相兼容，会导致染出来的颜色有斑点。

（三）染色过程

待染色炉温度升到 90 ℃～94 ℃时，便开始染色。如果染的颜色是比较鲜艳的，必须确保染料的新鲜度。将镜片利用染色钳夹好，浸入染色液中，根据镜片的硬度及色彩要求，染色时间不定，直到所需染色出现为止。如需要进行颜色叠加，使其出现第三种颜色，注意：从一种染色液到另一种染色液之前，必须用清水将镜片冲洗干净，以防串色。

（四）染渐变色

镜片浸入染色液约 2/3，并在镜片 1/2～2/3 范围内不停地做上下抖动，以确保颜色柔和，避免出现分界、台阶现象。注意：如染有散光的渐进色，需要染色之前确定其轴位方向，并在镜片边缘做好标记，避免染错方向；也可利用上下升降器自动染色。按定时器按钮，镜片在上下升降器的带动下按照一定的升降周期做升降运动，以控制颜色梯度。该类机器同时也可染单色。

（五）染色注意事项

（1）染色完毕后，及时将镜片用清水冲洗干净，将镜片的水渍擦拭干净，最好将染色炉及周边擦拭干净。

（2）染料必须定期更换，不能时间过长，以免影响染色色调（依实际的片数而定）。

五、褪色处理

褪色剂的作用使镜片褪色，一旦镜片染色效果不佳，例如颜色太深或不均匀，可以将染色镜片放入事先配置的，温度在 80 ℃～90 ℃之间褪色溶液内。褪色剂只能使颜色变浅，无法恢复镜片最初的无色状态，注意染色后镜片表面若经过加硬或镀膜处理则无法进行褪色处理。

六、染色镜片的加工

单色染色镜片加工同普通类型眼镜加工工艺流程一致。渐变染色镜片加工若为普通球镜，则加工工艺流程一致。若为散光镜片，在浸泡染色前必须确定镜片加工的基准线，然后在浸泡时使镜片的基准线与染料的液面平行。加工时也以此基准线作为加工水平线进行制作。

第十一节　常见眼镜特殊加工工艺

一、金属镜框的焊接

1. 焊接前接待准备

（1）检查镜框，看是否为焊点脱落，是否可焊；并告之被检者焊上的可能性。

（2）仔细检查镜框的使用情况：有无虚焊、裂痕、严重划伤、大面积的镀层脱落，如果有请先向被检者说明。

（3）识别镜框材质：辨别钛架或普通合金架，钛架对焊接工艺要求、环境要求较高，一般门店无法焊接。

（4）告之配戴者注意事项：例如焊接处及其附近焊接之后会变黑。若焊接时配戴者不愿带走旧镜片，则还需在服务卡上注明镜片情况。

2. 焊前准备

（1）常见焊接部位为鼻梁、鼻托、铰链等焊点。

（2）焊接前必须用细砂纸把焊接面处理干净。金属镜架的断裂，除焊接点焊接缺陷以外，一般两种原因：一是强力断裂，二是疲劳断裂。强力断裂一般伴随镜架的变形，断口一般崭新；疲劳断裂一般无伴随镜架变形，断口一般有新旧区分。用小锉刀将断口及其周围适当区域的污物及氧化层处理干净，以增加焊点的面积及焊接材料的附着力。

（3）焊接前应把眼镜中所有的易燃物品取下，如镜片、鼻拖、半框拉丝及槽丝、脚套。

（4）把焊枪置于平稳的工作平台上，周边不要放易燃易爆物品和商品，焊枪下面应铺湿布，以免发生高温的部件焊落烧伤桌面。

（5）焊接前应用锉刀把之前的焊渣去掉，这样焊接起来比较牢固、不易掉。焊接加热点应置于焊枪外火焰中，因为外焰吸收外界氧气多，温度最高。

3. 焊接步骤

（1）焊点烧红时应上焊膏，注意焊膏不要点入太多，以免影响美观。根据焊点的大小，确定焊膏的量的大小。

（2）将需要焊接的两部分，位置、角度等对正，在焊枪火焰外焰部分加热，待焊膏熔化并在镜架焊接断口铺开包围，保持两部分的相对位置不动，熄灭焊枪火焰，保持原状冷却数秒钟，使焊接点焊接材料凝固。尽量缩短加热时间，尽量减轻镜架变色程度。若双方已经融合一起，焊接部件移开火焰后冷却即可。焊接后可用细砂纸或专用锉刀打磨，将焊接点处理干净，尽量与原镜架形状尺寸一致，必要时可用布轮抛光机抛光，尤其变黑部分须抛磨干净。

（3）将拆卸的零部件重新安装，并进行必要的调整，清洗擦拭干净。

4. 焊接注意事项

（1）焊接点的位置要正确、手的姿势要稳定。

（2）焊膏的用量适当。

（3）注意安全，避免火焰及炽热的镜架伤及人身和皮肤。

（4）焊接面美化处理。

（5）若更换安装铰链、鼻托支架等零件时注意型号和左右方向。

二、塑料镜架焊接

塑料镜架焊接通常以更换铰链等零件为多，使用的工具为电烙铁。

1. 操作步骤

（1）加热电烙铁把损坏零件加热，从而使金属件附近的材料软化，将金属件从镜架塑料中取出。

（2）查找与损坏零件规格型号一致的配件，按原位置、角度、深度，用电烙铁把新零件加热并使材料软化，将维修部件镶嵌在镜架塑料中。

（3）整好零件的安装位置，进行水冷降温。

（4）恢复零件周边变形的塑料表面。

（5）将多余的焊接材料，用专用锉刀处理干净，并将焊点附近燃烧过的黑色残留处理干净，再将焊点附近抛光。

（6）将拆卸的零部件重新安装，对镜架进行调整，最后清洗干净。

2. 操作注意事项

为免温度过高烧焦镜架，应做适当防护遮挡措施，以避免电烙铁接触镜架部分。

三、保护膜（套）应用

通过在金属镜腿加上一层热缩膜作为镜腿保护膜，可以防止镜腿受汗液腐蚀及金属镜腿和皮肤接触产生的过敏现象。该应用适合于镜腿为一定粗细金属且具有短脚套的眼镜。

装入保护膜前，必须彻底清除镜脚上的汗迹和污垢。之后将镜腿加热，伸直后，去除短脚套，根据镜腿粗细程度选择合适型号的保护膜，根据镜腿所需要保护的长度，裁剪保护膜为合适长度，穿入镜架中，加热烘烤，使保护膜紧贴镜腿，不起泡后，装入短脚套，冷却后，将镜架戴在配戴者脸上，保证镜眼距，找出正确的耳上点位置，用烘热加热镜腿跟部，以大拇指为弯曲支承，弯曲镜脚弯点记号，使其与耳上点位置一致，即可安装完成。烘烤加热处理中，必须使保护膜紧贴镜腿，但避免烧焦。

四、超声波清洗

超声波清洗是利用超声波在液体中的空化作用、加速度作用及直进流作用对液体和污物直接和间接的作用，使污物层被分散、乳化、剥离而达到清洗目的。超声波清洗是常用的眼镜加工工艺，同时也是眼镜染色前必备步骤。超声波清洗速度快，提高生产效率，无需人手接触清洗液，安全可靠，对深孔、细缝和工件隐蔽处亦可清洗干净，对眼镜表面无损伤。操作时，将一定量洗涤剂放入超声波清洗机槽内，将眼镜放入，打开旋钮，即可进行清洗。操作过程中注意：

（1）玻璃半框眼镜放置时要注意边缘尽量不要接触机器底边，以免震动损坏。

（2）全框清洗前注意检查镜片加工的是否太小或螺丝是否有松动的现象。

五、PC 镜片加工工艺

随着聚碳酸酯镜片（简称 PC 镜片）在国内产业化生产，PC 镜片的市场占有量大幅增长。PC 镜片因其良好的抗冲击性能作为青少年眼镜验配的首选。加工 PC 镜片需配备磨削 PC 的磨边砂轮和可在 PC 镜片上开槽的开槽砂轮，余抛光、磨安全角、钻孔等工序皆可用传统的树脂镜片加工设备完成。

（一）准备

（1）清洗水槽：保证水质清洁（指采用循环水加工的机器）。PC 的碎屑较粗可利用过滤网过滤。

（2）移心安装吸盘：在 PC 镜片上打吸盘准备磨边的过程与其他材料的镜片一样。避免吸盘在镜片上超过一小时，因为吸盘与镜片表面膜层接触时间过长会对镜片所镀膜层有所损害。一般习惯将小吸盘固定在镜片的光学中心。当所要加工的 PC 镜片的宽度比高度高很多，例如长方形或扁椭圆形，而瞳距又要求移光心时，建议利用偏心模板，将吸盘固定在镜片的几何中心。这样可避免因过度不对称而导致磨边过程中镜片变形，给装镜带来麻烦。

（二）磨片

若磨边砂轮保持锋利，大多数普通磨边设备都可以磨出满意的 PC 镜片。粗磨阶段采用干磨，避免使用冷却液（水）。精磨或抛光阶段可湿磨，因为产生的热量最小。轮式磨边机配上为 PC 镜片设计的粗磨轮可完成 PC 镜片的磨削，注意湿磨阶段的磨削速度一定不能过快。磨边腔室需保持干净，加工过程中，若发现磨轮上有残屑，可用玻璃片或竹筷子清除。磨片过程中若镜片周围有较大块之残屑，可以手辅助取下以方便磨片进行，避免对镜片造成伤害。此外，磨边机需定期清洗，保持清洁。

磨片时，PC 镜片不像树脂镜片那样产生大量粉尘。如果在磨片机下水管末端加装粗滤网或蚊帐布以过滤磨片时所产生的粉屑，则可采用循环水的方式，可以节约水费。如果采用的是无 PC 镜片工艺设定的手动或半自动磨边机，则要在粗磨阶段人工断水，进行干磨。但在细磨进行至最后 1 至 2 转可开启水源加水细磨，这样可保证镜片边缘的光亮。

推荐使用全自动磨边机磨削 PC 镜片，因为通常其磨边系统含有专为 PC 镜片及防水膜镜片设计的磨边程序，同时也配有 CR‐39/PC 皆可使用之钻石轮。镀膜镜片上吸盘磨边前使用表面保护胶纸，可以起到防刮花的预防措施，还有助于防止镜片在磨边时滑动，减少在磨边时吸盘给减反膜镜片带来过多的压力。如果吸盘的压力过高，镜片会在磨边时弯曲，从而引起镜片的膜层龟裂。注意，在贴保护胶纸之前，要确定镜片的表面是否干净。同时还需要注意以下事项。

（1）确保干磨：PC 镜片应该干磨，细磨最后两圈时加水（使镜片边缘光滑）。磨制过程中，应随时清除边缘碎屑，以免伤到镜片。

（2）注意散热：高光度及小架圈镜片加工时，手抬机头，减小压力，注意在细磨前散热（在直接供水时尤为重要）。有些特别高光度及小架圈在粗磨过程中应停机数次，散热。有时停机后向粗砂轮加注冷水，以利散热。

（3）注意清洗砂轮：由于 PC 属黏性材料，镜片加工完毕后，用竹筷子在砂轮上磨几圈，清除粘在砂轮上的细渣。每次加工前应清洗吸头，保持清洁。

（三）抛光

全自动磨边机自带抛光功能，其抛光效果完全可以满足要求。值得注意的是，在抛光前或抛光过程中，为避免前一道工序留下的碎屑在抛光时被压在镜片边缘而影响美观，用带直边的塑料铲或废镜片将易清除的碎屑刮掉。

如用半自动磨边机，则需要用独立的自动抛光机，建议采用慢速度小压力的干抛光。与一般 CR‐39 抛光方式相同，须使用较软、较细的抛光布料。抛光轮应选用细布轮，应修整布轮保持表面平整。抛光膏应选用白色的。额外增加的热度能减少镜片的尺寸和随着时间变化而引起边缘破裂。抛光前，可以先用细砂纸把难抛之处打光，再使用比 CR‐39 慢的速度及较小的用力进行抛光；抛光时镜片与布轮接触力度不宜过大，应使镜片边缘与布轮表面处于半接触状态，避免过热会切除有用的镜片。禁止在 PC 镜片上用化学抛光方法，以免化学制剂溶解 PC,损坏镜片。

(四) 磨安全角

磨边后,建议在镜片的两边各倒一个 45°约 0.05 mm 大小的轻度斜角,除具有一般磨安全角的优势外,同时减轻了因磨边带来的内应力。如果采用干法磨安全角,即无水模式下,则倒角废屑可以很容易地去掉,也可以用带直边的塑料铲甚至指甲刮掉,或者在一个抛光轮上轻轻磨掉;但不可以用刀片刮除,以免刮伤镜片。

(五) 开槽

某些全自动磨边机具有开槽、倒边的功能,但不建议用来做相应的 PC 镜片加工。如果想要利用该方式,则需要在加工过程中注意相关事项。例如有些全自动磨边机在 PC 镜片上开槽时,会重复两次以便槽开得更干净。第一次开槽后进行抛光再做第二次开槽。为避免第一次开槽留下的碎屑在抛光时被压在镜片边缘而影响美观,建议在第一次开槽时,用带直边的塑料铲或废镜片将易清除的碎屑刮掉。若开槽后,沟槽中仍然残留有碎屑,可使用金属针伸入沟槽内清除,也可利用专门用来清理 PC 镜片开槽的开槽修边器(由活动螺丝刀把装上特殊形状的刀片组成)进行操作。

建议使用独立的自动开槽机做 PC 镜片的开槽,使用方便,槽位灵活,只需配备高质量的开槽砂轮。用于 PC 镜片开槽的砂轮比普通开槽砂轮要粗糙,也可考虑用带缺口的开槽砂轮。同磨边一样,PC 镜片开槽也不能有水。开槽之前按照加工无框架的方法加工,在开槽时先不加水开一圈,再加水开一圈以减少开槽时镜片留下的白色残留物。

(六) 打孔

热量与应力是镜片钻孔工艺的困扰因素。尽管 PC 镜片对于普通片而言,不易产生裂纹甚至断裂,更加适合配装无框眼镜,但在钻孔过程产生过多的热量会使任何镜片材料变形、烧焦、熔化等。只要正确使用工具、操作得当,PC 镜片上钻孔会是干净、光滑、无变形、无裂纹、无碎片的。

无论是用自动的还是手动的钻孔机,为了避免过热,首先要选择一个锋利的钻头。PC 镜片钻建议选择碳化钻头,因为钻头如果过钝会产生过多的热量破坏镜片(如熔融),使钻孔比钻头大许多。其次,钻孔过程中避免重压钻头以减少热量。最好不要试图一次钻透,而应分几次钻。

决定钻孔位置后,用镜框再次检查孔位是否正确。标位用的镜片笔要软而尖以便标定及测量准确。尽管 PC 镜片材料较一般树脂片材料强度高,不易断裂、崩边,但 PC 镜片钻孔后也建议利用钻孔修边器(由活动螺丝刀把装上锥形砂轮组成)等工具将孔和槽边缘修成圆角,防止镜片在配制或使用中出现裂片现象。

(七) 装配

装配镜片时,要考虑将内应力降到最小。过大的内应力会导致镜片膜层龟裂。镜片与镜框大小不合容易产生内应力。如果镜片的尺寸过大的话,应在精磨轮上做修正。把装有镜片的镜框放置在应力仪(即两片偏光片之间)下可清楚地观察到镜片中应力集中的地方。

及时按照结果进行修整,为了便于操作,加工完毕,应不急于取下吸盘,确定镜片装配合适后再取下。

(1) 全框金属架:镜片大小要与镜框大小一致,不宜过紧。注意架圈弧度与镜片弧度尽量一致。注意螺丝松紧要适中。

(2) 半框镜架:先不加水开槽1～2圈,然后加水后再开1圈以上即可。开槽后再注意清理开槽机上渣子,半框镜架的拉丝不宜过紧。

(3) 无框镜架:注意孔位一致、吻合,不宜过紧。清除孔边上的毛渣。孔与镜架边缘距离合适,切忌强行安装,避免日后应力过大造成孔裂崩边。无框眼镜,锁螺丝处如果可能建议加上垫片。螺丝不要拧得太紧,从而减少镜片的内应力。

(4) 塑料镜架:镜片不宜过大,加工过程中,避免直接加热镜片,不要强行安装。注意镜片大小适中。必要时,先模拟整个装镜过程,以免失误。遵守装配塑料镜框需预热镜框的原则,以免造成镜片中心部位的过大变形,否则有发生减反射面膜龟裂的可能。

(八) 检测

除常规表面质量和加工质量检测之外,需用偏光仪检查装配应力是否合适,装配应力不宜过大,尤其打孔装配处。

六、前挂偏光套镜加工流程

(一) 加工原理

前挂式(clip-on)眼镜是指在一副眼镜前面装上一个前挂。这个前挂装置可以换成不同的棱镜屈光度或是有色的附加镜片、不同的度数,远用或近用加入度。前挂偏光套镜是在原矫正眼镜的基础上,加入一偏光镜,使用方便,需要时放上,必要时可摘下。该法的优点是无需定做带有度数的偏光矫正镜片,价格经济实惠,大多数镜架可以外挂套镜。

(二) 加工流程

1. 磨片

加工偏光镜片时,避免摘掉镜片保护膜(以免加工时划伤镜片),按照被检者镜框形状磨边,磨边时要比被检者镜片直径大1～1.5 mm,磨边时可以加水。

2. 外挂架调整及镜片安装

(1) 调整两侧延臂,使两侧延臂与被检者镜架内侧镜圈形状一致,并且对称。

(2) 将外挂镜架挂到镜框上,将磨好的镜片与之比较,在需打孔的位置上用记号笔做标记,使镜架与镜圈吻合。

(3) 注意镜片打孔时孔不要过大,以螺丝正好通过为宜,打孔后要将孔边缘清理干净,清理时用力不要过大。

(4) 首先将外挂镜片固定好,螺丝不要拧紧(需加垫圈),将外挂镜安装到镜架上,调整好镜片位置之后,最后将螺丝拧紧。

(5) 安装镜片时一定注意外挂延臂对称,以保证外挂镜片位置对称。

(6) 调整外挂镜平整度和外形参数,最后去除保护膜,如图7-40所示。

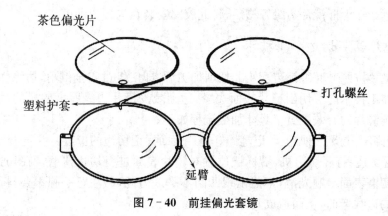

图 7 – 40　前挂偏光套镜

七、镜片美容加工工艺

为满足人们对眼镜的装饰性和个性需求的追求,满足眼镜与服饰和环境等搭配,眼镜行业需要眼镜美容加工工艺改造传统眼镜,在不丧失专业性基础上,增加其美感。镜片美容加工工艺可以提高眼镜的档次和附加值,表现配戴者的个性。镜片美容加工工艺主要包括如下几个内容。

(一)镜片个性贴花、镶钻

用镊子夹取选用适合的贴花直接贴在镜片表面的适当位置即可,用布擦拭或用水洗都不会脱落褪色。同时加工中可以考虑配合镶钻工艺,以更好的突显加工特色。也可根据镜架的风格、镜片的片形等,选用不同颜色和大小的宝石,从而镶嵌出不同的花样,以符合配戴者个性需求。

(二)镜片染色

镜片的色彩能够给使用者带来不同的美感和心理体验。染色除常规染色(见本章第十节),还包括除涡圈染色工艺。其目的为减少镜片周边入射的散射光,从而使涡圈看起来减少,起到美观作用。涡圈染色主要对普通树脂镜片、加硬片、镀膜片周边进行处理。具体做法可以将平底容器内放入染色液,用机械或人工方法以镜片中心为轴,转动镜片,使镜片周边均匀染上一层薄颜色,由于是周边染色,液面不能太深。除涡圈染色工艺也可以利用各种染色笔将镜片周边染上深色。只需用一根或两根特制的染色笔在镜片边缘轻轻涂抹,即可赋予镜片五颜六色的亮彩。如果需要褪色操作,需用特制的褪色笔或甲醇轻轻擦拭,即可恢复镜片本来的面目。具体操作方法如下。

(1)全框眼镜:在镜片边角涂抹颜色,与镜架镀层颜色相衬,使眼镜呈现特别的光彩。

(2)半框眼镜:在镜片边缘用一种颜色涂抹,或在镜片沟槽两边分别涂上两种颜色。

(3)无框镜架:若镜片较厚,或女性佩戴,在镜片倒角两边分别涂上两种不同的颜色。

(三)五彩硅胶圈装饰工艺

对于无框镜架,可采用五彩硅胶圈进行装饰。常见胶圈有五种颜色:宝石绿、紫色、蓝色、红色、黑色。在无框镜片边缘开槽后,将硅胶圈安装在沟槽内即可。

（四）镜片钻石切边加工技术

高度负镜片按照普通眼镜装配工艺切削加工后,即使经过安全倒角,边缘依然较厚。镜片钻石切边加工技术能够切削镜片表面边缘,达到减少镜片边缘厚度的目的,增加美观性,但该法会影响镜片的有效视野。具体加工流程如下。

（1）标记切边位置:用加工印记笔做好镜片表面标记切边的位置。

（2）研磨切边:打开切边机,沿标记位置对镜片表面进行切边研磨。在切边研磨时,要保证镜片的切磨表面平顺光滑,不能出现凹凸不平。为此,需注意手腕不要抖动,因为抖动会造成切边的边线弯曲,从而造成其外观欠美观。

（3）精磨:镜片切边后,用细砂纸研磨,过程中需要注意保持手腕的平稳,避免抖动,对镜片切磨表面进行慢慢的、轻轻的打磨。操作过程要求非常细致,需要长时间的练习才能熟练掌握。这一过程的练习,可以尝试用锉刀缠上细砂纸对镜片切边表面进行轻轻的修锉、打磨,此时,需要注意使砂纸全面接触镜片切面,以保证该切面的平整光滑。

（4）抛光:利用抛光砂轮和抛光膏对镜片切面进行抛光处理。过程中全面接触镜片切面,这样才能抛出光滑、细致的切面。此外,须格外注意,对高折射率镜片($n=1.67$ 以上)表面进行抛光时,一定要用比较低的速度抛光打磨,因为转速过快容易导致抛糊镜片。另外,手腕的角度要固定,以便抛光时能够全速接近切面,才可避免边线发生弯曲,最终抛出顺滑的直线。同时,还要注意避免手腕上下抖动,从而使切面和剖面完全吻合。完成上述操作后,还需反复检查、确认,直到满意为止。

八、金属镜架美容工艺

金属镜架美容工艺同样也可以满足配戴者个性化的需求,其主要包括以下内容。

（一）镀层修补涂料

混合型镀层修补涂料既可以用于修补彩色金属镜架,也可以用做基色涂料,还可以进行稀释、混色,轻松地进行微妙的颜色调整。因此,修补涂料不仅是简单意义上的颜色修补,还是金属镜架的美容"化妆品"。混合型镀层修补涂料具有毛刷细、涂刷量少、涂刷外观效果佳等多种优点,因此可以涂刷镜架全身,改变镜架外观,从而达到修饰美容的效果。选择合适的混合型镀层修补涂料,用毛刷蘸取少量涂料直接涂刷镜架需修补处或镜架全身。风干后,若镜架涂刷表面无光泽,则可用抛光涂料再次涂刷,即可表现金属光泽。

（二）装饰腿套、脚套

装饰腿套颜色丰富、柔软舒适,不但可以防止使用者对金属的过敏反应,还可以起到装饰眼镜镜腿的作用。脚套具有多种图案颜色,可根据眼镜整体美容效果的需要,配合装饰腿套,套上合适的装饰脚套。

（三）独特装饰眼镜链

根据服饰、发饰、整体风格,搭配靓丽的眼镜项链可以增加配戴者的风采。

第八章 眼镜整形与校配

第一节 眼镜整形

一、眼镜整形基础

完成割边、装配的镜架需要再行调整。镜架的调整在于改变镜架的某些角度或者改变某些部件的相对位置,以满足配装眼镜标准的要求或配戴者的要求。镜架的调整工作包括整形和校配。所谓整形,一种情况如眼镜架在出厂前,需要按照国家标准的要求进行调整;再有如配装眼镜在加工完成后也需要进行调整,以恢复由于配装过程产生的变形,使其符合标准要求的尺寸和角度。由于使用不当或受外力破坏,根据配戴者头部、面部的实际情况以及配戴后的视觉、心理反应等因素而进行的针对性调校则为校配。

整形需要专门的工具以及相关设备,如整形钳、烘热器等。眼镜整形的一般顺序由前向后,由鼻梁、镜圈、鼻托、镜腿、脚套顺序进行。选择合适的整形工具或设备是进行安全、有效的眼镜整形的基础。整形的总体要求:分析准确、工具得力、防护得当、结果精美。

具体的整形要求包括:镜架镜面角 170°～180°;左右镜圈前倾角一致,约为 8°～15°;镜腿外张角相等,约为 80°～95°,并左右对称;双侧镜腿弯点长、垂俯长、垂内角相等;调整鼻托,使左右鼻托对称,高度、角度及上下位置适中;调整完成的镜架要求满足张开镜腿正向平放、反向平放四点均接触平面;合拢镜腿,相互平行相叠,或者仅有极小的夹角;左右身腿倾斜角偏差不大于 2.5°。

调整过程中需要特别注意的是,调整钳的金属部分接触镜架时,要加垫防护布或者塑料护套,防止镜架损伤。

二、整形工具及使用

1. 烘热器

烘热器有多种形式。常见立式烘热器的外形和结构如图 8-1 所示。烘热器通电后发热,小电扇将热风吹至顶部,热风通过导热板的小孔吹出,温度在 130℃～145℃。烘烤镜腿,上下左右翻动使其受热均匀,根据调整需要加热并不停翻转镜架。烘热器主要用于塑料镜架的装片和卸片过程及塑料镜架的调整,同时也可用于眼镜防过敏套的安装。

2. 整形钳

(1) 圆嘴钳:用于调整鼻托支架。圆嘴钳及其使用见图 8-2 所示。

图 8-1　烘热器

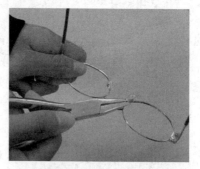

图 8-2　圆嘴钳及其使用

（2）托叶钳：用于调整托叶的位置角度。托叶钳及其使用如图 8-3 所示。

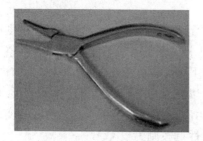
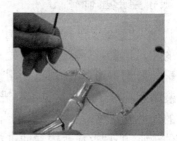

图 8-3　托叶钳及其使用

（3）镜腿钳：用于调整镜腿的角度。镜腿钳及其使用见图 8-4 所示。

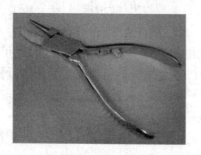
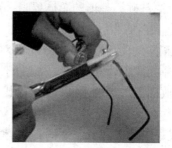

图 8-4　镜腿钳及其使用

（4）鼻梁钳：用于调整鼻梁位置。

（5）平圆钳：用于调整镜腿外张角。

（6）螺丝刀、拉丝专用钩：拉丝专用钩用于半框架卸拉丝，如图 8-5 所示。

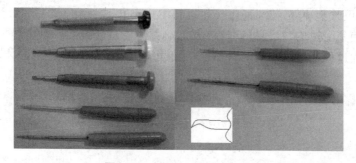

图 8-5　螺丝刀、拉丝专用钩

（7）螺丝紧固钳：用于夹紧、锁紧螺丝。

（8）无框架螺丝装配钳：用于无框镜架装配。

（9）切断钳：用于无框镜架螺丝切断。

（10）框缘调整钳：用于镜圈弧度调整。框缘调整钳及其使用如图8-6所示。

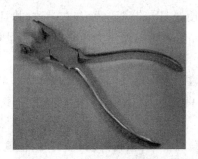

图8-6　框缘调整钳

整形钳在很多时候是单把使用，特殊情况需要用两把整形钳来调整镜架的某些角度，如图8-7所示。

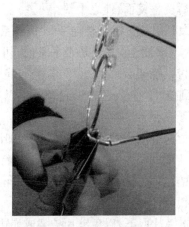

图8-7　整形钳的组合

整形工具使用时不得夹入金属屑、沙粒等。用整形钳时，最好包裹镜布一起使用，以免整形时在镜架上留下疵病。用力过大会损坏眼镜，过小不起作用，故必须在了解镜架材料特性的基础上多多练习，熟能生巧。

三、配装眼镜的整形

1. 配装眼镜的整形要求

（1）配装眼镜左、右两镜面应保持相对平整。

（2）配装眼镜左、右两托叶应对称。

（3）配装眼镜左、右两镜腿外张角80°～95°，并左右对称。

（4）两镜腿张开平放或倒伏均保持平整，镜架不可扭曲。

（5）左右身腿倾斜角偏差不大于2.5°。

2. 整形操作步骤

（1）镜面调整：金属镜架或塑料架板材架用烘热器烘热后，用手调整使左右两镜面保持相对平整,用平口钳及鼻梁钳调整使金属架的左右两镜面保持相对平整,使镜面角调整在170°～180°范围内。

(2)鼻托调整:用圆嘴钳调整鼻托支架使左右鼻托支撑对称。用托叶钳调整托叶,使左右托叶对称。

(3)镜身镜腿的调整:用平口钳、镜腿钳使镜身与镜腿位置左右一致,并且左右身腿倾斜角偏差小于2.5°。用镜腿钳弯曲庄头部分,使镜腿的张角为80°～95°(用量角器测)并使左右镜腿对称。弯曲镜腿,使左右镜腿的水平部分长度和弯曲部分长度基本一致,镜腿弯曲度也一致。两镜腿张开平放于桌面上,左右镜圈下方及镜腿后端都接触桌面,可调整镜身倾斜度及镜腿弯曲来达到。两镜腿张开倒伏于桌面上,左右镜圈上缘及镜腿上端部都与桌面接触,可调整镜身倾斜度来达到。

(4)镜腿调整:左右镜腿收拢,镜腿接触镜圈下缘,左右大致一致。调整镜腿的平直度,使镜腿收拢后放置桌面上,基本平稳,正视时,左右大致一致。

3. 注意事项

(1)镜面扭曲时,可先拧开螺钉,取下镜片用镜框调整钳调整镜圈形状,使之左右对称,装上镜片后镜圈不再扭曲,然后调整镜面,使之平整。

(2)身腿倾斜调整,差别大时用调整钳调整,差别小时用手弯曲调整。

(3)镜腿张开平放和倒伏于桌面上,检查是否平整时,可用手指轻轻压相应位置的上部,如无间隙存在,镜架不动,否则镜架会跳动。

(4)调整时,尽可能逐步到位,不宜校正过大再校回来,以免损坏镜架。

(5)整形时,工作台面应清洁,无砂粒等。

(6)玳瑁材质容易干裂,尤其不能硬性操作,要用热水加温或用微火烤灯慢慢加热,然后进行校正,整形之后最好抹上龟油,防止镜架干裂。此类特殊材料的镜框一般价格比较贵,且材质特性需要掌握特殊的操作方法,按照要求进行整形,不能硬性操作,尽可能利用手操作,以控制操作力度和保护镜架。

(7)校正难度大时,最好将镜片取下,以免镜片破裂或崩边。

四、半框、无框眼镜的整形

半框、无框眼镜由于镜片本身结构原因,镜片周围没有镜圈的保护,调整时镜架所承受的外力会直接作用于镜片上;而镜片由于打孔或开槽造成强度降低,在配装中都需要严格认真的进行其中的任一环节,包括整形。由于半框眼镜拉丝松动、无框眼镜孔松动,常常会引起镜架变形,所以在观察分析下列情况之前需要紧固螺丝或拉丝。

1. 整体外观检查

装配镜片以后,首先要检查整体外观,检查镜片打孔位置是否合适。镜片打孔的位置往里或往外,会对矫正整形带来一定困难。另外,要观察镜片里外面的弧度,弧度的变化对镜腿的角度有一定影响。

2. 两镜片位置检查与调整

整体观察两镜片是否在一条线上,如果不在一条线,一片靠前,一片靠后,首先检查螺丝是否牢固,如果牢固,检查鼻梁处是否有扭曲,用专用工具扭动鼻梁,将镜片调成一条线。

3. 外张角检查与调整

检查无框镜架镜腿向外张开的张开角时,先看镜片是否往里弯,如果往里弯需要调整鼻梁;如果镜片不往里弯,但两镜腿张开不够宽,就需要调整外张角。

4. 镜腿检查与调整

当把眼镜放在桌上时,镜腿不能同时放置于桌面,需要将镜片上的螺丝调松,使镜腿移到平行的位置,再将螺丝上紧到合适的位置。调整过程中,根据镜片的厚薄,确定用力大小和方向。对于无框镜架,由于孔的应力存在,必要时需要先卸下镜片,然后再调整。

第二节　眼镜的校配

一、眼镜校配基础

将合格眼镜根据配镜者的头型、脸型特征及佩戴后的视觉和心理反应等因素,加以适当的调整,使之达到舒适眼镜要求的操作过程称为眼镜的校配。

合格眼镜为严格按配镜加工单各项技术参数及要求加工制作(或成镜)的能够通过国家配装眼镜标准检测的眼镜。眼镜校配的主要目的是把合格眼镜调整为舒适眼镜。

舒适眼镜的基本要求包括:视物清晰、佩戴舒服、外形美观。

视物清晰需要以下参数的正确来保证眼镜的屈光度、棱镜度正确,如镜眼距为 12 mm,正确的倾斜角约为 $8°\sim15°$。

佩戴舒服首先为无视觉疲劳,与以下几个因素相关:① 配镜者视线与光学中心重合;② 正确的散光轴位、棱镜基底方位;③ 像差少的镜片形式。

佩戴舒服同时也包括配戴者使用无压痛感,这与下列因素相关:① 镜脚长度、弯曲度与耳朵相配;② 鼻托的间距、角度与鼻梁骨相配;③ 镜架的外张角、镜脚的弯曲与头型相配;④ 耳、鼻、颞部无压痛。

外形美观与以下几个方面良好的配合相关:① 镜架规格大小与脸宽相配;② 镜架色泽与肤色相配;③ 镜架形状与脸型相配;④ 镜片与镜架吻合一致,左右镜片色泽、膜色一致;⑤ 眼镜在脸部位置合适,左右对称性好;⑥ 用校配弥补佩戴者脸部缺陷。

眼镜的制作按国家配装眼镜标准进行,装配后虽有整形,但仅仅为后台加工中未直接面对使用该眼镜的配戴者所进行的。要使配镜者达到满意的佩戴效果,就必须根据每一位配镜者头部、脸部的实际情况进行调整。

眼镜校配术语简介如下。

(1) 外张角:镜腿张开至极限位置时与两铰链轴线连接线之间的夹角,一般约为 $80°\sim95°$。

(2) 倾斜角:镜片平面与垂线的夹角,也称前倾角,一般为 $8°\sim15°$。

(3) 身腿倾斜角:镜腿与镜片平面的法线的夹角,也称接头角。倾斜角与接头角数值上相同,但概念完全不同。

(4) 镜眼距:镜片的后顶点与角膜前顶点间的距离,$d=12$ mm。

(5) 镜面角:左右镜片平面所夹的角,一般为 $170°\sim180°$。以上定义如图 8-8 所示。

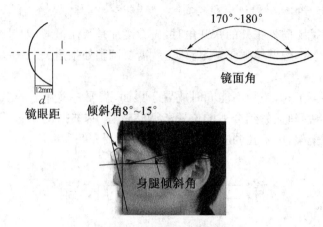

图 8-8 眼镜校配名词术语

（6）颞距：两镜腿内侧距镜片背面 25 mm 处的距离。

（7）弯点长：镜腿铰链中心到耳上点（耳朵与头连接的最高点）的距离。

（8）垂长：耳上点至镜腿尾端的距离。

（9）垂俯角：垂长部分的镜腿与镜腿延长线之间的夹角。

（10）垂内角：垂长部镜腿内侧直线与垂直于镜圈的平面所成的夹角。

二、眼镜校配项目

通过观察配戴者戴上眼镜后的状态，并听取配戴者关于眼镜舒适程度的描述后，对眼镜配戴问题进行分析归纳。常见眼镜校配项目分析如下。

1. 眼镜位置过高、过低

（1）检查方法：根据眼镜光学与生理光学和眼镜美学的要求，眼镜在脸上的高度，一般以眼睛下眼睑与镜架的水平基准线相切为好。

（2）原因分析：主要原因是鼻托中心高度、鼻托距、镜腿弯点长不合适。例如鼻托中心高度过高，鼻托间距过大，镜腿弯点长过长等会使眼镜下滑，产生眼镜位置过低现象；鼻托间距过小，鼻托中心高度过低等会使眼镜上抬，产生眼镜位置过高现象。

2. 镜框水平度倾斜

（1）检查方法：以镜架的左右眉框与眼睛或眉毛的距离是否一致来判断。

（2）原因分析：① 左右身腿倾斜角大小不一致；② 左右镜腿弯点长不一致（弯点长较短的一边要上抬）；③ 左右耳朵的位置有高低。

3. 眼镜框向一边偏移

（1）检查方法：一般根据左右鼻侧镜框边与鼻梁中心线的距离是否一致来判断。

（2）原因分析：① 左右外张角大小不一致；② 鼻托位置发生偏移；③ 左右镜脚弯点不一致。

4. 颞距过小、过大（即颞侧较紧或较松）

（1）检查方法：颞距过小时，镜腿对颞部（太阳穴附近）产生压迫，佩戴者感觉不适；颞距过大时，则镜架在脸上不易固定，容易滑落。

（2）颞距过大、过小的原因分析：① 外张角过大、过小；② 镜脚弯度不合适。

5. 眼镜片与睫毛相接触(即镜眼距过小)

(1) 检查方法:戴镜者镜片与睫毛相接触,会引起不舒服感,同时会造成镜片沾染油污,所以当镜片内表面睫毛位置处有油污,则表明镜片与睫毛有接触。

(2) 主要原因:① 鼻托高度过小,使镜眼距过小;② 镜脚弯点长过小;③ 镜架水平弯曲度(镜面弯曲)不合适;④ 睫毛过长。

6. 镜腿尾部与耳朵、头部的相配

通过翻下上耳廓,观察镜腿的弯点与耳上点的位置是否重合判断是否相配,同时从头部后方观察,镜脚的尾部与头部内陷的乳突骨的接触是否相适宜。若弯点长过短,耳朵后侧会产生压痛。弯点长过长则眼镜易滑落。镜腿垂长部分的曲线应与耳朵后侧的轮廓曲线相适宜,使镜架垂长压力沿耳朵均匀分布,若两者曲线不相适宜,则产生了局部压迫。

7. 鼻托的角度、对称性、高度等因素引起的鼻部局部接触产生的压痛

若有压痛产生,可主要检查鼻托叶面是否鼻梁骨全部接触。鼻托的角度与鼻梁骨角度不符,例如两鼻托高低不同、鼻托的斜角有问题,使托叶面与鼻梁局部接触等易导致压痛。

三、金属眼镜架的校配

金属眼镜架校配的重点是鼻托和身腿倾斜角、外张角的钳整,镜腿弯点长度和垂长弯曲形状的加热调整。金属眼镜架校配的难点是鼻托与鼻梁的相配,镜腿垂长部与耳朵、头部乳突骨的相配等。

1. 外张角的调整

(1) 一手握圆嘴钳,钳在桩头处,做辅助钳,固定不动,保护桩头焊接处牢固。

(2) 另一手握圆嘴钳,做主钳,钳在如图 8-9 所示的位置,向外扭腕增大外张角,向里扭腕减少外张角。

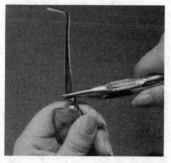
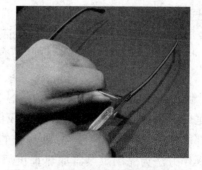

图 8-9　调整金属镜架外张角　　　　　图 8-10　调整金属镜架身腿倾斜角

2. 身腿倾斜角的调整

(1) 一手握整形钳,钳在桩头处做辅助钳,固定不动,保护桩头焊接处牢度。

(2) 另一手握整形钳,钳在镜腿铰链前(尽量靠向辅助钳保证弯曲时铰链不受力)做主钳,向上扭腕减小身腿倾斜角,向下扭腕增大身腿倾斜角,如图 8-10 所示。

3. 鼻托间距的调整

(1) 一手持镜架,拇指与食指分别捏住镜圈的上下方。

(2) 另一手持整形钳,钳住托叶梗下部向鼻侧扭腕,缩小间距;向颞侧扭腕,扩大间距。

(3) 在鼻托间距调整好后,用整形钳住托叶梗上部近托叶面处,按需扭腕,保证托叶面

与鼻梁骨的合适角度,如图 8-11 所示。

4. 鼻托中心高度的调整

(1) 一手持镜架,另一手握整形钳夹住托叶。

(2) 鼻托钳往下拉,鼻托中心高度下移,镜架朝上移动。

(3) 鼻托钳住上送,鼻托中心高度上移,镜架朝下移动。

5. 左右鼻托位置不对称的调整操作步骤

(1) 一手持镜架,另一手握整形钳,钳住要调整的托叶梗下部。

(2) 向正确鼻托位置方向扭腕。

(3) 再用整形钳,钳住托叶梗上部,将托叶角度弯曲到与鼻梁骨相配的所需角度。

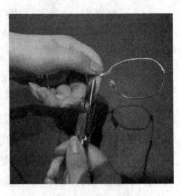

图 8-11　鼻托间距的调整

(4) 一个托叶完成后,再换另一个,动作如前。

6. 鼻托高度、角度的调整

(1) 一手持镜,另一手握鼻托整形钳,钳住托叶。

(2) 增大鼻托高度的操作步骤:① 鼻托钳朝外拉,增大鼻托高度;② 鼻托钳转动一个角度,使托叶角度与鼻梁相适应。

(3) 减小鼻托高度的操作步骤:① 鼻托钳朝里推,减小鼻托高度;② 鼻托钳转动一个角度,使托叶角度与鼻梁相适应。

鼻托角度的调整:一手持镜,另一手握鼻托整形钳,钳住托叶,按需转动鼻托钳调整前角、斜角、顶角使托叶面与鼻梁骨相适应。

7. 镜腿弯点长的调整

(1) 先用烘热器,加热垂长处脚套防止弯裂。

(2) 把垂长弯曲部伸直。

(3) 冷却后把镜架戴在配戴者脸上,保证镜眼距,找出正确耳上点位置,做好记号。

(4) 用烘热器加热垂长部,以大拇指为弯曲支承,弯曲镜脚弯点,记号处使其与耳上点位置一致。

8. 镜腿尾部的复合弯曲的调整

镜腿尾部(垂长部)的三种弯曲类型:A 保证垂长的前部与耳壳廓形状一致,B 使垂长的中部与头部乳突骨凹陷形状一致,C 使垂长的末端向外弯曲不压迫头部。

具体操作方法为先用烘热器加热垂长部,防止塑料脚套弯裂;然后一手持镜架,A、B、C弯曲,以另一手大拇指为弯曲支承,食指和中指施力滑动,保证弯曲效果。

9. 金属眼镜架校配的注意事项

(1) 操作时,认真体会各种材料回弹性能,以确定合适的操作力度。握钳用力不能过大,以免在镜架外表面上留下压痕,影响美观。只要钳口能插入,应尽量用装有塑料保护块的整形钳。

(2) 焊接点处,最好用辅助钳保护,以防焊点断裂。

(3) 只要钳口能插入,应尽量用装有塑料保护块的整形钳。

(4) 身腿倾斜角、外张角调整时,铰链不能受力。

(5) 禁止脚套不加热弯曲,防止脚套断裂;但脚套不能过度加热,防止塑料熔融变形。

四、塑料眼镜架校配

塑料眼镜架校配重点是外张角、身腿倾斜角、弯点长、垂长弯曲形状的加热调整。

1. 外张角调整操作步骤

（1）锉削增大外张角，当外张角过小或戴镜者头大，颞距不对时，用锉刀锉削镜脚的接头处，到符合要求的外张角为止。

（2）用加热方法，增大或减小外张角。

① 用烘热器对镜架桩头加热，使其软化。

② 增大外张角：一手持架，另一手握镜腿，慢慢向外扳开所需角度。

③ 减少外张角：一手持架，另一手的食指、中指抵在内表面眉框处作支承，大拇指在镜架外表现桩头处向里推至所需角度为止，如图8-12所示。

2. 身腿倾斜角的调整操作步骤

（1）用烘热器加热软化塑料架桩头。

（2）一手持架，另一手捏住镜脚，向所需方向扳扭至合适角度为止，如图8-13所示。

 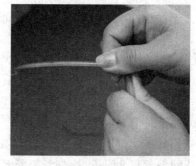

图8-12　调整塑料镜架外张角　　　图8-13　调整塑料镜架身腿倾斜角

3. 弯点长、垂长弯曲形状的调整操作

此操作与金属架同类的操作完全相同。

4. 塑料眼镜架校配的注意事项

（1）塑料架的校配，尽量不用整形钳，以免留下印痕。

（2）加热前应充分了解该镜架材料的加热特性，以免失误造成毁架，影响声誉。

（3）塑料架若装有活动鼻托，则与金属架鼻托调整方法相同。

（4）加热时，注意安全，不过热，保护手指皮肤不被烫伤。

总之，眼镜校配时，首先进行外观观察是否符合技术要求；然后观察戴镜者脸的形态，如鼻梁高低、眼眉是否对称、耳朵高低、脸形宽窄等情况；而后再行试戴，在试戴过程中，发现不适之处，根据配镜者脸型进行校配。校配包括调整两镜腿的宽窄与脸的宽窄相吻合，调整鼻托的高低与鼻梁相吻合，调整镜腿的长短与眼至耳朵的距离相吻合。校配过程中注意保持合适的镜眼距，如配镜者的脸形特殊，一耳朵靠前、一耳朵靠后、一眉毛高、一眉毛低等不对称现象应进行必要的调整，同时要婉转的向配镜者说明情况。

无框眼镜校配时，如眼镜比较高档，不要硬性调整，根据需要松开螺丝、卸下镜片，校配好后再检查一下两镜片是否松动，使用管套拧紧螺钉。嘱配镜者，双手摘戴眼镜，以免使镜架变形,镜片破裂。告知配戴者擦洗镜片时用手捏镜片边,不要捏眼镜框,以防螺丝松动。

五、双光眼镜的校配

对新配双光眼镜首先进行外观观察,在确定符合技术要求后戴上眼镜开始面部校配。校配以尽可能符合戴镜者的要求为准。校配之前必须检验相关参数:① 远用屈光度,在焦度计上测出左右眼镜片的屈光度;② 确定光学中心,测量光学中心的距离是否符合要求;③ 测出近用屈光度,是否与验光单一致;④ 子片的距离即右子片的外侧到左子片的内侧的距离是否符合戴镜者的近用瞳距;⑤ 用尺测量子片的高度,子片的宽度和形状与订片是否一致。校配除普通镜架常规校配项目外,主要考虑子片位置的校配:首先观测左右眼子片高度的位置,左右眼是否对称,如果有高低差异可以通过鼻托和镜腿来调整。左右高低调整平整后,观测子片顶离下睑缘的距离。如果戴镜者以近用为主,子片顶可以达到下眼睑齐平的高度;如果戴镜者以远用为主,子片顶可以调低一些,低于下眼睑 2~3 mm,这样在走路时子片对远用视力的影响小一些。调整主要是通过鼻托,由于调整的高低量不大,测量时应该考虑到戴镜者的使用要求,从而加工之后,子片高度加工比较正确。

校配时,如果戴镜者初次戴镜,则必须要求其学习如何使用双光镜片。特别是要求戴镜者在走路或走楼梯往下看时,必须将头都低下从镜片的上部看下面,否则若通过镜片的子片部看下面,则会模糊。

六、渐进多焦镜的校配

1. 校配程序

(1) 因加工时镜架可能会有一些变形,因此在配戴者戴镜之前,先对前镜面鼻梁、托叶和镜腿等进行校配。此时渐进多焦镜上的标记应该保留。

(2) 让配戴者戴上眼镜,检查者与配戴者相距 40 cm 左右,并双眼高度相同的对视。检查者闭上右眼,嘱配戴者双眼注视检查者的左眼,注意此时检查者的左眼与配戴者的右眼视线应该对直。检查者用左眼看配戴者的右眼,注意渐进镜片上的十字线与配戴者的瞳孔中心是否对准。用同样的方法再检查配戴者的左眼的瞳孔中心是否与渐进镜片的十字线对准。

(3) 如果镜片的十字线与瞳孔中心的位置有偏离,在水平方向很难调整,而在垂直方向可以通过托叶稍作调整。

(4) 在显性标识未擦除之前,先基本检查戴镜视力,观察镜片标记,看水平参考圈两眼是否一致,光心与瞳孔中心是否对准,瞳高位置是否恰当,如有不合,稍调整镜架、鼻托。若可以,将眼镜标识擦拭干净,帮配戴者戴在脸上,

(5) 注意眼镜戴上后的前镜面的倾斜度不能太小,应该达到 10°~14°;镜片后顶点到角膜的距离不能太大,应该在 12 mm 左右。

(6) 指导配戴:事先向配戴者说明镜片的特征,例如渐进多焦镜分区及其与普通眼镜配戴时的视觉区别,有利于配戴者适应。为让配戴者体会全程的视力范围,需要指导其分别用眼睛注视水平远、中、近的视标,以体会镜片远用区、近用区、中距离区的使用方法。具体方法如下。

① 让配戴者注视远处清晰的地方并体会垂直移动下颌时远视力清晰度的变化。

② 指导近用区的使用：让配戴者注视近视力卡清晰处并感受水平移动头部或近视力卡时视力的变化；也可考虑使用面积较小的报纸或书籍，让配戴者上下摆动头部，找出能看清文字的最佳位置，此位置是近用区。

③ 指导中距离区的使用：让配戴者注视近视力卡清晰的地方，指导者将视力卡向外移动增加阅读距离，使其体会水平移动头位或视力表时视力的变化，让其了解通过调整头位和视力卡位置来使视觉变得清晰。注意：要让配戴者清楚必须适应周边变形散光区，而长时间配戴可以加速适应过程。若配戴者发现从镜片的两侧看物体，清晰度降低，告知其为正常现象，只需要稍微转动头部，试着从镜片的中央去看，即可感觉物体的清晰。

告知顾客，初次使用渐进多焦镜需要配合头部的转动，且需要经常配戴，配合适应这种新的视觉。多数配戴者会在 1～2 天内适应新的视觉，部分配戴者可能需要 2 周。验配师要帮助配戴者增强其使用信心。

2. 校配注意事项

(1) 校配前必须检验。用直尺测量左右镜片的 4 个标记小圆是否呈一直线或平行；在远用圈处测量远用屈光度；在十字线处测量左右眼的单侧瞳距、瞳高；在鼻侧小圈下核对商标和材料；在颞侧小圈下核对加光度；在两小圈的中心处测量棱镜度，注意左右眼垂直棱镜度的差异，差异过大会引起适应的困难。

(2) 在配戴者试戴时，镜片的高度出现问题是可以校配的，而镜片的瞳距出现问题则校配较困难，尤其单眼瞳距如误差超过 1 mm 则可能需要重新加工镜片。

(3) 如配戴者在静止时能够适应新的视力，但走动时有头晕的感觉，则可让配戴者逐渐增加走动的时间，以期逐渐适应。

(4) 镜片的标记在完成试戴，瞳距和瞳高检验无误后可用酒精擦去。

总之，正确的镜架调整可获得适合配戴者脸型的镜眼距离、镜面前倾角、镜腿长度等参数，眼镜调整到位是渐进多焦镜成功验配的关键之一。

第九章　眼镜质量检测

第一节　配装眼镜质量检测与控制

配装眼镜的质量检测具有重要的意义,为眼镜质量提供切实保障。不合格的眼镜不但达不到矫正效果,而且还会给配戴者造成伤害和严重后果。例如正视眼、近视眼戴上过矫的眼镜,会使眼睛的调节负荷增加,出现头痛、眼胀等视力疲劳症状,加快近视发展程度;又如眼镜的光学中心水平距离与配戴者的瞳距偏差过大,即光学中心水平偏差和光学中心水平互差等质量检测参数不合格,造成视物的棱镜效应,会出现视物不清、双影、头晕等状况。棱镜效应造成观察物体影像出现位移,戴镜者不得不通过自身的调节功能进行调节,加剧眼睛疲劳,如长期配戴就会影响眼睛调节功能,使视力下降,严重的还会发生斜视。尤其是青少年正处于生长发育阶段,配戴验配质量不合格的眼镜后,会遗憾终生。

配装眼镜质量检测过程是一个验光处方、镜架、镜片、配装工艺的综合检验过程。2004年起,我国实施配装眼镜生产许可证制度,明确要求配装眼镜生产企业必须具有保证产品质量的验光设备、生产加工设备、检验设备,同时对验光人员、眼镜定配人员、眼镜质量检验人员的专业能力提出了相应的要求。目前我国配装眼镜质量标准广义上不仅包括镜架、镜片质量标准,同时也包括眼镜配装标准和各类衍生产品标准。目前除 GB13511—2011《配装眼镜》、GB/T14214—2003《眼镜架通用要求和试验方法》等标准外,GB 10810.1—2005《眼镜镜片第 1 部分单光和多焦点镜片》、GB10810.2—2006《眼镜镜片第 2 部分渐变焦镜片》、GB10810.3—2006《眼镜镜片及相关眼镜产品第 3 部分:透射比规范及测量方法》、CCGF208.1—2008《产品质量监督抽查实施规范定配眼镜》等标准和规范指导行业正规有序的发展。配装眼镜质量要求更高,对其性能指标掌握的要求也进一步加强。其中配装眼镜质量检测国家标准是目前眼镜零售加工企业重要依据标准。

一、配装眼镜质量监管

1. 配装眼镜的质量监管流程

(1)验光处方的确定。

(2)瞳距和瞳高的测量。

(3)镜架的选择与质量检测。

(4)镜片的选择与质量检测。

(5)根据处方确定镜片的光学中心和水平线。

(6)制作模板(当镜片度数在 4.00 D 以上,且偏心量大于 3 mm 时,考虑制作偏心模板)。

(7)确定加工中心。

（8）自动磨边或半自动磨边。

（9）镜片安装：全框眼镜直接装框，半框眼镜开槽后安装，无框眼镜打孔后安装。

（10）手工磨边倒角，眼镜特殊加工。

（11）眼镜整形与校配。

（12）配装眼镜质量检测。

（13）眼镜试戴、调整、校配。

（14）成功配戴。

配装眼镜的质量过程中体现出眼镜的合格与否与配戴舒适程度贯穿于验光、配镜的整个过程，在配装过程中验光和配镜是密不可分的。验光配镜的质量主要取决于验光与配镜的准确程度，验光与配镜准确与否又取决于验光与配镜人员的技术素质，以及是否配备有符合技术要求的经计量检定合格的眼镜工作计量器具。配装眼镜的质量过程中，验光和加工是质量控制的关键环节。验光是了解配戴者眼球的屈光状态，以决定其矫正视力所需的度数而进行的一系列屈光检查。加工是确保验光参数能正确的在配装眼镜中体现。验光的准确与加工的精确与否直接关系到视力的矫正效果。

2. 配装眼镜不合格原因

（1）验光不准确：即配镜处方与配戴者真实屈光不正度或视觉需求不符。例如由于验光错误导致眼镜即使装配合格，但是由于原始处方不适合配戴者，同样是一副不合格的眼镜。

（2）加工不准确：导致配装眼镜参数不合格，即配装眼镜质量与配镜处方不符。目前来看即按国家标准 GB 13511—2011《配装眼镜》检验，不符合国家标准则眼镜不合格。

（3）眼镜原材料不符合国家标准 GB10810·1—2005 眼镜镜片和 GB/T14214—2003 眼镜架的相关规定。

（4）设备的加工精度和检测用仪器的测量范围以及准确度达不到相关要求，例如眼镜加工涉及的顶焦度计、定中心仪等。

（5）配戴者配戴方式不正确。

根据上述原因，确定质量问题出现在配镜过程中的具体环节，是解决问题的关键所在。首先应确定配戴者的验光处方正确，即用于配装眼镜的加工处方是合适的；然后根据配戴者的验光处方检测眼镜的配制质量；按照 GB13511—2011 配装眼镜的国家标准逐一检查镜片的顶焦度、光学中心水平距离、光学中心单侧水平偏差、光学中心垂直互差、散光轴位五项技术指标是否合格，若五项技术指标合格，则应对配戴者进行验光复查，如果验光结果正确，应检查眼镜架的调整是否到位。其次，眼镜的各项指标均符合要求的前提下，应考虑配戴者配戴眼镜的适应情况，找出问题后确定解决方案去满足配戴者的需求。

3. 从事验光、配镜活动需要的条件

（1）具有合格的验光、配镜、检验等人员。

（2）具有符合要求的验光环境（例如验光室保证视距为 5 m，如有特殊视力表投影系统，可考虑缩短）、加工场所。

（3）具有合格的验光、加工、检验设备，常见验配设备一览表见表 9-1。

表 9 - 1　常见验配设备一览表

设备分类	设备名称	技术条件	备　注
验光	验光仪	测量范围： −20 m⁻¹～+20 m⁻¹ 示值误差： ±0.25 m⁻¹～±0.50 m⁻¹	用于主观和客观验光确定矫正度数；属强检计量器具，应经法定计量技术机构检定合格后方能使用。 检定周期：一年
	验光镜片箱	测量范围： −20 m⁻¹～+20 m⁻¹ 示值误差： ±0.04 m⁻¹～±0.12 m⁻¹	用于主观验光确定矫正度数；属强检计量器具，应经法定计量技术机构检定合格后方能使用。 检定周期：二年
	瞳距仪、瞳距尺	测量范围： 40 mm～80 mm 示值误差：±0.5 mm	瞳距参数测量，经法定计量技术机构检定合格后方能使用。
	视力表及试镜架	符合相关要求	
加工	自动磨边机	符合加工及装配要求	
	定中心仪，制模板机		
	打孔机、开槽机、加热器，各种调整用工具等		
检验	顶焦度计	测量范围： −25 m⁻¹～+25 m⁻¹ 示值误差： ±0.06 m⁻¹～±0.25 m⁻¹	用于眼镜镜片的顶焦度和棱镜度、光学中心、轴位等参数的测量；属强检计量器具，应经法定计量技术机构检定合格后方能使用。 检定周期：一年
	测厚仪、直尺	0 mm～10 mm	经法定计量技术机构检定合格后方能使用。

（4）制订并执行验配质量保证的验光、配镜、检验流程和设备使用维护操作规程。

（5）取得眼镜产品生产许可证资质。

4. 质量控制要素

（1）眼镜原材料应有检验合格证，进口商品应有进出口检验证明，眼镜镜片、眼镜架等产品按国家标准执行进货验收检验，并有检验记录等。

（2）验光的准确与否直接关系到矫正视力的效果。验光人员应根据客户的需求按验光工作流程进行主、客观验光，并将验光结果记录备案，记录验光结果的验光单（验光处方）的项目及内容应齐全和完整。

（3）检验人员应按定配单的各项要求逐项检查，配装眼镜的质量应符合国家 GB13511 - 1999 的相关要求。

（4）根据计量法和量值溯源的有关规定，制订计量器具台账和周期检定计划，计量器具经检定合格后使用。

（5）眼镜加工企业应有眼镜镜片、眼镜架、配装眼镜、光学树脂眼镜片等技术标准，仪器设备技术档案齐全。

5. 眼镜配装企业质量控制工作制度

一般眼镜配装企业质量控制需要有下列各项制度的保障,以确保加工眼镜质量。

(1) 常见工作制度与主要内容如下表9-2。

表9-2　配装眼镜质量控制工作制度表

	工作制度	主　要　内　容
1	首次供货单位授权和资质审核制度	主要内容包括对首次供货单位要获得授权并签订质量责任协议,确定首次供货单位时,需填写《首次经营医疗器械品种审批表》;确定该企业具有生产企业许可证或经营企业许可证、营业执照、组织机构代码证书、产品执行标准证书、质量检验报告单原件,首次供货人员必须提供身份证复印件和供货单位授权经营证书等。
2	进货验收、验证制度	主要内容包括验收、验证人员依据产品的技术标准对产品规格、型号、包装、外观、合格证书或检验报告复印件等进行逐批验证、验收;对符合规定的填写《入库验收记录表》,记录须真实、完整、无缺页,填写规范工整;对符合条件的产品入库存放,不符合规定的应及时通知供货单位;不合格品的确认、处置见《不合格产品管理制度》。
3	仓库管理及出库复核制度	主要内容包括出库应进行复核,填写出库复核记录表,认真记录生产批号,保证发出产品能够按照批号进行准确的追踪,必要时可将配送出的物品及时、完整、准确地召回。
4	验光配镜操作程序	根据不同配戴者的具体情况或不同的屈光不正制订具体的验光配镜流程,制订不同操作程序。包括验光程序流程图和配镜程序流程图,更可细分不同类型镜架的加工流程图。
5	设备使用、维护、保养制度	包括确定仪器设备由专人使用,使用人为直接责任人,负责日常维护、保养的具体制度。确定设备直接负责人要做到"三好"、"四会"。三好是:管理好、使用好、维修好;四会是:会使用、会简单维修、会检查、会排除一般故障。制订保养计划,保证设备完好率,努力提高设备利用率的日常基本制度。制订设备的使用和维护保养职责,实行定人定机制,执行谁用谁保养的原则,公用设备由设备主管人负责。设备经常保持整齐、清洁、安全、准确。
6	环境、人员、验光设备的卫生制度	规定所有员工对于工作环境、工作设备、工作场合的相关卫生、消毒等各项管理制度。
7	不合格产品的处理制度	建立对不合格品、无合格报告或报告项目不健全、包装破损、保管损坏的产品处理制度。因不同原因造成的产品质量不合格,分析原因并追究相关责任人,采取适当的纠正措施和获得结果应记录。
8	售后服务制度	制订售后服务措施,售后服务宗旨,随访相关制度等。
9	用户投诉处理制度	制订用户投诉处理流程,确定投诉质量处理责任人,建立用户投诉处理档案。
10	各类人员岗位责任制度	制订企业各岗位人员责任制度。
11	人员培训制度	制订培训目的、培训范围、培训组织程序等。
12	体检制度	制订与客户密切接触人员例如验光师、定配工、隐形眼镜验配人员体检制度。

（2）常见质量控制文件，如表9-3。

表9-3　配装企业质量控制文件

序号	标准号	标准名称/文件名称	备　注
1	GB10810.1—2005	眼镜镜片第1部分:单光和多焦点镜片	
2	GB10810.2—2006	第2部分:渐变焦镜片	
3	GB10810.3—2006	第3部分:眼镜镜片及相关眼镜产品透射比规范及测量方法	
4	GB/T14214—2003	眼镜架通用要求和试验方法	
5	GB13511.1—2011	配装眼镜第1部分:单光和多焦点	2011.10.31发布 2012.2.1实行
6	GB13511.2—2011	配装眼镜第1部分:渐变焦	2011.10.31发布 2012.8.1实行
7	GB/T 14148—2011	光学玻璃眼镜片毛坯	
8	GB 9105—1988	光致变色玻璃眼镜片毛坯	
9	JJG 579—2010	验光镜片箱检定规程	
10	GB 17342—2009	眼科仪器验光镜片	
11	QB 2506—2001	光学树脂眼镜片	本标准适用于以具有光学性能的高分子合成材料制成的矫正屈光不正的单光及多焦点眼镜镜片,不适用于渐变焦点眼镜镜片。 中国轻工业联合会
12	国家职业标准	眼镜验光员	劳动和社会保障部颁布
13	国家职业标准	眼镜定配工	劳动和社会保障部颁布
14		中华人民共和国计量法	
15		中华人民共和国标准化法	
16		中华人民共和国产品质量法	

（3）常见相关工艺文件:眼镜加工企业按国家标准、行业标准和生产实际编制工艺文

件。工艺文件要完整、正确、统一。常见相关工艺文件见表9-4。

表9-4　配装企业质量工艺文件表

序号	文 件 名 称
1	验光工艺流程图
2	验光作业指导书
3	配镜工艺流程图
4	配镜作业指导书
5	模板机的使用操作程序
6	半自动磨边机的使用操作程序
7	开槽机的使用操作程序
8	钻孔机的使用操作程序

总之，制订有效的质量管理制度、质量手册、质量记录、生产及检验设备的管理规范，建立健全各项岗位职责，只有这样，才能通过眼镜质量的过程控制为配戴者获得清晰的视力、舒适的用眼、持久的阅读。

第二节　配装眼镜质量标准应用

配装人员使用具有足够准确度、计量鉴定合格并在有效期内的焦度计及瞳距仪，根据B13511—2011《配装眼镜》国家标准、GB10810.1—2005《眼镜镜片》国家标准进行检测。验光处方定配眼镜应在包装上标明处方规格及生产单位或附上定配单，内容应包括：屈光度、左眼瞳距、右眼瞳距、左眼瞳高、右眼瞳高等（装配等检测参照数据）。

一、镜片质量检测

1. 镜片表面质量

表面质量主要是指表面研磨加工的质量，如霍光、螺旋形疵病及由于抛光不良造成的表面粗糙、橘皮或点状、条状痕迹及抛光后贮存不当造成的霉斑。内在疵病主要有材质内部的各种点状或条状夹杂物等。

标准规定在基准点周围，直径30 mm的区域内，不得有上述各种影响视力的疵病（对于子镜片，也是以子镜片的基准点为准，一般包括了全部子镜片）；在直径30 mm之外的区域，允许有些许微小的、分立的表面或内在疵病。

按照GB 10810.1—2005国家标准中方法进行测量，即不借助于放大光学装置，在明视场、暗背景中进行镜片检测，图9-1所示为推荐检测系统，检验室周围光照度约为200 lx。检验灯的光通量至少为400 lm，例如可用15 W的荧光灯或带有灯罩的40 W无色白炽灯（注：遮光板应调节到遮住光源的光直接射到眼睛，且能使镜片被光源照明）。

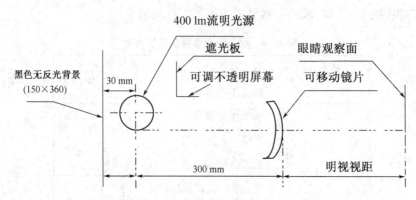

图 9 - 1　目测法检验镜片疵病的示意装置

观察方法:在镜片后面 30 cm 处,设置一个光源,通常选用 40 W 的白炽灯或大于 15 W 的荧光灯,光线照射镜片,镜片置于眼前 30 cm 处,光源、镜片、检查者眼睛成一直线。仔细观察镜片的每一个部分,通过此类方法可以观察镜片是否有以下瑕疵。常见镜片表面疵病如下。

(1) **砂点**:镜片内有小圆坑,并且擦不掉。砂点是在镜片生产细磨过程中,未能及时将粗磨痕迹完全磨去而留下的凹坑,经抛光后形成小圆坑。

(2) **砂路**:镜片上有一条坑,并且擦不掉。同砂点一样,砂路是在镜片生产细磨过程中,未能将粗磨痕迹完全磨去,因痕迹较深,留下的一条坑。

(3) **毛面**:镜片整个面不亮,即是毛面。产生原因是生产过程镜片抛光不良,未能将细磨痕迹完全抛去。

(4) **擦痕**:镜片表面出现较为明显的条状或点状痕迹,即为擦痕,是由于外物碰撞而形成的条状或点状痕迹。

(5) **气泡**:很明显能观察到镜片内部有气泡、空隙,是由镜片毛坯的质量问题引起的。

(6) **波浪形**:若观察到有像波浪一样的条纹,则是波浪形。产生原因是镜片生产在抛光过程中造成表面曲率局部偏差,由于曲率不规则而形成波浪形。

(7) **螺旋形**:若观察到镜片表面有无数的同心圆圈,即是螺旋形。产生原因是抛光不良,表面形成无数同心圆圈的波浪形。

(8) **亮路**:若观察到镜片表面有亮而细的条纹,即为亮路。产生原因是生产过程中的抛光液里有杂质,表面即产生了细而亮的条纹痕迹。

(9) **布纹痕迹**:若观察到镜片表面有直线状、橘皮状等均属布纹痕迹。产生原因是镜片生产过程抛光不良而使镜片表面形成大面积网状波浪形,且密度高、面积大。

(10) **霍光**:是一种镜片表面曲率不规则,视物有跳动的现象。观察方法为利用自然光,将镜片放在眼前 30 cm 处,将镜片沿着与视线垂直方向轻轻移动,眼睛透过镜片看物体,检查镜片中的物像是否有变形跳跃现象,如有变形、跳跃的现象,则为霍光。

2. 镜片顶焦度

(1) 根据镜片顶焦度表国标判断检查结果,见表 9 - 5。

表9-5　镜片顶焦度允差

球面顶焦度标称值	球面允差A	柱镜允差B			
		0.00~0.75	>0.75~4.00	>4.00~6.00	>6.00
0.00	±0.08	±0.06	±0.12	±0.18	±0.25
>0.00~3.00	±0.08	±0.09			
>3.00~6.00		±0.12			
>6.00~9.00			±0.18	±0.25	
>9.00~12.00	±0.08				
>12.00~20.00	±0.25	±0.18	±0.25		
>20.00	±0.37	±0.25		±0.37	±0.37

注:以绝对值最大的顶焦度为球面顶焦度标称值。

(2)平光镜片顶焦度目测。

其中标称0.00 D的镜片,例如太阳镜等顶焦度应为0.00 D,满足平光镜的要求。但由于研磨具有误差或操作人员技术差等因素形成度数误差,此时可将镜片置于眼前25 cm处,左右移动,透过镜片观察窗棂或地板等有十字线的物体,观察镜片内的十字线是否随镜片的移动而移动。如移动,则证明该平光镜片有屈光度。

3. 柱镜轴位方向偏差

表9-6　柱镜轴位方向允差

柱镜顶焦度值(D)	≤0.50	>0.50~0.75	>0.75 ~≤1.50	>1.50
轴位允差(°)	±7	±5	±3	±2

4. 附加顶焦度允差

表9-7　附加顶焦度允差　　　　　　　　　　单位为屈光度(D)

附加顶焦度值	≤4.00	>4.00
允差	±0.12	±0.18

5. 棱镜度偏差

表9-8　光学中心和棱镜度的允差　　　　　　单位为棱镜屈光度(△)

标称棱镜度	水平棱镜允差	垂直棱镜允差
0.00~2.00	$\pm(0.25+0.1\times S_{max})$	$\pm(0.25+0.05\times S_{max})$
>2.00 ~10.00	$\pm(0.37+0.1\times S_{max})$	$\pm(0.37+0.05\times S_{max})$
>10.00	$\pm(0.50+0.1\times S_{max})$	$\pm(0.50+0.05\times S_{max})$

注1:S_{max}表示绝对值最大的子午面上的顶焦度值。

【例 9 - 1】　+0.50 DS/-2.50 DC×50 的镜片,其标称棱镜度不超过 2△,其棱镜度偏差计算方法如下:本例中,两子午面顶焦度值分别为+0.50 D 和-2.00 D,最大子午面顶焦度为 2.00 D,因此水平方向棱镜度允差 0.25+0.1×2 = 0.45△,垂直方向棱镜度允差 0.25 +0.05×2 = 0.35△。

【例 9 - 2】　+0.50 DS/-2.50 DC×50 的镜片,标称棱镜度为 6△,其棱镜度偏差计算方法如下:本例中,两子午面顶焦度值分别为+0.50 D 和-2.00 D,最大子午面顶焦度为 2.00 D,因此水平方向棱镜度允差 0.37+0.1×2 = 0.57△,垂直方向棱镜度允差 0.37+0.05×2 = 0.47△。

检查中将标称棱镜度按其基底取向分解为水平方向和垂直方向的分量,各分量的偏差应符合表 9-8 的规定。对带有散光和棱镜度的单光镜片,柱镜轴位和棱镜基底方向的夹角偏差应符合表 9-6 的规定。

7. 镜片颜色检测

根据 GB10810.1—2005《眼镜片》国家标准中规定:有色眼镜镜片配对不得有明显色差。

总之眼镜镜片的理化性能、顶焦度偏差、光学中心和棱镜度偏差、厚度偏差、色泽、内在疵病和表面质量必须符合镜片 GB10810.1—2005 规定的要求。

二、镜架质量检测

眼镜架的机械强度、金属零部件镀(涂)层、外观质量和装配精度必须符合镜架标准 GB/T14214—2003规定的要求。

1. 外观质量检测

在不借助于放大镜或其他类似装置的条件下,目测检查镜架的外观,其表面应光滑、色泽均匀,没有≥0.5 mm 的麻点、颗粒和明显擦伤。

表面粗糙度用 Ra、Rz 两种形式表示。Ra 用触针式轮廓仪测得,Rz 用非接触式的光切显微镜测得。

2. 尺寸检测

用精度优于 0.1 mm 的线性测量器具进行测量,应符合下列允差范围。

(1) 方框法水平镜片尺寸:±0.5 mm。

(2) 片间距离:±0.5 mm。

(3) 鼻梁宽度:±0.5 mm。

(4) 镜腿长度:±2.0 mm。

3. 高温尺寸稳定性检测

装上试片的镜架经受加热的试验后,其尺寸变化应不超出+6 mm 或-12 mm。对于从前框的背面到镜腿末端的尺寸小于 100 mm 的小镜架,其尺寸变化应不超出+5 mm 或-10 mm。

检测方法:一个不封闭的加热箱,温度范围可从室温到+60℃,箱内温度不大于3℃,光滑平板。在室温环境23℃±5℃,取出试样,将镜腿自然开足,用测量装置测量两镜腿端点的距离,记下其测量值为加热前尺寸 L_0。在开始试验前,将加热箱稳定在试验温度,将试样架放在光滑的平板上,镜腿仍然开足,使镜架前身的上边及镜腿的上边靠在平板上,确保镜架不与其他样品或箱壁接触。在试验温度达到 55℃±5℃时,维持此状态保持 2 h 或 2 h 5 min

以内。经历了上述试验后,将镜架连同平板移出加热箱体,并将其在 23℃±5℃ 的环境中稳定 2 h 以上,然后按测量 L_0 的方法,测量两镜腿端点间的距离,记下此测量值作为热后尺寸 L_1,并计算差值 L_1-L_0。

4. 机械稳定性检测

(1) 抗拉性能

检测装置精度不低于 ±1% 的拉力试验机。要求检测品按下述检测试验承受 98 N 后,各部位仍无断裂、无脱落。

金属镜架:用夹具分别在距铰链中心 20 mm 处夹住两镜腿,作相反方向运动,当达到规定数值时,取下镜架观察其受损情况。

塑料和天然有机材料镜架:在距铰链 5 mm 内固定前框,使镜腿垂直于前框,并在距前框 30 mm 处夹住镜腿,顺着镜腿方向加力,当力达到规定的数值时,取下镜架观察铰链和连接件的状况。然后在检测架的另一镜腿重复上述检测试验。

(2) 鼻梁变形

检测装置要求能不变形并不产生滑移地夹紧镜架,一般是一个能垂直移动的环状夹具。夹具的直径为 25 mm±2 mm,由弹性材料尼龙制成的两个接触面。另有一个能向下移动的加压杆,其直径为 10 mm±1 mm,其接触面为一近似半球面。夹具与加压杆间的距离应可调,加压杆能上下移动。装置的线性测量的精度高于 0.1 mm。

检测时,将试样装在夹具上,镜架腿张开,镜身前面朝下,在镜片的几何中心 2 mm 范围内夹住样品。下降加压杆,使其正好落在另一未夹镜片的后表面上,下落点位于该镜片的几何中心 2 mm 范围内,应确保该镜片未有位移,记下此值作为起始点。缓慢、平滑地下移加压杆,压力不大于 5 N,使位移相当于两镜片几何中心距的 10±1%,停止加压,并保持镜架处于该位移处 5 s。恢复加压杆,保持其不接触试样 20 s 后,再降低加压杆直至其恰好触及镜片,记录此值作为终止点。若最大压力已达 5 N,仍不能使加压杆位移至所需的距离,记下此时所达到的位移量,并保持该压力 5 s。

计算加压杆终止点与起始点的位移量。

用 $\phi=\dfrac{x}{c}\times100$ 式计算变形百分数,并检查镜架是否有裂缝。式中 ϕ:变形百分比数;x:压力杆的位移量,单位为毫米(mm);c:镜架方框法中心距,单位为毫米(mm)。

装上试片的镜架,经受检测后,应符合下列要求:① 无裂缝;② 镜架几何中心距与其原始状态的变形百分数应不大于 2%。

(3) 镜片夹持力

装上试片的镜架,经受住上述鼻梁变形检测试验后,两镜片应不从圈丝中全部或部分脱出。

(4) 耐疲劳

装上试片的镜架,经受检测试验 500 次后,应符合下列要求。

① 无裂缝、无断痕;② 永久变形量不大于 5 mm;③ 能轻松地用手指开闭镜腿;④ 镜腿不因其自重而在开/闭过程中的任意点上向下关闭(不适用于弹簧铰链镜腿)。检测装置主要包括两个装有万向节头的夹具及一个鼻梁支撑。鼻梁支撑为一直径 10 mm±1 mm,并带有一片厚度为 1 mm±0.5 mm 的钢性金属簧片,夹具与鼻梁支撑间的相应位置在水平和垂

直方向至少可调 40 mm。本装置的一个万向节头能在一循环周期(向下 30 mm±0.5 mm,向外 60 mm±1.0 mm,向上 30 mm±0.5 mm)内连续平稳的运动,频率为每分钟 40 周,而另一夹具保持固定。

在把镜架装到检测装置之前,应先定好夹持点及测量点,除卷簧架外,要使镜腿的夹持点位于距铰链中心的距离等于镜腿全长的 70 mm±1 mm,而测量点位于夹持点向铰链中心移 15 mm±1 mm 处。对于弹簧架的夹持点位于卷簧与硬边的交接点向内移 3 mm±1 mm 处,测量点位于夹持点向铰链内移 10 mm±1 mm 处。在检测前,将镜腿自然开足,在预定测量点上测量腿间距离 d_1。将已配试片的镜架定位后,开动装置,检测品承受 500 次旋转运动。完成旋转运动后,将试样移出试验装置,在测量点测量腿间距离 d_2,d_1 与 d_2 的差值不得超过 5 mm。检查试样是否有裂缝、断痕及镜腿开闭状况是否正常,记录永久变形量。

5. 镀层性能检测

(1)镀层结合力

用 R15 的专用压膜试验,将镜腿弯曲成 120°±2°,使凸面弧线半径为 15 mm,观察试样的表面状况是否有皱褶、毛疵和剥落的状况。

(2)抗汗腐蚀

用 1 L 的容量瓶,称 50 g 乳酸、100 g 氯化钠,溶入 900 g 水中,制成 1 000 ml 仿汗溶液。

在容器的底部准备一个棉布床,倾入仿汗液,使其恰好浸没棉布并保证棉布全部湿透。将试样架放在棉布上,镜腿保持全打开,镜前身的上边及镜腿的上边靠在棉布上,保证试样架不与其他样品或炉壁接触。将装好试片的镜架放在棉布床上,盖上容器,常温 55℃±5℃,历经 8 h±30 min,移出试样并马上用水清洗,然后用软布无摩擦地吸干水分。不借助于放大镜来检查各样品,与另一未经受本次检测的样品进行比较,检验并记录是否有腐蚀点或颜色的变化。将样品再次放入棉布床,盖上容器,在 55℃±5℃温度点,保持 16 h±30 min,在共计 24 h 的试验后,移出试样并马上用水清洗,然后用软布无摩擦地吸干水分。检查将试样易与配戴者皮肤长期接触的部分(镜腿内侧和镜圈下缘),与另一端未经试验的镜架进行比较,检查并记录是否有腐蚀点或变色,镀层是否有锈蚀、剥蚀或脱落等情况。

6. 阻燃性检测

加热钢棒的一端(至少 50 mm),加热至 650℃±10℃,用热偶在距热端点 20 mm 处测量温度。达到温度后,将棒的热端面垂直朝下,在 1 s 内接触试样表面(即接触力相当于棒的自重),并保持 5 s±0.5 s,随后移开钢棒。在试样架各个分立部分重复上述试验。目视鉴别当钢棒与试样分离后,观察各受检测部分是否继续燃烧。

三、配装眼镜质量检测

单光和多焦点配装眼镜质量检测应遵循 GB13511.1—2011《配装眼镜第 1 部分:单光和多焦点》。该标准 2011.10.31 发布,2012.2.1 实行。本书采用新标准进行配装眼镜质量检测。

所有测量应在室温为 23℃±5℃下进行。镜片的顶焦度、厚度、色泽、表面质量应满足 GB10810.1 中规定的要求。配装眼镜的光透射性能应满足 GB10810.3 中规定的要求。镜架使用的材料、外观质量应满足 GB/T14214 中规定的要求。使用的焦度计应符合 GB17341 中规定的要求。

1. 顶焦度及其检测方法

顶焦度,单位为屈光度,符号为 D(量纲为 m^{-1})。顶焦度分为前顶焦度和后顶焦度。平时所说的顶焦度指的都是后顶焦度,指镜片后顶点(配戴时靠近眼球的一面)至后焦点(以 m 为单位)截距的倒数,公式为 $D = 1/f'$。

配制不同度数的眼镜片其顶焦度允许值可按 GB10810.1—2005《眼镜镜片》查得。配装眼镜的顶焦度允差,分右、左眼镜片来判断其偏差。

导致顶焦度项目不合格的原因:一是某些企业使用不合格镜片作为加工原料,镜片事先未经检测,直接进行加工;二是部分企业检测设备能力不足;三是企业从业人员技术水平较低,检测能力较差;四是部分企业质量意识差,加工过程中有"充片"现象存在。

镜片的顶焦度偏差、表面质量试验方法参照 GB10810.1。镜片的光透射性能试验方法参照 GB10810.3。

2. 光学中心水平偏差及其检测方法

光学中心水平偏差为光学中心水平距离的实测值与标称值(如瞳距、光学中心距离)的差值。

光学中心水平距离为两镜片光学中心在与镜圈几何中心连线平行方向上的距离。

光学中心单侧水平偏差为光学中心单侧水平距离与二分之一标称值的差值。

瞳距为眼睛正视视轴平行时两瞳孔中心的距离。

配装眼镜计划配装的光学中心距离,理论上当配装眼镜的镜片光学中心与配镜者的瞳孔一致时应最舒适,但因为各种原因(如原戴眼镜光学中心距离偏大造成配戴者已适应棱镜效果,或配镜者本身存在斜视,或出于对美观的考虑)造成光学中心距离与瞳距并不相等。所以,检查光学中心水平偏差时,把两镜片光学中心水平距离减去验光处方上的瞳距数值即可,验光处方上的瞳距数值应尽量与配镜者两瞳孔中心的真实距离相一致。

光学中心水平偏差允差可由《配装眼镜》GB13511—2011 查表得出,见表 9-9。

表 9-9　定配眼镜的两镜片光学中心水平距离偏差

顶焦度绝对值最大的子午面上的顶焦度值(D)	0.00~0.50	0.75~1.00	1.25~2.00	2.25~4.00	≥4.25
光学中心水平距离允差	0.67△	±6.0 mm	±4.0 mm	±3.0 mm	±2.0 mm

【例 9-3】 验光处方:R: -5.00 DS/-2.00 DC $\times 60$;L: -4.50 DS;PD:65 mm。实际检测该镜片光学中心水平距离为 66 mm。

右眼最大子午线屈光力为 -7.00 D,最小子午线屈光力为 -5.00 D。左眼最大子午线屈光力为 -4.50。取顶焦度绝对值最大的子午面上的顶焦度值 -7.00 D,查表为光学中心水平距离允差 2 mm,该例为 1 mm,符合国家标准。即该定配眼镜光学中心水平偏差允差为 2 mm,则其光学中心水平距离在 63~67 mm 范围内,该眼镜才合格。该镜片右眼光学中心到左眼光学中心的水平距离 66 mm,符合,故该项目检测合格。

【例 9-4】 验光处方:R:PLANO;L:-0.50 DS;PD:65 mm。

取顶焦度绝对值最大的子午面上的顶焦度值 -0.50 D,查表为光学中心水平距离允差 0.67△,该例为 1 mm,符合国家标准。实际检测每眼 32.5 mm 处,发现右眼棱镜度为 0.36△,左眼 0.45△,均小于国家标准 0.67△。故该项目检测合格。

检查中以焦度计的水平挡板为水平工作线,对其中一镜片定好光学中心,使十字标像位于视场正中,打印中心标记。然后在不移动水平挡板的条件下平移镜架,使另一镜片的十字丝标象竖线对中,打印此点。如果此点不是光学中心点,则垂直移动到光学中心点并打印,取下镜架用直尺或游标卡尺量出两镜片的光学中心水平距离。

3. 光学中心单侧水平偏差及其检查方法

定配眼镜的水平光学中心与眼瞳的单侧偏差均不应大于表 9-9 中光学中心水平距离允差的二分之一。

【例 9-5】　OD:-4.00 DS,OS:-6.50 DS,RPD:32 mm,LPD:31 mm

检查后发现:右眼光学中心到鼻梁中线的距离 35 mm,左眼光学中心到鼻梁中线的距离 33 mm,即右眼光学中心距为 35 mm,左眼光学中心距为 33 mm。

解析:光学中心水平偏差:$35+33-(32+31)=5$(mm)

右眼光学中心单侧偏差 R:$35-32=3$(mm)

左眼光学中心单侧偏差 L:$33-31=2$(mm)

查表见上表 9-9,定配眼镜的水平光学中心与眼瞳的单侧偏差均大于表中光学中心水平距离允差的二分之一。故该眼镜此项目不合格。

【例 9-6】　OD:-4.50 DS,OS:-2.50 DS,RPD:32 mm,LPD:31 mm

检查后发现:右眼光学中心到鼻梁中线的距离 32 mm;左眼光学中心到鼻梁中线的距离 32 mm,即右眼光学中心距为 32 mm,左眼光学中心距为 32 mm。

解析:光学中心水平偏差:$32+32-(32+31)=1$(mm)

右眼光学中心单侧水平偏差 R:$32-32=0$(mm)

左眼光学中心单侧水平偏差 L:$32-31=1$(mm)

查表见上表 9-9,根据左右两镜片顶焦度有差异时,按镜片顶焦度绝对值大的一侧进行考核。本例中按照-4.50 D查表,查表光学中心水平允差±2 mm,光学中心单侧水平偏差±1 mm。则光学中心水平偏差符合标准,光学中心单侧水平偏差符合标准。

4. 光学中心垂直互差及其检查方法

光学中心垂直互差为两镜片光学中心高度的差值。

光学中心高度指光学中心与镜圈几何中心在垂直方向的距离。

光学中心垂直互差=左片光学中心到镜框下缘槽最低点水平切线的距离-右片光学中心到镜框下缘槽最低点水平切线的距离(光学中心垂直互差取其绝对值)。

光学中心高度的设立,是为了使镜片光学中心高度与戴镜者眼睛的视线在镜架垂直方向上相一致,应将镜片的光学中心以镜架的几何中心为基准,并沿其垂直中心线进行上下移动。对全框镜架而言,从光学中心到镜圈的上边缘或下边缘测量均可,但必须一致。对半框或无框镜架,建议测量从光学中心到镜圈的上边缘的距离,左右两镜片距离之差也即为光学中心垂直互差。

在光学中心水平偏差、光学中心单侧水平偏差、垂直互差这三项指标的检测中对人眼伤害最大的是垂直互差,因为人眼在上、下方向上没有调节力,所以它的允许误差值也就相对小些。在日常的工作中,要经常检查焦度计的打印机构,避免由于打印机构产生误差而导致产生水平偏差和垂直互差。国家标准也对该项误差作了很严格的规定,例如规定大于2.50 D,光学中心垂直互差≤1.0 mm,若未配备高精度的焦度计及自动磨边机,极不易验配合格;如果是 8.25 D 以上(允差为 0.5 mm),更难保证所配眼镜合格;即使配备了高精度的加工设备,也应注意日常定期检测以保证设备的正常运行。

新标准 GB13511—2011 相对旧标准 GB13511—1999 未规定配装眼镜光学中心在镜圈几何中心垂直上下的范围。若根据 GB13511—1999 检测光学中心垂直互差时,需将光学中心高度位于镜圈的位置考虑进去,即要求镜片的光学中心应位于镜圈几何中心垂直上下 3 mm 的范围内。首先,光学中心高度的位置符合标准规定后,再测量光学中心垂直互差。如果光学中心高度不符合标准的规定,那么垂直互差就不合格。而 GB13511—2011 只需测量左、右镜片光学中心到镜框下缘槽最低点水平切线的距离,计算两者差值。

【例 9-7】 R:-3.00 DS;L:-2.00 DS。镜圈整体高度 42 mm,RPH:22 mm,LPH:23 mm。检测右眼光学中心到镜框下缘槽最低点水平切线距离 22 mm,左眼光学中心到镜框下缘槽最低点水平切线距离 21 mm。

解析:查表 9-10。

表 9-10 定配眼镜的光学中心垂直互差

顶焦度绝对值最大的子午面上的顶焦度值(D)	0.0~0.50	0.75~1.00	1.25~2.50	>2.50
光学中心垂直互差(mm)	≤0.50	≤3.0	≤2.0	≤1.0

首先光学中心垂直互差:22-21=1(mm)

查表得知,左、右顶焦度相异,取右边的大值则为-3.00 D,光学中心垂直互差为 1 mm,该项目检测符合国家标准。

【例 9-8】 R:-0.75 DS;L:-0.25 DS。镜圈整体高度 42 mm,RPH:22 mm,LPH:23 mm。检测右眼光学中心到镜框下缘槽最低点距离 23 mm,左眼光学中心到镜框下缘槽最低点距离 25 mm。

首先光学中心垂直互差:25-23=2(mm),查表得知,左、右顶焦度相异,左右两镜片顶焦度有差异时,按镜片顶焦度绝对值大的一侧进行考核。取右边的大值则为-0.75 D,光学中心垂直互差为 2 mm,符合≤3.0 mm 的质量标准要求。该项目检测符合国家标准。

5. 轴位方向偏差及其检查方法

柱镜轴位测量方法可采用眼镜框架作为水平基准,应将框架的下边缘靠在顶焦度计的水平挡板上。单光镜片在光学中心上进行测量。

柱镜(散光)轴位误差表现为镜片装配结果与人眼的散光轴向方向不符,误差大时,会出现重影,视物高低不平。如果长期配戴这种眼镜,会造成视力下降。

GB13511—2011 之 5.6.4 规定了配装眼镜的柱镜轴位允许偏差,如下表 9-11 所示。

表 9-11 定配眼镜的柱镜轴位方向偏差

柱镜顶焦度顶焦度绝对值(D)	0.25~≤0.50	>0.50~≤0.75	>0.75~≤1.50	>1.50~≤2.50	>2.50
轴位允差(°)	±9	±6	±4	±3	±2

从表中可以看出,判断轴位偏差,其对应的顶焦度与球镜无关,即不管球镜顶焦度是多

少,检查柱镜轴位的允许偏差时只关注柱镜顶焦度大小。

【例 9 - 9】　－3.00 DS/－1.00 DC×90 及－6.00 DS/－1.00 DC×90,虽然球镜顶焦度不一样,但其轴位允许偏差却是相同的,查表可知道轴位允许偏差为±4°,则其轴位应在86°～94°的范围内才合格。如果配装眼镜无散光,此项检测可免。

【例 9 - 10】　配镜处方:

R:－3.00 DS/－1.00 DC×90

L:－8.00 DS/－2.50 DC×90

利用检定的顶焦度计实际检测结果:

R:－3.00 DS/－1.00 DC×89

L:－8.00 DS/－2.50 DC×92

右眼镜片:轴位误差|89－90|＝1°柱镜顶焦度 1.00 DC,轴位误差允许±4°,符合。

左眼镜片:轴位误差|92－90|＝2°柱镜顶焦度 2.50 DC,轴位误差允许±3°,符合。

2011 版标准相对旧标准考虑到实际制作时对于低度数镜片在柱镜轴位检测时的实际情况,对于眼镜定配过程中低光度镜片的柱镜轴位允许偏差进一步放大。

6. 定配眼镜的处方棱镜度偏差及其检查方法

根据表 9 - 12 检查定配眼镜的处方棱镜度偏差。

表 9 - 12　定配眼镜的处方棱镜度偏差

棱镜度(△)	水平棱镜允差(△)	垂直棱镜允差(△)
≥0.00～ ≤2.00	对于顶焦度≥0.00～≤3.25 D: 0.67△ 对于顶焦度＞3.25 D: 偏心 2.0 mm 所产生的棱镜效应	对于顶焦度≥0.00～≤5.00 D: 0.50△ 对于顶焦度＞5.00: 偏心 1.0 mm 所产生的棱镜效应
＞2.00～ ≤10.00	对于顶焦度≥0.00～≤3.25 D: 1.00△ 对于顶焦度＞3.25 D: 0.33△＋偏心 2.0 mm 所产生的棱镜效应	对于顶焦度≥0.00～≤5.00 D: 0.75△ 对于顶焦度＞5.00 D: 0.25△＋偏心 1.0 mm 所产生的棱镜效应
＞10.00	对于顶焦度≥0.00～≤3.25 D: 1.25△ 对于顶焦度＞3.25 D: 0.58△＋偏心 2.0 mm 所产生的棱镜效应	对于顶焦度≥0.00～≤5.00 D: 1.00△ 对于顶焦度＞5.00 D: 0.50△＋偏心 1.0 mm 所产生的棱镜效应

例如:镜片的棱镜度为 3.00△,顶焦度为 4.00 D 其棱镜度的允差为 0.33△＋(4.00 D×0.2 cm)＝1.13△。

分别标记左、右镜片处方规定的测量点,并在左、右镜片的规定点上测量水平和垂直的棱镜度数值,然后按以下规则计算水平和垂直棱镜度差值。

如果左、右镜片的基底取向相同方向,其测量值应相减。

如果左、右镜片的基底取向方向相反,其测量值应相加。

左右两镜片顶焦度有差异时,按镜片顶焦度绝对值大的一侧进行考核。

【例 9－11】　镜片的棱镜度为 $1.00^\triangle$，顶焦度为 2.00 D 其水平棱镜度的允差为 $0.67^\triangle$，垂直棱镜度的允差 $0.5^\triangle$。

【例 9－12】　镜片的棱镜度为 $1.00^\triangle$，顶焦度为 5.50 D 其水平棱镜度的允差 为 5.50 D $\times$ 0.2 cm ＝ $1.1^\triangle$，垂直棱镜度允差 5.50 D $\times$ 0.1 cm ＝ $0.55^\triangle$。

【例 9－13】　镜片的棱镜度为 $3.00^\triangle$，顶焦度为 2.00 D 其水平棱镜度的允差为 $1.00^\triangle$，其垂直棱镜度的允差为 $0.75^\triangle$。

【例 9－14】　镜片的棱镜度为 $3.00^\triangle$，顶焦度为 8.00 D 其水平棱镜度的允差为 $0.33^\triangle$ ＋（8.00 D$\times$0.2 cm）＝$1.93^\triangle$，其垂直棱镜度的允差为 $0.25^\triangle$＋（8.00 D$\times$0.1 cm）＝$1.05^\triangle$。

【例 9－15】　镜片的棱镜度为 $12.00^\triangle$，顶焦度为 2.00 D 其水平棱镜度的允差为$1.25^\triangle$，其垂直棱镜度的允差为 $1^\triangle$。

【例 9－16】　镜片的棱镜度为 $12.00^\triangle$，顶焦度为 8.00 D 其水平棱镜度的允差为 $0.58^\triangle$ ＋（8.00 D$\times$0.2 cm）＝$2.18^\triangle$，其垂直棱镜度的允差为 $0.50^\triangle$＋（8.00 D$\times$0.1 cm）＝$1.3^\triangle$。

7. 老视成镜检测

生产单位批量生产的用于近用的装成眼镜，其顶焦度范围规定为：＋1.00 D～＋5.00 D。老视成镜适合用于远用度数一致，且瞳距在常规近用瞳距的范围内的使用者。根据现代眼视光学理论，由于不同人群双眼屈光不正不同、瞳距不同、甚至可能有未能发现的散光，所以老视成镜对老视人群，为非最佳的矫正工具，不适应现代社会个性化视光学矫正的需求，通常建议应用于应急需求老视镜的场合。

国标规定老视成镜需标明光学中心水平距离。光学中心水平距离允差为±2.0 mm。老视成镜光学中心单侧水平允差为±1.0 mm。老视成镜光学中心垂直互差应符合表 9－10 规定。老视成镜两镜片顶焦度互差应不大于 0.12 D。

【例 9－17】　老视成镜标称值 PD：62 mm，实测光学中心水平距离 63 mm。根据国标，光学中心水平距离范围 60～64 mm。本例光学中心水平距离 63 mm，该项符合该标准。

【例 9－18】

R：＋2.00 DS

L：＋2.00 DS

光学中心水平距离标称值：64 mm

检测结果：

R：＋2.01 DS

L：＋2.17 DS

光学中心水平距离实测数值：64.5 mm

两镜片顶焦度互差为 ｜2.01 DS－2.17 DS｜＝0.16 DS，不符合老视成镜的两镜片顶焦度互差不得大于 0.12 D。

光学中心水平距离的标称值与实测数值偏差为 64.5－64＝0.5（mm），符合应小于±1.0 mm 的规定。

由于国标对老视成镜每一项技术要求进行逐项检验，若有一项不合格，则该副眼镜不合格。该眼镜由于光学中心水平距离的标称值与实测数值偏差不符合国家标准，故整体检测结果：不合格。

8. 多焦点镜片检测

可按方框法在镜片的切平面测量子镜片的位置和倾斜度,也可用投影屏及带有相应的十字的分划板或毫米级的测量装置测量以下项目。

(1) 子镜片顶点的位置或子镜片的高度与标称值的偏差应不大于±1.0 mm,两子镜片高度的互差应不大于1 mm。

(2) 两子镜片的几何中心水平距离与近瞳距的差值应小于2.0 mm。两子镜片的水平位置应对称、平衡,除非标明单眼中心距离不平衡。注意,E型多焦点子镜片的测量点是在它的分界线上的最薄点。

(3) 子镜片顶端的倾斜度:子镜片水平方向的倾斜度应不大于2°。

相对原有标准,更加精确的规定子镜片几何中心水平距离与验光处方中的近瞳距关系,同时也增加规定了子镜片水平方向倾斜度应不大于2°,更加符合目前的配装实际。

对于双光眼镜镜片的外观,例如镀层、膜层、光洁度、左右眼子镜片直径大小的检测应该在加工之前进行。主镜片和子镜片顶焦度偏差符合国标GB10810的规定,镜片顶焦度检测应在加工之前。检测眼镜前,将左右镜圈下缘和顶焦度计水平挡板平行,以确保轴向确定的准确。

9. 装配质量检测

镜片镜架等相关外观质量和整形要求见表9-13。

表9-13　装配质量评估表

项　　目	要　　求
两镜片材料的色泽	应基本一致
金属框架眼镜锁接管的间隙	≤0.5 mm
镜片与镜圈的几何形状	应基本相似且左右对齐,装配后无明显隙缝
整形要求	左、右两镜面应保持相对平整、托叶应对称
外观	应无崩边、钳痕、镀(涂)层剥落及明显擦痕、零件缺损等疵病

配装眼镜检测中,顶焦度、光学中心水平偏差、光学中心单侧水平偏差、光学中心垂直互差、柱镜轴位是常见计量的技术指标眼镜的质量。除此以外,定配眼镜的处方棱镜度、配装眼镜外观质量均为定配眼镜检查的重点。定配眼镜质量取决于加工设备的优劣,加工者的熟练程度和责任心。加工中,严格规范的检验制度都是必不可少的,一旦发现问题,必须及时纠正,避免不合格眼镜损害。

第三节　太阳眼镜质量检测

根据国家标准GB10810.1—2006眼镜镜片第三部分透射比规范及测量方法,按照用途和透射比特性将眼镜产品分为四类:眼镜类、太阳镜类、驾驶用镜类、光致变色镜类。本节主要以太阳镜类为主进行质量检测介绍,并涉及部分常用相关的驾驶用镜类、光致变色镜类、偏光眼镜类。

一、镜片表面质量检测

该项质量应符合 GB10810.1—2005 眼镜镜片国家标准中的要求,即在以镜片基准点(指几何中心)为中心,直径 30 mm 的区域内不能存有影响视力的霍光、螺旋形等内在的缺陷(指镜片表面存有同心圆或螺旋形波纹等面形上的缺陷),另外镜片表面应无划痕、磨痕,保持光洁、透视清晰,表面不允许有橘皮和霉斑。

二、镜架表面质量检测

根据 GB/T 14214—2003 眼镜架国家标准的要求,生产商不能选用与皮肤接触会产生不良刺激反应的材料来制作镜架。例如太阳眼镜的"CE"认证中需要进行镍含量测试以确保安全性。太阳镜镜架外观质量应符合 GB/T14214—2003 眼镜架中国家标准中的要求,即在不借助于放大镜或者其他类似仪器的条件下目测检查镜架的外观,其表面应光滑、色泽均匀,没有 $\Phi \geqslant 0.5$ mm 的麻点、颗粒和明显擦伤。

三、太阳镜整体外观检测

具体检测同普通配装眼镜。过程中尤其注意采用目测法检测太阳镜的色差。

操作方法:将太阳镜放在白纸上,观察并比较两镜片颜色是否一致,将太阳镜旋转 180°,让镜片左右交换位置,再次观察两镜片颜色是否一致。如果镜片调换位置后,镜片的色差总是发生在同一位置上,则有可能是光源位置所致,此时应更换位置,再次试验。如果镜片调换位置而镜片的色差总是发生在同一镜片上,也有可能是检测者眼睛疲劳所致,此时应让检测者眼睛放松后再做检查,即将视线离开镜片,观看白纸片刻,再观察镜片作色差判断。

四、镜片的光学性能检测

该项要求应符合 GB10810.1—2005 眼镜镜片国家标准中有关顶焦度及棱镜度的要求。

1. 顶焦度

太阳镜的顶焦度标准值应为 0.00 D。镜片制造时的偏差或镜片与镜架的装配不符,都有可能产生顶焦度的偏差(即带有或正或负的顶焦度),若超出一定范围,配戴者可能会感到视物变形,严重的则会影响配戴者的视力健康。根据 GB10810.1—2005 眼镜镜片国家标准中的要求,其球镜顶焦度允差为 ± 0.12 D,柱镜顶焦度允差为 ± 0.09 D。通常检测太阳镜顶焦度的鉴别方法为:将太阳镜置于被检者眼前,透过镜片观察远处目标,选用"+"字形图形,或利用环境中远处的窗框或门框等"+"图形物体,水平方向移动镜片,通过太阳镜观察目标片内十字线是否随着镜片的移动而顺动或者逆动,标准的太阳镜不应有影动现象,如出现影动现象则证明该太阳镜存在球面度数;当旋转太阳镜的时候,发现观察的十字线所成的垂直角度也随着太阳镜的旋转而发生"剪动"现象,则证明该太阳镜存在柱镜度数。

2. 棱镜度

太阳镜镜片棱镜度标准值为 $0.00^\triangle$,应避免镜片中的棱镜度,否则将使配戴者感觉视物变形,不舒适,易疲劳。棱镜度超过标准允许范围的眼镜,长期配戴则可能导致双眼视物不能合一、高低的不平衡感,加剧配戴者的眼肌及视神经的疲劳,因此,镜片棱镜度为零的镜片最佳。根据 GB10810.1—2005 眼镜镜片国家标准中的要求,其棱镜度允差为 $\pm(0.25+$

$0.1 \times S_{max}$），S_{max}表示绝对值最大的子午面上的顶焦度值。配装带有棱镜度太阳镜的检测方法与平光太阳镜棱镜度检测相同,如表 9-14。

表 9-14　光学中心和棱镜度的允差

标称棱镜度 （△）	水平棱镜差 （△）	垂直棱镜差 （△）
0.00~2.00	$\pm(0.25+0.1\,S_{max})$	$\pm(0.25+0.05\,S_{max})$
>2.00~10.00	$\pm(0.37+0.1\,S_{max})$	$\pm(0.37+0.05\,S_{max})$
>10.00	$\pm(0.50+0.1\,S_{max})$	$\pm(0.50+0.05\,S_{max})$

注:S_{max}表示绝对值最大的子午面上的顶焦度值。

【例 9-19】　一配装太阳镜顶焦度为 $-3.50\,DS/-0.50\,DC \times 120$,标准棱镜度为 $2.00^{\triangle}$。其棱镜允差的计算方法如下:

本处方中,两主子午面顶焦度值分别为 $-3.50\,D$ 和 $-4.00\,D$,最大子午面顶焦度绝对值为 $4.00\,D$。因此,水平棱镜度允差为 $\pm(0.25+0.1 \times 4.00)=\pm 0.65^{\triangle}$,垂直棱镜度允差为 $\pm(0.25+0.05 \times 4.00)=\pm 0.45^{\triangle}$。

被测镜片是设计棱镜度为零的单光镜片,应在镜片的几何中心处测量。方法同镜片的顶焦度检测。近年来,随着太阳镜款式的变化,基弯也在发生变化。利用焦度计测量时的光轴与实际配戴眼镜的视轴不平行易造成测量误差偏大,故测量太阳镜应处于眼镜的配戴位置,即焦度计测量光轴与视轴重合或平行,以保证测量准确。

五、装配质量检查与整形要求

装成太阳镜镜架与镜片组装后带有顶焦度或平光的框架太阳镜,其质量要求与整形要求如下。

装成太阳镜两镜片材料的色泽应基本一致。装成太阳镜镜片与镜圈几何形状应基本相似且左右对齐,装配后不松动,无明显缝隙。金属太阳镜镜架锁接管的间隙不得大于 0.5 mm。眼镜的外观无崩边、翻边、扭曲、钳痕、镀层剥落及明显摩擦痕迹。装成太阳镜不允许螺纹滑牙及零件缺损。装成太阳镜无割边引起的应力不均匀现象存在。

整形要求:配装眼镜左、右两镜面应保持相对平整;配装眼镜左、右托叶应对称;左右两镜腿外张角度为 $80°\sim95°$,并左右对称;两镜腿张开或平放或倒伏均保持平整,镜架不可扭曲;左右身腿倾斜度互差不大于 $2.5°$。

太阳镜具体常用检测流程如下。

1. 检查镜架表面外观

(1) 电镀、烤漆涂层、表面抛光及其他表面颜色均匀,无明显瑕疵、斑点及刮痕。

(2) 镜片和镜腿等印字、镭射和雕刻笔画清晰流畅,容易辨认,不易脱落。

(3) 手持太阳镜面对着日光灯,让镜面的反光线条平缓移动,观察日光灯影,若不出现波浪状、扭曲状,表明镜片没有屈光度及表面质量问题。

(4) 镜片颜色正确,无色差刮痕及气泡,渐进染色片颜色过渡自然,左右镜片颜色对称。

2. 检查包装及产地说明

太阳镜有完整的包装、吊牌或说明书及说明书上有产品说明,行业质量标准及详细的经销商或制造商联络信息等内容。

3. 试戴检查

合格舒适的太阳镜应视物清晰真实,配戴舒适,无压迫鼻梁、太阳穴、耳朵等感觉,做工精细,手感光滑细腻,产品线条流畅自然。

六、透射比规范与测量检查

1. 透射比检查相关名词

(1) 可见辐射:能直接引起视觉的光学辐射。对于可见辐射的光谱区来说,没有一个明确的界限,因为它既与可利用的辐射功率有关,也与观察者的响应度有关。在眼科光学领域,可见辐射的波长范围限定在 380~780 nm 之间。

(2) 紫外辐射:波长小于 380 nm 的光学辐射。根据医学临床应用的需要,眼科光学领域对紫外辐射的波长范围限定在 200~380 nm 之间,即 UV-A(长波紫外)为 315~380 nm;UV-B(中波紫外)为 280~315 nm;UV-C(短波紫外)为 200~280 nm。

(3) 光谱透射比 $\tau(\lambda)$:在任意指定的某一波长 λ 处,透过镜片的光谱辐通量与入射光谱辐通量之比。

(4) 光透射比 τ_v:透过镜片的光通量与入射光通量之比。

(5) 太阳紫外 A 波段透射比 τ_{SUVA}:315~380 nm 的光谱透射比 $\tau(\lambda)$ 与 $ES\lambda(\lambda)$ 和 $S(\lambda)$ 的加权平均透射比。

(6) 太阳紫外 B 波段透射比 τ_{SUVB}:280~315 nm 的光谱透射比 $\tau(\lambda)$ 与 $ES\lambda(\lambda)$ 和 $S(\lambda)$ 的加权平均透射比。

(7) 交通信号透射比(τ_{SIGN}):380~780 nm 的光谱透射比 $\tau(\lambda)$ 与 $\tau_{SIGN}(\lambda)$、$V(\lambda)$ 和 $S_{A\lambda}(\lambda)$ 的加权平均透射比。

(8) 相对视觉衰减因子 Q:交通信号透射比 τ_{SIGN} 和光透射比 τ_v 之比,主要用于评价眼镜产品识别交通信号的能力。

(9) 无色镜片:在光照情况下无明显可见颜色的镜片。

(10) 滤色片:未装入镜架的各类有色镜片。

(11) 装成太阳镜:镜片与镜架组装后的带有顶焦度(或平光)的框架太阳镜。

(12) 均匀着(染)色镜片:均匀染色、整体颜色无变化的镜片。

(13) 渐变着(染)色镜片:整体或局部表面颜色按照设计要求变化(透射比亦随之变化)的镜片。

(14) 光致变色镜片:透射比特性随着光强和照射波长的改变发生可逆变的镜片。① 一般设计为对 300~450 nm 波长范围内的太阳光产生反应。② 透射比特性通常会受到环境温度的影响。

(15) 偏光镜片:对不同的偏振入射光表现出不同透射比特性的镜片。

(16) 偏振面:透射比最大的方向所在的平面,与之垂直平面上的透射比为最小。

(17) 配装成镜:可以从生产商、销售商或市场上得到并直接使用的,已完成配装的各类带有顶焦度(或平光)的框架眼镜。

2. 相关术语应用

(1) 光透射比 τ_v:普通 CR-39 树脂镀膜镜片光透射比一般在 95%~98%。而太阳镜按用途不同,光透射比也不同。太阳镜按用途一般可分为浅色太阳镜、遮阳镜和特殊用途太阳镜三类。

① 浅色太阳镜:光透射比应>40%,对太阳光的阻挡作用不如遮阳镜。浅色太阳镜因为其色彩丰富、款式多样,适合与各类衣饰搭配使用,有较强的装饰作用,适合时尚男女日常使用;但配戴者无法获得良好的遮阳效果,如长时间在阳光较强的户外活动,配戴者仍会因受到较强光的刺激,易引发视觉疲劳。

② 遮阳镜:其光透射比的范围为8%~40%,主要是作遮阳之用。尤其夏天的户外,很多人都采用遮阳镜来遮挡阳光,以减轻眼睛调节造成的疲惫或强光刺激造成的伤害。该镜因其透射比较小,并不太适合骑车人或驾车者快速行驶时佩戴,因为骑车人或驾车者的行进速度较快时,有时会产生反应迟钝、交通信号灯辨色错觉、视物差异等症状甚至引发交通事故等。

③ 特殊用途太阳镜:其光透射比的范围为3%~8%,具有很强的遮挡太阳光的功能对抗紫外机能等指标有较高的要求,常用于海滩、滑雪、爬山等太阳光较强烈的野外。

(2) 平均透射比 $\tau(\lambda1\lambda2)$(紫外光谱区)

镜片的平均透射比应按照其分类符合 QB2457—1999 太阳镜国家标准,若镜片被设计作为特殊的防紫外线镜片,其 315~380 nm 近紫外区的平均透射比值应由生产商详细说明。平均透射比在量值上就是镜片在紫外光谱区 280~380 nm 对紫外射线的平均透射,这项指标的优劣将关系到配戴者眼部的健康。太阳镜是否能隔离、拦截紫外线是其最基本,也是最重要的功能与作用。该标准又将紫外波段分为 UVA、UVB 加以规定,在标准中规定:浅色太阳镜在 315~380 nm 的 UVA 波段,其平均透射比 τ_{SUVA} 应≤τ_v;在 290~315 nm 的 UVB 波段,其平均透射比 τ_{SUVB}≤$0.5\tau_v$,或 τ_{SUVB}≤30%。

对于浅色太阳镜和遮阳镜在 UVB 波段的两种不同的标准要求,主要是根据某一太阳镜镜片实际测得的光透射比数值大小的不同,分两类情况而定之,≤$0.5\tau_v$ 经计算与≤30%哪个具体数值小,就采用哪个要求。下面举例说明。

【例 9-20】 某镜片 τ_v 为 40%,其 $0.5\tau_v$ 为 20%,比 30%小,故该镜片平均透射比指标应采用≤$0.5\tau_v$。

【例 9-21】 某镜片 τ_v 为 90%,其 $0.5\tau_v$ 为 45%,比 30%大,则应采用≤30%指标。

② 遮阳镜:在 UVA 波段,其平均透射比 τ_{SUVA} 应≤τ_v;在 UVB 波段,其平均透射比 τ_{SUVB}应≤$0.5\tau_v$,或 τ_{SUVB}应≤5%。

③ 特殊用途太阳镜:在 UVA 波段,其平均透射比 τ_{SUVA} 应≤$0.5\%\tau_v$;在 UVB 波段,平均透射比应 τ_{SUVB}≤1%。

平均透射比(紫外线透过率)的标准指标,是规定各类太阳镜镜片允许紫外线(UVA、UVB)最大的透过值。在实际测量中,质量好的太阳镜几乎可以拦截全部紫外线和部分红外线。

(3) 色极限

平均日光下,通过镜片观察黄色和绿色交通讯号,QB2457—1999 太阳镜国家标准中规定:镜片的平均日光(D65)和交通讯号的色坐标 x、y,不能超过在 CIE(1931)标准色度图中规定的区域。若测得的色坐标值超出了规定的色极限区域,则会导致各种交通讯号颜色的混淆,易造成交通事故。

(4) 交通讯号透射比

交通讯号透射比主要控制、保证通过不同颜色太阳镜看不同颜色的物体,能保持物体原来的颜色色度,通常最理想的太阳镜片颜色为灰色、棕色和绿色。一般情况下,这些颜色的镜片会有比较好的色度还原指数,能较好地保持物体原有的颜色。若一副太阳镜交通讯号透射比太低,达不到太阳镜国家标准的要求,则会使人对颜色的分辨率降低,产生色觉干扰,造成色觉混乱,更重要的是对于驾驶员来说,降低了对红、绿交通讯号的识别能力,极易造成交通事故。所以太阳镜的颜色不能偏,戴上后应使周围环境的颜色不失真,物体的边缘清晰,具有有效识别不同颜色信号灯的能力。

检测方法:在没有配戴太阳镜前,先观察红、绿、黄等颜色的物体,然后戴上太阳镜,观察同样的物体,两次观察的颜色不能偏色,否则会降低识别交通信号灯的能力。

太阳镜国家标准明确规定了交通讯号透射比(τsign)要求的标准值。

① 浅色太阳镜:红色讯号≥8%;黄色讯号≥6%;绿色讯号≥6%。② 遮阳太阳镜:交通讯号透射比要求同浅色太阳镜。③ 特殊用途太阳镜:因该类太阳镜是用于特殊环境与场合的专用镜,如滑雪、爬山、海滩等,故无需交通讯号透射比检测项目。注意,驾驶用镜的光透射比不得小于8%。

2. 太阳镜类透射比检测

利用眼镜镜片透射比测量仪测量光透射比应符合表 9-15 的要求,查表以确定是否符合要求。其中装成太阳镜左片和右片之间的光透射比相对偏差不应超过 15%,夜用驾驶镜在紫外光谱内没有透射比。

表 9-15　太阳镜类透射比

分 类	可见光谱范围		紫外光谱范围
	τ_v 380~780 nm	τ_{SUVA} 315~380 nm	τ_{SUVB} 280~315 nm
1	43%<τ_v≤80%	≤5%	≤1%
2	18%<τ_v≤43%		
3	8%<τ_v≤18%		
4	3%<τ_v≤8%	≤0.5τ_v	

3. 特殊眼镜透射比检测

(1) 光致变色类镜片

光透射比:被检测样品在变色状态下的光透射比应符合上表 9-15 的要求,在褪色状态下的光透射比应符合表 9-16 的要求。

表 9-16　眼镜类透射比要求

分类	可见光谱区		紫外光谱区
	380~780 nm	τ_{SUVA} 315~380 nm	τ_{SUVB} 280~315 nm
UV-1	>80%	≤1%	≤1%
UV-2		1%<τ_{SUVA}≤10%	
UV-3		10%<τ_{SUVA}≤30%	

将检测品仔细清洗后,按照厂商提供的技术说明中规定的程序,使镜片处于褪色状态,如厂商未做规定,可将样品首先放在 65 ℃±5 ℃的暗室中放置 2.0 h±0.2 h,再在 23 ℃±5 ℃的暗室中至少保存 12 h 后进行测量。

利用光谱分析仪测量样品在褪色状态下透射比 $\tau_V(0)$ 和经过 15 min 光照后变色状态下的光透射比 $\tau_V(15)$ 之间的比值应不小于 1.25。即:$\tau_V(0)/\tau_V(15)\geqslant1.25$。此值为光致变色响应值。

此外,① 对于不同温度下光致变色响应值应利用光谱分析仪分别在 5℃、23℃和 35℃的温度条件下测量变色状态下样品的光透射比 $\tau_V(15)$,以确定被测样品在不同温度下的光致变色响应值。② 对于中等光照强度下的光致变色响应值测量,是将太阳光模拟器辐射强度衰减到 30%后照射样品,并在变色状态下测量样品的光透射比 $\tau_V(15)$,以确定样品在中等光照强度下的光致变色响应值。

(2) 偏光镜片的偏振特性测量

偏光镜片分类根据上表 9-15 太阳镜类透射比分类。1 类偏光镜片平行于偏振面上的光透射比和垂直于偏振面方向上的光透射比之间的比值应大于 4:1;2 类、3 类和 4 类的偏光镜片的比值应大于 8:1。

测量时,首先将检偏振器的分割线调整到水平方向,指针则位于垂直方向,即角度标尺的零位处。将待测的偏光镜片安装在检偏振器和光源之间,样品面向检偏振器放置。要求被测镜片的中心与检偏振器的中心相重合,偏振标志与指针重合,用光源照射被测镜片。如果检偏振器的上下部分具有相同的视场亮度,则表明被测镜片实际的偏振面与偏振标志重合,角度偏差为零。如果检偏振器的上下部分的视场亮度不同,则表明被测镜片实际的偏振面与偏振标志不重合。左右转动检偏振器,直到检偏振器的上下部分具有相同的视场亮度。此时指针指示的标尺上的角度(正或负),就是被测镜片实际偏振面与其偏振标志之间的角度偏差,该值不应该超过±3°。

如果使用非偏振光作为测量光束,则在任何方向得到的测量结果都是偏光镜的光透射比;如果使用偏振光作为测量光束,则应分别测量偏光镜片在任意两个相互垂直方向上的透射比,并取其平均值作为被测镜片的光透射比。

对于光透射比的比值,分别测量平行和垂直于偏光镜片偏振面方向上的光透射比,用平行方向的光透射比除以垂直方向的光透射比就得到被测镜片光透射比的比值。测量时应在光路中使用一个已知偏振面的起偏器。测量平行于被测镜片偏振面上的光透射比时,起偏器的偏振面应调到与被测镜片的偏振面平行的位置;测量垂直于被测镜片偏振面上的光透射比时,起偏器的偏振面应调到与被测镜片偏振面相垂直的位置。

总之,若检验渐变着(染)色太阳镜的透射性能时,以镜片的几何中心为检测基准。若检验偏光太阳镜的透射性能时,如果使用非偏振光作为测量光束,则在任何方向得到的测量结果都是偏光镜片的光透射比;如果测量光束为偏振光源,则应分别测量偏光镜片在任意两个互相垂直方向上的透射比,并取其平均值作为被测镜片光透射比。

七、标志检查

根据国家标准对标志的要求,每副眼镜均应标明执行的标准号、类别(遮阳镜或浅色太阳镜等)、颜色、镜架尺寸、质量等级及生产厂名和商标。类别的标明,有利于消费者在挑选太阳镜时根据其用途和使用的场所进行正确的选购。偏光太阳镜与均匀着色或渐变着色镜片按照镜片分类及包装标记应符合表 9-15 的要求。

常见太阳镜标识如下：

(1) 标注"UV400"：这表示镜片对紫外的截止波长为 400 nm，即其在波长(λ)在 400 nm 以下的光谱透射比的最大值 $\tau_{max}(\lambda) \leqslant 2\%$。

(2) 标注"UV"、"防紫外"：这表示镜片对紫外线的截止波长为 380 nm，即其在波长(λ)在 380 nm 以下的光谱透射比的最大值 $\tau_{max}(\lambda) \leqslant 2\%$。

(3) 标注"100％UV 吸收"：这表示镜片对紫外线具有 100％吸收的功能，即其在紫外区间的平均透射比 $\leqslant 0.5\%$。

我国现行的产品标准对紫外性能只有基本要求，即只要对配戴者眼睛无害就视为合格。防护功能主要由生产企业作出明示承诺，消费者若无光谱分析仪等专业仪器检测的情况下，只能将生产企业对产品的标识承诺作为参考，从而判断产品是否具有防紫外功能。

第十章 渐进多焦镜加工与质量检测

第一节 渐进多焦镜的加工

一、渐进多焦镜的配镜处方确定

渐进多焦镜的配镜处方若为老视矫正用途应包括远、近用验光处方,其余配镜用途根据相关验配基础测量中所获得参数结果确定。一般来说,配镜处方包括以下几个方面:编号,验光单,渐进镜片种类,镜片尺寸,是否加膜染色,左右眼瞳距和瞳高,是否有特殊基弯要求,是否有特殊垂直棱镜要求等。常见具体内容为:开单日期、取镜日期、发票编号、镜架类型、订片种类、镜片远用顶焦度和矫正视力(例如球镜、柱镜、柱镜轴向、棱镜、棱镜底向、矫正视力)、镜片下加光度、右眼瞳距和左眼瞳距、左眼瞳高和右眼瞳高、特殊加工类型标记(例如染色、加膜)、胚料规格(例如 600 弯或常规基弯)等。选择中应尽可能缩小镜片直径以最大限度地降低镜片中心的厚度,同时有助于改善镜片外观。

二、渐进多焦镜磨边加工

渐进多焦镜加工要求镜片装配后镜片上的水平标志线与镜架水平线平行,装配后单眼瞳距、单眼瞳高与处方上相同。在装配加工前装配人员必须核准上述参数及眼镜架型号、眼镜片规格,确认无误后方可进行加工。镜片在中心仪上定位时其主要参考点是配镜十字置于中心位置,应根据水平标志线保证镜片处于水平位置,防止在割边过程中出现偏斜。考虑到镜片装架时与镜架内槽相接触,而测量瞳高时只量至镜架内缘,因此磨边时根据加工装配习惯,必要时加上 0.5 mm 的修正值。

总体而言,普通单光镜片以镜片的光学中心进行移心,常见的平顶双光以子镜片顶点进行移心,渐进多焦镜片加工以配镜十字进行移心。移心过程中均要注意水平标志线与镜架几何中心水平线保持平行或重合。由于渐进镜片出厂时都有临时标记,渐进多焦镜装配操作方法相对双光更加方便,只是要求加工精度更高,故加工前必须对磨边机的性能足够熟悉。

渐进多焦镜的加工原理:以配镜十字为参考,根据单眼瞳距和单眼瞳高进行上下、左右移心,使得配戴者戴上渐进镜后配镜十字到鼻梁中央的距离分别等于单眼瞳距,左、右配镜十字到镜架下缘槽最低点水平切线的距离分别等于左眼瞳高、右眼瞳高,同时过程中注意保证镜片装配后镜片上的水平标志线与镜架几何中心水平线平行。渐进镜加工的基本技术过程包括以下几个部分。

(1) 核对渐进多焦点镜片上的参数是否符合处方参数,核对远用区光度、Add、左右眼镜片等各项标识。

（2）根据渐进镜片上标明的临时标记配镜十字和加工水平线，制作一个与镜架形状、大小一样的模板，并保证模板上的刻度水平线与镜架水平线平行。全框眼镜要刚好能装到镜圈内，半框和无框眼镜把撑片和模板相比相同即可，测量模板圆孔中心到镜架鼻梁中心的水平和镜圈内缘最低点的垂直距离。

（3）根据处方中的单眼瞳距和瞳高确定配镜十字的水平和垂直移心量，例如右眼瞳距为 32 mm，右眼瞳高为 22 mm，模板圆孔中心到镜架鼻梁中心的水平和镜圈内缘最低点的垂直距离分别为 35 mm 和 18 mm，那么配镜十字水平移心量就是 35－32＝3(mm)（内移），垂直移心量是 22－18＝4(mm)（上移）。

（4）在定中心仪上按照计算的移心量将配镜十字移到所需的位置（上例就是移到内 3 mm，上 4 mm 处），加工基准线的水平放置，进行移心时，注意要保持渐进镜片的隐性刻印与模板的水平中心线的平行。

（5）上吸盘后磨边。具体磨边操作过程同普通眼镜配装。将镜片与模板装上磨边机时，注意使模板与镜片的鼻侧、上侧保持同向。

渐进多焦镜磨边在加工过程中，对加工要求特别严格，包括右、左眼单眼瞳距，右、左眼单眼瞳高。因此，在镜片的加工过程中，镜片直径应该足够大，以保证移心的需要。对于远视眼，为了保证镜片中心尽可能薄，镜片的直径应根据镜架的大小、瞳孔中心的位置决定镜片的最小直径。因为较小直径可满足镜片的中心和边缘最薄的要求，有助于改善镜片的外观。需要注意的是，如果眼镜架为无框架或半框镜架，远用度数为远视，镜片直径选择不能过小。因为如果正镜片的直径过小，则会使无框架镜片边缘的钻孔或半框镜架的开槽时发生困难并影响牢度，此时在决定镜片的直径大小时，应该考虑镜片开槽打孔处的镜片边厚。具体可以参看具体厂家的定片说明。

三、渐进多焦镜装配

为了提高装配质量，减少配戴者适应难度，最大程度提高配适率，渐进多焦镜的装配往往需要重复试装、修整、装架、调整等环节。通过上述环节减少镜片形变对镜片有效镜度和镜片各区域光度的影响。过程中主要观察镜片尺寸、形状、弧度、边槽咬合等方面以确定与镜框的符合程度。通过对镜片的修磨和镜框的整形改善渐进多焦镜装配质量。常见的装配不符现象如下。

1. 尺寸不符

若镜片尺寸过大，则需重新修边；尺寸过小只能重做。对于镜片尺寸稍小，也可考虑采用加垫丝的办法处理，但对新配的渐进多焦镜不宜采用。

2. 形状不符

首先确定主要原因是镜片磨边变形或是镜框变形。若镜片磨边变形，则镜片较镜框某对应部位单一的大或小。其中，对单一大的，需修边；对单一小的只能选择重做，否则，难以维系双侧镜圈的对称。如果因镜框变形造成形状不符，常表现为单侧性，例如有的对应部位镜片边缘突出于镜框之外，而有的对应部位又深含于镜框之内，这主要由加工过程中镜架传递产生形变所致。此时装配者可通过徒手操作（或使用专用调整钳）进行镜框的整形。如果形状不符表现为双侧性、对称性不符，则应考虑是磨边工艺中模板制造工序中镜架固定不佳所致。此时，加工师必须对双侧镜框进行整形，使镜框适应镜片。

3. 弧度不符

镜片与镜框弧度不符通常表现在上部和下部镜圈的中间区域。常见的 3 种原因为镜圈弧度过小,高屈光度镜片,镜架镜圈高度过小。通常表现为镜圈鼻侧和颞侧部的曲度基本相符,而其上部和下部,特别是上部,常会因以上 3 种情况中的 1 种(或几种)原因导致弧度度不符,出现镜片在上部中间区域突出于镜圈之前的情况。处理时可予以修整镜片边缘或利用整形钳进行解决。由于后者操作简单,通常均利用专用整形钳调整镜圈,通过调整以达到弧度相符且边槽咬合,即指镜片的边角和镜圈的内槽间应密接吻合。

若右眼、左眼瞳高相同,则加工装配完成后的镜片上的 4 个隐性刻印的连线须与镜架水平基准线平行或重合。若右眼、左眼瞳高不等,则右眼加工装配完成后的镜片上的 2 个隐性刻印与左眼 2 个隐性刻印连线平行,且仍然与镜架水平基准线平行或重合。加工装配完成后不要擦去镜片上的标记,以方便进行验配调试。同时加工中,加热塑料镜架时特别注意不要使镜片受热。

第二节　渐进多焦镜的质量检测

目前,我国 GB 13511 配装眼镜标准分为 2 个部分:第 1 部分为单光和多焦点;第 2 部分为渐变焦。渐进多焦点镜片的质量检测主要依据后一标准进行。

渐进多焦镜在装配前、装配后进行严格的检测核对是极其必要的,这是保证渐进镜片高质量装配的最后的重要工序。本文重点介绍渐进多焦镜装配后检测,该检测一种情况是在装配完成后进行,另外一种是配戴者检测已经戴用过的渐进镜进行检测。前者,在渐进镜片磨边装配好后一般不宜急于擦掉镜片上的标识,以便于装配后核对和取镜时进行必要的调整。后者,镜片上的显性标记已经擦除,因此需要利用专用品牌测量卡恢复相关标记后再行检测。无论何种情况,渐进镜检测内容与方法大致相同。

一、渐进多焦镜标识检测

渐进多焦镜标记分为永久性和非永久性标记,根据国标两镜片至少有以下永久性标记。

(1)配装基准:由两相距为 34 mm 的标记点组成,两标记点分别与一含有配适点或棱镜基准点的垂面等距离。

(2)附加顶焦度值,以屈光度为单位,标记在配装基准线下。

(3)制造厂家名或供应商名或商品名称或商标。

根据国标同时也应具有以下非永久性选择性标记,非永久性标记可以用可溶墨水标记、贴花纸。除非制造厂附有特别的镜片定位说明资料,每镜片非永久性标记至少包含以下内容:配装基准线、远用区基准点、近用区基准点、配适点、棱镜基准点。

同时渐进多焦点标识中应具有产品名称、生产厂厂名、厂址、产品所执行的标准及产品质量检验合格证明、出厂日期或生产批号等,同时应标明顶焦度值、轴位、瞳距、配适点高度等处方参数;若应用减薄棱镜,需要明确的标识,及一些需要让配戴者事先知晓的其他说明及其他法律法规规定内容。同时国标规定每副渐变焦定配眼镜均应独立包装,包装内应有定配处方单。除此以外,需具体进行以下检测:

（1）在镜片上点出隐性小刻印，可对日光灯看，一点在鼻侧一点在颞侧，相距 34 mm。

（2）将镜片的外曲面对镜片测量卡（镜腿朝上），将镜片上的隐性小刻印的位置对准。

（3）在远用参考圈中测量远用屈光度。

（4）在棱镜参考点测量棱镜度，特别注意垂直方向左右镜片棱镜度的差异量。

（5）在鼻侧的隐性小刻印下核对商标和镜片的材料，折射率 1.6 的材料在商标右侧有 6 的标记。

（6）在颞侧隐性小刻印的下方标有加光，例如 25，表示加光为＋2.50 D。

（7）检查国标规定的其他各项标识。

二、验配质量检测

配镜完毕应保留镜片表面标记以便核对配镜参数，检查眼别、屈光度数（特别是散光轴位，即柱镜轴位），检查镜架是否牢固。检查包括渐进多焦点眼镜品种、远用光度、近用附加度、单眼瞳距、配镜高度等各项参数，以核对处方。

（一）远用屈光度检测

测量后顶点屈光力，镜片凸面朝上，凹面朝下，镜腿朝下，置于焦度计上，焦度计测量窗对准远用参考圈，并注意以水平标志线等标记保持镜片水平位置。渐变焦定配眼镜的后顶焦度应符合表 10-1 的规定。

表 10-1　渐变焦定配眼镜的后顶焦度允差　　　　　　　单位为屈光度（D）

顶焦度绝对值最大的子午面上的顶焦度值	各主子午面顶焦度允差，A	柱镜顶焦度允差			
		0.00～0.75	＞0.75～4.00	＞4.00～6.00	＞6.00
≥0.00～6.00	±0.12	±0.12	±0.18	±0.18	±0.25
＞6.00～9.00	±0.18	±0.18	±0.18	±0.18	±0.25
＞9.00～12.00	±0.18	±0.18	±0.18	±0.25	±0.25
＞12.00～20.00	±0.25	±0.18	±0.25	±0.25	±0.25
＞20.00	±0.37	±0.25	±0.25	±0.37	±0.37

（二）柱镜轴位

以制造商提供的永久性装配基准标记的连线为水平基准线，在远用基准点处测定柱镜轴位方向，即通常在远用参考圈处进行测定。国标规定，渐进多焦镜的柱镜轴位方向偏差应符合表 10-2 的规定。注意 0.125 D~0.25 D 柱镜的偏差适用于补偿配戴位置的渐变焦镜片顶焦度。如果补偿配戴位置产生小于 0.125 D 柱镜，不考虑其轴位偏差，即测量结果有小于 0.125 D 的柱镜，不需要考虑轴位偏差。

表 10-2　渐变焦定配眼镜的柱镜轴位方向允差

柱镜顶焦度值(D)	>0.125~≤0.25	>0.25~≤0.50	>0.50~≤0.75	>0.75~≤1.50	>1.50~≤2.50	>2.50
轴位允许偏差(°)	±16	±9	±6	±4	±3	±2

（三）近用附加度检测

有两种测量方法，前表面和后表面测量方法。除非生产商有特别声明，应选择含有渐变面的表面上进行测量，即根据前表面为渐变面或后表面为渐变面选择具体的测量方式。

1. 前表面测量

用于渐进面为前表面的渐进镜将镜片前表面对着焦度计支座，把镜片安放好，使镜片的近用基准点（即近用参考圈）在镜片支座上对中并测量近用顶焦度。保持镜片前表面对着焦度计支座，将镜片的远用基准点（即远用参考圈）对中并测量远用顶焦度。近光顶焦度和远光顶焦度的差值为该渐变焦镜片近用附加顶焦度。

2. 后表面测量

用于渐进面为后表面的渐进镜将镜片后表面对着焦度计支座，把镜片安放好，使镜片的近用基准点在镜片支座上对中并测量近用顶焦度。保持镜片后表面对着焦度计支座，将镜片的远用基准点对中并测量远用顶焦度。近光顶焦度和远光顶焦度的差值为该渐变焦镜片近用附加顶焦度。

实际检测中，可以利用自动顶焦度计的渐进多焦点测量模式，直接测出并核对，同样测量过程中注意以水平标志线等保持镜片的水平位置，不可倾斜。上述测量结果应与镜片上的近用附加度隐性标识数值相同。同时注意，双侧下加光度是否一致。一般而言，左、右侧渐进多焦镜的下加光度应一致。国标规定，渐变焦定配眼镜的附加顶焦度偏差应符合表10-3的规定。

表 10-3　渐变焦定配眼镜的附加顶焦度允差　　　　　　　　　　单位为屈光度（D）

附加顶焦度值	≤4.00	>4.00
允差	±0.12	±0.18

（四）核实配镜高度和单眼视远瞳距

配镜高度和单眼瞳距可以在镜片测量卡上测得。注意镜片上的水平线须与测量卡上的水平轴平行，并使配镜十字位于"零位"。也可以用瞳距尺测量配镜高度，合格的渐进多焦镜左右眼镜片上的四条水平线处于同一直线上；戴镜核查结果配镜十字垂直和水平方向皆须与瞳孔中心对齐。如果配镜高度有小误差且两眼配镜高度相同，可通过调整镜架消除误差，若配镜高度偏高时，则张开鼻托、增加镜脚长度，若配镜高度偏低时，则内收鼻托，但该法不适用于塑料镜架；若误差太大，或者由于单眼瞳距的误差，则单纯调整镜架难以纠正。

用测量卡测量镜片加工后的左右眼的瞳距和瞳高。方法是将眼镜放在测量卡上，镜片的外表面靠近测量卡，镜架的鼻梁的中心对准测量卡的斜线箭头的中心，右眼镜片的十字线对准测量卡上的数值为右眼瞳距，左眼镜片的十字线对准的测量卡上的数值为左眼瞳距。

十字线对准测量卡上的 0 刻度后,镜圈的下缘对准的高度数值为镜片的瞳高。有些测量卡上无法进行瞳高测量,则可以用直尺测量配镜高度。

国标规定,垂直位置(高度)与标称值的偏差应为±1.0 mm。两渐变焦镜片配适点(即配镜十字)的互差应为≤1.0 mm。当然,处方中左右镜片配适点不一致时并不适用,此时应以配镜处方为准。国标同时规定,配适点的水平位置与镜片单眼中心距的标称值偏差应为±1.0 mm。

(五)核实棱镜度基底取向和厚度

在棱镜基准点处测定镜片的棱镜度及棱镜基底取向。配装眼镜国标规定棱镜度基底取向测量中,将标称棱镜度按其基底取向分解为水平和垂直方向的分量,各分量实测值的偏差应符合表 10 - 4 的规定。

表 10 - 4　渐变焦定配眼镜的棱镜度的允差　　　　　单位为棱镜屈光度(△)

标称棱镜度	水平棱镜允差	垂直棱镜允差
0.00 ~ 2.00	$\pm(0.25+0.1\times S_{max})$	$\pm(0.25+0.05\times S_{max})$
> 2.00 ~ 10.00	$\pm(0.37+0.1\times S_{max})$	$\pm(0.37+0.05\times S_{max})$
> 10.00	$\pm(0.50+0.1\times S_{max})$	$\pm(0.50+0.05\times S_{max})$

注 1:S_{max} 表示绝对值最大的子午面上的顶焦度值。

注 2:标称棱镜度包括处方棱镜及减薄棱镜。

(六)核实镜片厚度

在渐变焦镜片凸面的基准点上,垂直于该表面测定镜片的有效厚度值。测定值与标称值的偏差应为±0.3 mm。注意标称厚度值应由生产商标明或由供需双方协商一致。

(七)核实位置和倾斜度

国标规定永久标记连线的水平倾斜度应不大于 2°,即装配完成后隐形刻印的连线水平倾斜度应不大于 2°。

按照方框法在镜片的切平面测量配适点和倾斜度,可用投影屏(带有相应的十字的分划板及毫米级的测量装置)或其他等效方法。渐变焦镜片的位置和倾斜度,可参照永久标记。绝大部分人双眼是在同样水平上,因此两侧镜片的基准线是在同一水平上,也可以说双眼的瞳高是一致的。

具体操作中,可用直尺检测镜片装配的平整性,4 点隐性小刻印是否成一直线,如果左右眼瞳高一致,则左右眼的隐性小刻印的直线应该平行。

(八)核实镜架外观、镜片表面及装配质量

1. 材料和表面质量

不借助光学放大装置,在明/暗背景视场中进行镜片的检验。检验室周围光照度约为 200 lx。检验灯的光通量至少为 400 lm,例如可用 15 W 的荧光灯或带有灯罩的 40 W 无色白

炽灯进行检测,遮光板可调节到遮住光源的光直接射到眼睛,但能使镜片被光源照明。基本方法同普通镜片表面质量检测相同。

镜架外观、镜片表面及装配质量应符合表10-5规定。例如检验镜片是否如处方所确定加入减反射膜等。

表10-5　镜架外观、镜片表面及装配质量

项　　目	要　　求
两镜片材料的色泽	应基本一致
金属框架眼镜锁接管的间隙	≤0.5 mm
镜片与镜圈的几何形状	应基本相似且左右对齐,装配后无明显隙缝
整形要求	左、右两镜面应保持相对平整、托叶应对称
镜架外观	应无崩边、钳痕、镀(涂)层剥落及明显擦痕、零件缺损等疵病
镜片表面质量	以棱镜基准点为中心,直径为30 mm的区域内,镜片的表面或内部都不应出现橘皮、霉斑、霍光、螺旋形等可能有害视力的各类疵病

2. 装配质量

可以使用特定长度和角度的测量工具核对包括两侧镜平面、镜面角、前倾角、弯点长、垂长、垂俯角等内容。

3. 检测注意事项

(1) 近用屈光度的测量比较困难,因为近用参考圈的位置不一定是近用屈光度的设计基准点,因此一般利用远用屈光度和加光的刻度值作为参考。

(2) 有些顶焦度计上渐进镜片的测量程序,并不一定符合所有的渐进镜片的设计,因此以隐性小刻印作为基准,确定Add定出其他的位置来测量,比较准确。

(3) 在棱镜参考点测量垂直棱镜时,由于有些公司的镜片没有加减薄棱镜,此时主要比较左右镜片的垂直棱镜差异量

三、质量检测结果应用与处理

渐进多焦镜验配成功的关键在于以下几个方面。

(1) 准确的验光:依据配镜者的近用阅读习惯需求加入附加度。

(2) 正确的镜架调整和参数(单眼瞳距和配镜高度)测量:选择适合的镜架、符合配戴者脸部轮廓,最小的移心量让眼睛获得最大视野,正确的单眼瞳距和瞳高(配镜高度)以确定配镜十字对准瞳孔中心。镜眼距离、镜面前倾角、镜腿长度等参数调整到位。

(3) 精湛的加工工艺:依据验配处方要求制作并且符合国标要求。

(4) 恰当的使用指导、鼓励和随访:做好验配加工相关的售后跟踪服务。

使用渐进镜效果,取决于验配质量,同时也取决于配戴者配镜动机、对新眼镜的期望值、本身的知识理解力、个人的眼睛、头部移动的习惯、职业和兴趣,甚至验配师的鼓励因素。如果镜片配适恰当,则很少会出现问题。多数配戴者会在1～2天内适应新的视觉,部分配戴者可能需要2周。如超过2周仍未适应,则应系统地进行视光学检查,了解原因,以找出可能存在的问题。渐进多焦镜的质量检测应结合具体验配原理,进行验配质量问题处理,具体方法如下。

　　首先排除使用和配戴者选择不当的原因。例如常规的渐进多焦镜远用、中距离、近用区自上而下渐进分布,若配戴者不了解镜片原理,不能体会该镜片使用与普通镜片的异同点,或者该配戴者视觉需求与镜片能够提供的矫正特点相差异,即可能影响配戴的效果与舒适度。从验配方面,以下三方面因素可能导致配戴者难以适应或不能接受渐进多焦镜。

　　(1) 度数问题:可能验光错误或加工时镜片选择错误,引起远用度数、近附加的误差,常见于球镜屈光力的误差或柱镜轴位和度数的误差。

　　(2) 配镜参数问题:主要是水平参数(单眼瞳距)或垂直参数(配镜高度)的误差。由于渐进多焦镜度数是自上而下不断变化,因此配镜高度误差会引起类似度数不准确的表现,也会导致镜片有效视野大小的变化。配镜高度的同向误差,可以通过调整镜架进行补偿,而单眼瞳距的误差会导致不同区域视野的变换,一般较难通过镜架的调整解决。

　　(3) 镜架问题:由于渐进多焦镜的镜架选择和调整对验配效果影响密切,若选择不当,影响甚于单光眼镜。例如镜架水平宽度选择过大,可能会包含镜片较多的像差区域,影响视觉舒适度和清晰度;过小则可能影响视野,尤其近用有效视野。同时镜架的调整也对配适结果影响较大,例如镜眼距过小或前倾角过小,使有效视野减小从而影响配适结果。

　　分析上述问题,按照相应的原因寻找解决办法。表 10 - 6 总结验配渐进多焦镜常见症状与原因。

表 10 - 6　渐进多焦镜常见症状与原因

视远模糊	① 配镜高度过高;② 处方不正确:正度数过多、负度数过少、散光不准确
视近模糊	① 处方不正确:近用加光度不正确,远用屈光度不正确;② 配镜高度过低;③ 瞳距不准确;④ 镜眼距离(顶点距离)过大;⑤ 镜架垂直倾斜度不够;⑥ 镜片基弧问题
看远时头晕目眩	① 镜眼距离过大;② 镜架太大不符合脸形;③ 垂直倾斜度不够;④ 配镜高度太大;⑤ 视远瞳距不准确
阅读区太小(阅读时头部过度侧移)	① 近用正度数过多;② 瞳距不准确;③ 配镜高度太低;④ 镜眼距离过大;⑤ 垂直倾斜度不够;⑥ 镜片基弧问题
阅读时头位侧移	瞳距不准确
看远时头部后仰	处方不准确:负度数过多或正度数过少
看中/近距离时头部后仰	① 处方不准确:正度数过少;② 配镜高度太低
看中时头部前倾	配镜高度太高
看中/近距离时头部前倾	① 处方不准确;② 正度数过多
看中近距离变形上大下小	① 瞳距偏小;② 镜面角不够
看中近距离上小下大	① 瞳距偏大;② 镜面角太大
看远时镜架上移	视远度数偏负
看远时镜架下移	配镜高度过高
看中、近时镜架上移	① 中、近距离区正度数过少;② 配镜高度太低

第十一章 眼镜销售应用

随着视觉健康问题的日益突出，越来越多的人们被迫地接受了眼镜。与此同时，随着人们对时尚的追求以及对眼镜装饰性的认可，越来越多的人主动地接受着眼镜。于是，眼镜在今天已成为大多数人生活的必需品。作为全球人口最多的国家，毫无疑问中国具有最大发展潜力和最大潜在眼镜市场。

目前国内大、中、小型城市分布有大大小小数以万计的眼镜零售企业。既有传统眼镜产品零售企业，亦有新兴的医院视光中心、眼镜商城、平价眼镜超市以及眼镜网店等。虽然，我国的眼镜行业从来未曾像今天这样，已经能够为大众提供便利、合格的眼镜。但是，眼镜行业未能充分拓展其应有的市场空间，在整个商业领域中，未获得其应有的市场份额。

究其原因，在于我国眼镜行业的营销理念、现代营销模式等方面的相对落后。

眼镜确实有别于一般的商品，严格意义上说它兼具医疗器械和日用商品的属性。而具医疗器械属性的眼镜当然的适合专业营销。因此，眼镜营销企业，一方面，需要努力提升常规的营销策略与销售技巧；另一方面，需要更多的掌握验光技术、配镜技术、眼镜艺术、眼镜文化等专业相关的背景，开展专业与营销整合的专业营销。而眼镜的专业营销所涉及的背景内容不仅仅包括传统的光学、材料学、化学等范畴，还包括眼球生理学、眼科学、视光学、双眼视觉学、医学心理学、验光技术、配镜技术、眼镜艺术及眼镜文化等。

第一节 眼镜销售市场现状分析

据文献报道，2009 年我国国内眼镜市场总销售额仅 300 亿元左右，而美容美发行业 2006 年就已做到 3 000 亿的产值；国人平均拥有 7 双鞋却仍旧只有 1 副眼镜；中国的人口为法国的 22 倍，而中国的眼镜市场只有法国的 2/3。差距之大，令人诧异。眼镜行业从来就不是一个周期性的行业，眼镜消费中的刚性需求一直存在，行业潜力巨大，但如何挖掘，如何拉升销售额、提升利润、做大眼镜市场，是摆在众多眼镜材料零售企业面前的难题。300 多年前，欧洲已开始使用玻璃来制作眼镜的镜片，以矫正屈光问题造成的视力下降。在发达国家和地区，眼镜消费已经发展为人们日常生活中的重要消费之一。法国一项统计数据表明，2005 年法国眼镜行业眼镜额是继电子产品、家用电器和信息产品后的第 4 名，其中框架矫正镜片销售额占 57.5%，镜架占 24.8%，隐形眼镜占 8.8 %，太阳镜占6.6 %。视力矫正镜片，特别是光学树脂镜片的全球主要市场来看，销售额显示出相当稳定的强劲增长。

据统计调查，我国青少年近视发病率高达 50%～60%，在大学阶段，甚至达到 70%～90%，已占世界近视患者总数的 33%，远高于我国占世界人口总数 22% 的比例数；根据 WHO(世界卫生组织)报道，目前全球盲人和视觉残疾的人数约 2 800 万，中国盲人和视觉残疾的人数约占世界的18％,我国弱视发病率为2％~4％,低视力发病率为1％~2％,现有戴框架眼镜人数约4亿人,隐形眼镜配戴人数约200~300万人。以上数据表明,我国拥有巨大的眼视光客户群体与市场。

一、发展趋势

当前中国社会的消费结构正在发生变化,消费者对商品的文化内涵提出了更高的要求;文化消费的迅速崛起,有力地拉动了眼镜消费的市场需求。眼镜消费已呈多元化发展,分别体现在消费结构、消费群体、消费观念几个方面。

(一) 消费结构

眼镜不论是从功能性还是时尚性上,都属于个性化的东西。特别是近年来,随着经济的发展,消费结构的"升级"使眼镜早已由奢侈品变成了必需品和时尚品。因此,眼镜的消费群体得到放大,消费水平得以提高。拥有几副不同款式、不同用途眼镜的戴镜者也越来越多。随着人们对个性化的追求越来越强烈,眼镜产品已经需要从不同设计、款式和舒适性上来满足不同人种、脸形、视觉习惯和服饰搭配的不同需求。过去全球眼镜市场和视光技术研发中心大多数集中在欧美地区,设计需求尽量偏向欧美人群特征,而随着亚洲地区特别是中国经济的崛起,现在的许多眼镜设计都是根据亚洲人的特征而不断优化。

与此同时,眼镜产品的多样性又为眼镜消费结构的改善提供了有力支撑。选择面的拓宽、文化内涵的提升、观念的变化促使着消费者不断追求款式更新、功能更强的眼镜商品。

(二) 消费群体

目前眼镜的主要功能是用来矫正视力,但随着现代生活节奏的改变、内容的丰富,眼镜的功能开始逐渐延伸至生活的其他领域。未来的发展趋势是所有的人都有眼镜的需求,而不仅仅是视力的矫正。以前针对眼镜产业认为的"定向群体观"已经被打破。眼镜的消费群体已经立体化并且交叉化。以老年群体为例,以前可能不是主要的眼镜消费对象,仅仅只有老花镜的需求;但是,眼下随着生活水平的提高,精神生活的丰富,保健意识的加强,中老年对远、近视力同时矫正的需求增大,中老年人因为渐进多焦镜的出现与消费推广而逐渐成为重要的眼镜消费群体。

(三) 消费观念

健康消费、时尚消费、体验消费等已经成为现代人崭新的消费观念。眼镜不仅仅是视力矫正、视觉保健工具,还是整体装饰工具。不同的服装、不同的季节、不同的场合需要配合不同的眼镜的消费观念渐成趋势。

眼镜消费多元化的发展趋势使眼镜在生产、创新、销售和市场发展上也呈现了多元化的发展趋势。这种多元化表现在以下三个方面。

1. 眼镜品种多元化

目前各种品牌、各种价位的镜架、镜片品种繁多,应有尽有,除传统眼镜高档消费品牌外,还有不少其他消费领域的著名品牌,例如保时捷、阿玛尼、彪马等。这些品牌看准眼镜市场的巨大前景,借助自身品牌的价值推出了同品牌的眼镜产品,使眼镜与其他时尚消费品的联系日益加强。

2. 眼镜材质多元化

当前的眼镜戴镜者追求舒适、卫生、快捷的生活，越来越注重眼镜使用的便利性，因此眼镜文化的发展带动着眼镜使用观念的变化。这种变化主要体现在材质的功能性、搭配性、环保性三个方面。例如镜片镀膜层在抗污和耐磨损方面的性能不断地提高，使戴镜者在相当一段时间内不需要维护就可以保持卓越的视觉清晰度。此外，以前需经常擦拭镜架，以避免汗液对镜架材料的腐蚀，而现在镜架材料及其表面镀层不断的改进，以及通过镜架本身抗腐蚀性的提高而减少日常维护的频率。抛弃型隐形眼镜材料的变革，也改变了长期以来隐形眼镜不能夜戴的事实。

3. 眼镜功能多元化

眼镜的功能和用途的拓展，向产业链的上下游提供了延伸的空间。眼镜业不仅出现了许多具有特殊功能的眼镜，而且出现了以眼镜为特征的扩展型产品线和产品链。例如能同时提高远近视力的渐进多焦点镜片，脱离了传统的单焦眼镜对调节力需求的束缚，已大量应用于老视的矫正和青少年近视的预防。又如结合中医理疗技术，具有磁疗等功能的眼镜用于近视人群、老视人群保健。为了获得更佳的戴镜效果及舒适度，镜片形式设计的改进从未停止；伴随着光学、机械加工学和人体生理物理学研究的不断进步，满足戴镜者更高舒适度、便利性的眼镜将不断涌现。

二、行业困境与机遇

单从数量上说，中国是一个名副其实的眼镜消费大国，但是与发达国家眼镜产品消费水平相比，中国眼镜销售行业的发展始终处在一个粗放式低产值的增长过程中。相比其他发达的市场，中国眼镜业存在着定位的缺陷、价格竞争的误导、从业人员的结构性矛盾、眼镜消费理念的落后以及功能产品的单一等种种问题。

（一）困境

1. 缺乏内涵

国内眼镜行业的迅速发展，带来了消费市场的不断扩大，但也形成了激烈的竞争态势。由于过去中国对眼镜销售市场没有实行准入制度，改革开放初期大量非视光专业人员涌入该行业，许多城市的眼镜产品零售企业出现爆发式增长。这些眼镜产品零售企业都带有家族式特征，在配置上采取了小而全的模式，因此造成资源的重复设置和浪费，使其无法得到有效的整合与发挥。整个行业处于一种低效率的状态，这是中国眼镜行业无法做强的主要障碍之一。在这种情况下，中小眼镜销售企业想要保持已有的市场份额，就必须转换经营思路，进行多种营销模式和销售理念的探索。此外，以中、小甚至微型企业为主的眼镜零售企业，缺少眼镜品牌建设、眼镜文化建设的意识与实力。值得注意的是，眼镜文化建设不仅仅是眼镜品牌建设，如果只注重眼镜品牌的价值而忽视了眼镜文化的时代特征，只注重材质和式样的模仿而忽视了文化的整合与创新，特别是忽视了对眼镜人文特征及市场发展状况的前瞻性研究，就不能把握眼镜产品时代走向和趋势，极大的约束了眼镜销售市场的扩张。

2. 服务免费

眼镜销售业务中最重要的是专业服务，专业的核心价值来源于专业服务的差异。但是，中国眼镜行业在快速市场化的过程中,营销管理的重点都被放在装修、广告和员工着装等商业层面上,而对于眼镜的核心竞争力——视光专业服务却不够重视。典型的表现是眼镜有价,验光免费。其后果是戴镜者越来越将眼镜看成一种普通商品,误以为眼镜的价值差别就在于镜片和镜架的好坏,购买眼镜时直接将价格摆在选购标准的首位,忽视了各眼镜销售终端在技术和服务上的差异。

（二）机遇

1. 功能多样化

眼镜行业遵循科技化导向,发展功能多样化,拓展眼镜市场的广度。目前眼镜已不单单是矫正视力这一功能,随着健康理念更多地渗入到视光学矫正当中,眼镜相关产品亦将更多地涵盖视力保健的内容。目前市面上热销的抗疲劳镜、钓鱼镜、驾驶镜等,都是在提倡视力矫正之外的其他健康功能,也已经获得了大批消费者的认可。

2. 专业回归

眼镜营销的基础应建立在店家和消费者信任的层面上,同时眼镜产品零售企业的名声大部分又是通过戴镜者的口碑来传播的,但事实是,如今社会公众对于眼镜行业的信任度却很低。行业的主流已经认识到,中国眼镜业要发展就不得不从根本上进行重新定位,只有正本清源,回归专业服务,才能真正取得戴镜者的信任并引发更多的需求。眼镜企业的竞争最终应归结于专业技术的竞争,应该要求每一个相关从业人员认真钻研专业技术,恪守职业规范和职业操守,不断地提高专业素养和业务能力,在行业内形成一大批以崇尚技术为本的职业人士。当行业逐渐转变为以专业为导向的局面时,恶性的价格竞争自然就演变为良性的专业技术竞争,转而以专业技术引导客户需求,挖掘市场消费潜力。

3. 法规的制定与规范

根据中国视光学发展现状和国际发展现状,我国应该制定一系列相关视光学教育、视光学从业人员标准,眼镜生产、隐形眼镜生产、眼镜验配法规、相关卫生标准等,以保证眼镜和视光行业具有较高的准入门槛。目前部分省份已经陆续出台了相关隐形眼镜的验配法规、眼镜行业生产许可证制度、验光配镜行业准入制度等。但今后仍然有很多的问题需要逐一解决。

4. 实行等级验光收费制

眼镜行业改变戴镜者的认知,实行等级验光收费制,重新建立区别眼镜终端实力的标准,通过积极的经济手段把技术与服务体现出来。例如验光、加工和许多特色服务项目应该实施收费,这在许多发达市场是非常普遍的;同时应该主动降低眼镜产品本身的价格,实行优质优价,不同品牌不同价,使产品的利润率回复到一个合理的水平。这种价格改革有助于使眼镜价格透明化,有利于行业口碑和形象的建立,更有利于行业在公正、公开与和谐的社会舆论环境中健康发展。可能的情况下,部分有条件的眼镜零售企业可以改建为视觉健康检查中心,其售卖产品即为视觉问题检查服务和视觉问题的解决方案服务;实施中重点应根据顾客的视觉需求特点设计个性化检查方案,提供个性化视觉问题解决方案。

5. 多种销售模式并存

近两年,眼镜行业在竞争加剧的背景下,盲目求大的现象很普遍。在经营效益的制约下,眼镜行业"大而全"的做法可望得到纠正,逐渐被追求经营实际效率的"细而精"的做法取代。各种类型的专业门店陆续推出,例如以视觉保健中心为模式的眼镜验配中心,以青少年视觉保健和矫正为主的眼视光中心,以隐形眼镜销售为主的隐形专卖店模式,以太阳镜、时尚非矫正眼镜的品牌时尚店,以工薪阶层为主力消费的平价店铺,以高端消费人群为主的商场店、品牌专卖店等,通过不同的开设模式针对不同年龄段的消费者、不同消费水平的消费者、不同消费范围的消费者,从而使消费者拥有更多的选择。由于消费者认知产品和认知模式的变化,消费者会更加精明的选择适合他的眼镜售卖模式。

6. 技术体系愈加规范

近年来,角膜塑形镜、棱镜式组合透镜、青少年渐进多焦点、中青年抗疲劳镜片的出现和视觉保健技术、视觉训练技术的推广,眼镜行业的范畴越来越大,受到社会的广泛关注。鉴于目前眼镜行业体系标准尚不规范的背景,未来将重点建设多方面的标准技术体系,包括产品标准体系、验光的标准体系、隐形眼镜验配的标准体系及其他相关的技术监督体系等。

三、寻找新的消费增长点

在目前眼镜销售市场激烈的竞争环境下,了解整个市场的增长点、寻找目标消费群并把握他们的消费心理,这无疑是拓展市场、提升销售业绩的重要途径。

(一)把握不同年龄阶段人群消费特点

成长于上世纪八九十年代的戴镜者对品牌文化有着强烈的了解欲和接受能力。倡导戴镜者尤其是年轻戴镜者一人有多副眼镜,将时尚与眼镜相融合;通过对戴镜者的引导,使其更加关心自己的戴镜形象,从而把眼镜功能扩大到时尚领域,该类型观念的宣传在眼镜行业已经有诸多企业开始践行。对于高技术附加值的渐进多焦镜的推广与营销目前也成为行业重要的业绩提升法宝,例如关注老年人群对老视保健内容的需求,开展相关老视渐进多焦镜的验配服务,科学解决老视验配问题;同时,对老视初期部分心理排斥戴镜者可进行全方位视力保健以延缓老视发生发展。

(二)关注二三线城市

目前世界知名的奢侈品品牌纷纷看好国内二三线城市市场的潜力和未来。同样的,各大眼镜生产厂商和眼镜零售企业也纷纷在二三线城市挖掘中高端消费人群的眼镜消费潜力。二三线城市市场的蓬勃发展,城市人群的聚集,无疑也给眼镜市场带来更进一步发展。将一线城市成熟的消费理念逐渐转入二三线城市,这会带动眼镜的销售。

(三)关注儿童眼保健市场

近年来,我国儿童的养育费用高昂,奢侈品市场亦快速发展,但日益突出的眼健康问题却未推动眼保健市场的快速发展。多项数据表明近视已成为影响我国青少年健康成长的严重问题,但很多家长的眼保健意识较弱。最新数据显示我国约有 1 000 万以上儿童患有弱视,而早期发现、治疗是弱视儿童恢复视力的最佳方式。因此有条件的眼镜销售终端通过为儿童眼病患者提供专业化、高质量的诊疗服务,既可以拓展服务内容,也能获得更大儿童眼镜消费市场。

（四）关注网络营销渠道

纵观中国眼镜行业，大部分依然还是以传统销售模式为主，而截至 2010 年，中国网民达到 3 亿多，现在越来越多年轻人将网上购物当成一种生活习惯。在互联网日趋成熟的今天，不少眼镜销售商已经开始在网上开设自己的店面，借助互联网的优势开辟新的销售渠道，线上线下合作营销，前景可观。

（五）关注个性化定制眼镜

随着行业的发展，中国的戴镜者购买眼镜的观念开始向个性化、舒适化、时尚化发展。戴镜者个性定制眼镜、钻石镶边开始成为戴镜者新宠。目前认为，30 岁以上的女性是定制眼镜的重要消费群体。定制眼镜可以经营出很多变化、很多特色，在未来风格化、个性化产品受欢迎的时代有很大的发展空间。差异化产品的利润源于创新，同时也迎合市场需求，是商家和消费者双赢的选择。

第二节　镜架的选择与销售

眼镜是具备视觉矫正功能、符合眼部和脸部生理，同时又具备时尚美学的特殊视觉保健器具。镜架的发展包括框架材料和框架设计发展。随着眼镜在安全、轻巧、舒适、时尚等方面不断进步，镜架的选择也成为帮助戴镜者选择眼镜重要的一方面。选择镜架需考虑的因素很多，如戴镜者的性别、年龄、脸型、性格、职业及配镜的用途等，主要考虑三个方面：① 功能，② 舒适性，③ 美观。选择的原则以实际应用与美容相统一。实际应用是指镜架大小及鼻托高低对镜片光学矫正效果的影响，美容是美学构图的效果。

一、普通镜架的选择

（一）考虑实用性

1. 镜架的大小

指的是镜架两镜框几何中心距的大小（水平距离）。镜框的水平宽度主要与戴镜者的脸型及所需视场有关，而镜框的高度（垂直距离）主要与视场有关。

选择镜架大小要以瞳距为依据，即镜架的几何中心距要与戴镜者的瞳距一致。但若戴镜者的颞距与所选的镜架大小不相配，需要选择大尺寸的镜架宽度时，必须考虑戴镜者瞳距与镜架几何中心距之间的差异，评估所产生的棱镜效应是否会造成戴镜者的无法耐受。

【例 11-1】　一位双眼需配 -3.00 D 眼镜的戴镜者选择了一副镜架，镜架几何中心距为 70 mm，而戴镜者的瞳距为 60 mm，如果镜片装配时不考虑移心，请问该戴镜者戴镜后双眼产生的水平棱镜效应为多大？

解：镜架几何中心距与戴镜者瞳距之差为 10 mm，单眼差异为 5 mm，则通过透镜的棱镜度公式 $P=Fc$ 可知：$P=0.5×3=1.5^{\triangle}BI$（每眼）。

答：戴镜后双眼水平棱镜效应为 $3^{\triangle}BI$。

　　通过该题所知,戴镜后水平棱镜效应的大小与镜片度数及所选镜架的大小有关。如果棱镜效应大小超出了戴镜者的耐受范围,则解决问题的办法有三个:① 选择几何中心距更接近于戴镜者瞳距的镜架。② 通过镜片移心,使镜片的光心与戴镜者第一眼位时的视轴重合。③ 在镜片上增加底向相反的辅助棱镜,以抵消戴镜产生的棱镜效应。

　　2. 镜框的大小

　　镜框尺寸与镜框的高度会明显影响戴镜者的视场大小。验配双光镜、三光镜或者是渐进多焦镜的镜架,为了获得足够的视近区,镜框高度一般要求不小于 36 mm,其中视远中心往下不小于 24 mm;而对于某些特殊需求,如需要较大视场的驾驶员,其镜框大小都应有一定的要求。

　　3. 镜架的鼻托

　　鼻托的选择没有严格的要求,但要满足配戴条件。如果戴镜者鼻梁过低,则要采用活动鼻托或鼻托较高的镜架,以避免戴镜后出现镜片碰到睫毛或镜框接触面颊的情况;此外配装双光镜或渐进多焦镜,则应避免使用固定鼻托的镜架,以免给装配后镜架的调整带来困难。

(二) 考虑美观性

　　镜架不仅仅考虑作为单纯的视力矫正工具,而应成为戴镜者整体配饰的一部分。戴镜者戴上眼镜,希望镜架能起到装饰、点缀的作用,对自身的面部特征扬长避短,掩盖面部缺点、突出优点。

　　1. 脸型与镜架式样

　　(1) 面孔的"构图"

　　利用横、纵轴相交位置的不同来体现。人五官的大小及位置的不同,如图 11-1 所示。三根纵轴一样长,但由于三根横轴与纵轴相交于不同位置,使(b)图的纵轴显得较长,(c)图的纵轴显得较短。而(a)图因横轴在纵轴的 2/3 处相交,通过美学中著名的黄金分割原理使构图产生了一种均衡的美。

　　人的面孔也与此类似,眉毛相当于横轴,通过眉毛所在位置的高低可以把面孔分为均衡型、长型或短形三种。如属于均衡型,则大部分镜架式样都适用,通常镜架顶部应与眉弓平

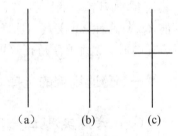

(a)　　　　(b)　　　　(c)

图 11-1　面孔的构图

行且高度相近,即和眉弓等高或者略高(如镜架滑落,顶部应与眉弓齐平);长型需要深色的镜框横梁来"降低"眉线,如果选择浅色横梁,会突出戴镜者的眉毛高度,使人感觉有另一条眉毛存在的感觉;同理,短型则需要浅色或透明的镜框底边来"提高"眉线。

　　(2) 方框轮廓与镜型

　　若用一个方框把戴镜者眉毛以下的部分框住,按眉毛位置的高低及颞距的大小,可以发现方框有深有浅,且通过双侧颞部至下颌线条的不同倾斜度,形成不同的方框轮廓。借助方框轮廓,可以选择均衡协调脸型的镜架。如图 11-2 所示,(a)的方框为深长形,需用镜框高度稍大及深色的镜架;而(b)的方框较短浅,适合稍扁镜框及双色或半框镜架。

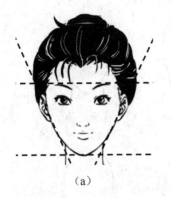 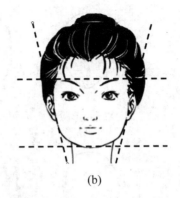

（a）　　　　　　　　　　　　（b）

图 11 - 2　脸部轮廓

　　根据脸部骨架结构所决定的几何形状，可以将脸型分为 6 类：正方形、长方形、圆形、三角形、倒三角形及椭圆形。具体的脸形各自都含有一些复杂的特征，不过脸形的区分对于选择合适的镜架很有帮助。例如正方形的脸形配戴圆形镜架可以消除过于明显的棱角感，而方形镜架会增添圆形脸庞的棱角感。脸形的区分可帮助验配师更好的选择适合顾客脸型的镜架。

　　下面依次来分析每种脸型，如图 11 - 3 所示。

　　① 正方形脸：正方形的脸比较短，下颌线比较突出、并有棱角。圆形镜架，特别是底部是圆形的镜架可以减少棱角过于分明的感觉。此外还可以通过以下方法来将脸型"拉长"：选择镜框高度较小的镜架，大的镜框会占据脸庞的更多面积，而使人感觉这张脸更短；如果可能的话，选择桩头位置较高的镜架，也会使脸庞显得变长；镜框底边浅色或者半框镜架也可以使脸型有拉长的感觉。

　　② 长方形脸：和正方形脸一样，这种脸形的人下颌棱角也明显，不同的是脸比较长。除了注意选择圆形镜架缓解棱角，同时可选择镜框高度较大、桩头位置在镜框中部以及深色镜框的镜架，这样的镜架能够占据脸庞的中上部较大区域，可以此来缩短脸形。

　　③ 倒三角形脸：倒三角形脸也叫心形脸，其特征是前额较宽，颧骨凸出，下颌窄而尖。这种脸形外观上上部比下部大而突出，需要配戴外观正好相反，即底部较宽的镜架，这样可以从视觉上增加下半部脸的宽度。桩头位置较低也有助于改善这一效果。

　　④ 三角形脸：三角形脸也是感觉不平衡的，前额窄，越往下越宽，故其下颌宽且较突出。这种脸形比较少见，镜架选择的原则与心形脸相反，需要桩头位置高、上宽下窄的镜架。

　　⑤ 圆形脸：圆形脸与正方形脸轮廓特征相反，因此镜架选择原则也基本相反，需要棱角比较明显的镜架以改善面部轮廓感，同时也需要用到方形脸的"拉长"原理，即采用镜框高度较小、桩头位置较高、镜框底边浅色或透明的镜架。

　　⑥ 椭圆形脸：椭圆形脸的骨架并不格外突出，也没有明显的缺点要掩饰，通常被认为是比较理想的脸型。这类脸型的镜架选择空间比较大，相对选择范围较大。

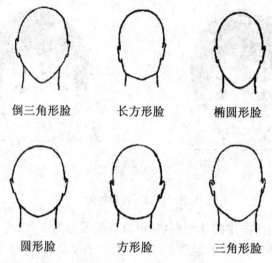

倒三角形脸　　　　长方形脸　　　　椭圆形脸

圆形脸　　　　方形脸　　　　三角形脸

图 11-3　不同的脸型

（3）脸型与镜腿

如图 11-4 所示，两张同样脸型的侧面，（a）中镜腿较粗厚、桩头位置较低的镜架使脸型显得更短；而（b）中镜腿较细瘦、桩头位置较高的镜架则使脸型显得更长。

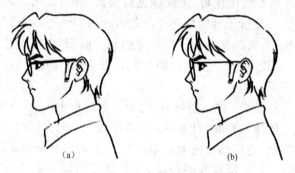

（a）　　　　　　　　　　（b）

图 11-4　镜腿与脸型

（4）镜架的鼻梁、鼻托

鼻梁的作用是将两只镜框连接并固定在一起。鼻托的作用是支撑镜架及镜片的重量，顺贴鼻梁并使重量分布均匀。从美学角度来看，镜架的鼻梁高一些，视觉上可使戴镜者鼻子增长，粗短的鼻子会显得窄长；而没有鼻托或鼻托低的镜架，可使戴镜者的长鼻显得短些。所以儿童应避免使用无鼻托的镜架；成人选择深色镜架时，宜使用透明或浅色的鼻托。

2. 对脸部细节的处理

镜架的选择，不仅仅针对脸庞总体外观进行镜架选择，有时需要特殊处理脸部细节的美学缺憾。例如瞳距较近者，可以通过鼻梁处浅色往镜腿颜色逐渐变深的镜架来达成视觉平衡的效果。瞳距宽者的选择则与此相反。

3. 颜色

颜色通常分为两大类：以橙色为基调的暖色调与以蓝色为基调的冷色调。大多数人喜欢选择与肤色相配的服饰，这样可以显示性格特征；同样的，镜架颜色也应根据肤色、性别、年龄及服饰颜色来进行匹配,同时也取决于戴镜者本人的喜好。一般肤色较深、体魄健壮者以选用镜架颜色以深色为主,皮肤较白者适合搭配淡雅色彩的镜架。男性多选用结构粗犷、色泽深厚的镜架,女性则喜好色调明快、色彩鲜艳的镜架。年长者不宜选用冷色镜架,可选择金、银、钛、镍等材质的金属架,以体现其大方稳重;青年人朝气蓬勃,追求时尚,因此镜架用色没有限制。儿童宜选用浅色或彩色的镜架,以符合其年龄、性格特征。此外,镜架选择还需要根据顾客的具体情况灵活应用。

从美学角度上来选择镜架的样式和颜色,需要注意以下事项:首先,上述只是基本理论,文化在不断发展,潮流总是不断变化,个人品位也有不同,因此戴镜者的观感是最主要的;其次,还需要考虑镜架选择的其他参考条件,例如功能和感觉,它们可能与时尚标准有所矛盾;最重要的是,时尚原则只是帮助选择,而非绝对。总体而言,镜架的选择应满足视光学专业需求,同时也要根据戴镜者的年龄和身份来选择眼镜的材质、造型、色彩以及价位、品牌等。

(三) 考虑功能性

镜架的样式选择与镜架的功能密切相关。不同款式的镜架具有不同的特点,适合不同的人群。

全框镜架是指镜框整个包住镜片,能更好地保护镜片,特点是坚固、耐用;半框镜架是指镜片上部有镜框包绕,但没有底框,只是用尼龙丝嵌入镜片底部固定,特点是较轻、耐用;而无框镜架是指镜片整个四周都没有镜框包绕,只配上鼻梁及镜腿,通过螺丝连接固定,因此显得轻巧、活泼。三种镜架没有好坏之分,只是不同类型的镜架适合于不同的人群,应该根据戴镜者的镜片度数、喜好等综合考虑选择。

全框镜架适合任意镜片,尤其适合高度近视、镜片边缘较厚的戴镜者,但需经常检查螺丝是否松动,以及时进行调整;高度数远视镜片不要配上下形状较窄的方形镜架,包括金属架和塑料架,由于度数较高,镜片弯曲度大,尤其是低折射率镜片容易掉出框外。

半框架,尤其是镜框高度较小的镜架,出于安全考虑,所配镜片成型后,边缘最薄处不低于 1.6 mm。因为目前有的镜片中心厚度较薄,低度数的镜片磨边加工后边缘几乎没有开槽的余地,特别是 PC 片的定配,要计算测量妥当后再考虑是否选配半框架。近视度数在2.00 D以下,远视在 1.50 D 以下的戴镜者不建议其配半框架,否则镜片下框边缘容易崩边。如遇戴镜者特殊要求半框架配玻璃镜片,首先避免上丝为金属丝的镜架,并且选择的玻璃镜片应具有一定的边缘厚度,移心量不能太大以保证四周受力均匀;还需与戴镜者讲明,和树脂片拉丝相比,玻璃片更容易崩边、破碎,而树脂镜片安全舒适,便于长期使用。

无框镜架只适合使用树脂片或 PC 片,但打孔处螺丝容易松动造成镜片松动。目前四孔四槽甚至八孔八槽的无框镜架,稳定性大大提高,但是加工难度也随之增加,所以无框镜架在同等材质情况下,价格相对较高。对于配镜度数比较高的戴镜者,由于镜片边缘较厚,配戴无框架也不美观。高度屈光不正戴镜者选择无框镜架时,可考虑配合高折射率镜片。

无框镜架的桩头和鼻梁有安装在镜片前表面和镜片后表面两种类型。高度近视者选择无框镜架时,镜片边缘会显得很厚;而屈光参差度数较高者,双眼镜片边缘厚度差异会更加明显。因此这两种情况选择无框镜架需要特别慎重,即使选择也应该选桩头和鼻梁安装在镜片前表面的类型,以避免镜片厚度突出,影响美观。高度远视者选择无框镜架时,为避免镜面角弯度过大影响镜腿张开的角度,应选择桩头和鼻梁在镜片后表面的类型。

镜片形状是无框镜架选择的一个重要方面。与全框镜架不同的是,无框镜架的片形可以作适当的修改,这样除了能改善与脸型的协调搭配、增进美观,还对改善镜片边缘厚度的差异起到重要作用。

小瞳距的戴镜者不要选择鼻梁间距过大的无框眼镜,因为镜架鼻梁部太宽会使戴镜者在开始配戴时感觉到中间螺丝的存在并影响视力。如果戴镜者的近视度数超过 3.00 D,每只眼睛的移心量最好不要超过 3 mm,而且镜片的水平尺寸也不能太大,以免水平方向的镜片边缘厚度相差太大。当戴镜者是远视眼时,则要求在镜片的钻孔处的厚度能够达到 1.5～2.5 mm,因此镜片的水平尺寸反而不能太小。如果有较高度数的散光存在,就需要考虑散光轴向对镜片边缘厚度的影响。顺规散光应尽量选择水平宽度较窄、垂直高度较大的镜片;而逆规散光则适合使用水平宽度较大,垂直高度较小的镜片,这样才能尽量减小镜片边缘各个方向的厚度差。在确定新的镜片形状时,特别要注意与镜腿桩头处的接触形状必须与原镜片原位置处完全一样,否则会使新的眼镜装配时发生变形和镜腿歪斜。无框架配片之前检查内容包括无框架是否是固定螺丝,高度数的镜片边缘厚,螺丝是否够长等。有的无框架是由金属管插入镜片内后,拧紧螺丝固定的,此时不要配度数过小的镜片,因为金属管比镜片厚,无法固定;如配高度数的镜片,先看看是否有适合的配件(长螺丝)。

镜架选择也与视觉工作的时机与场所相关,例如需要遮阳镜,应选择尺寸较大的镜架,来达到较好的保护效果;如果眼镜是用于视电脑,并且需要从屏幕到阅读材料重复地来回观看,应考虑不能选择太小的眼镜架,以避免过多的头部转动。

二、特殊镜架的选择

1. 渐进多焦镜镜架的选择

选择合适的镜架对渐进多焦镜的成功验配起着非常重要的作用,一般选择可调整性好的金属镜架。其中需要注意的是:

(1) 镜架材质坚固、结构不易变形,避免选择无框镜架。

(2) 镜框的鼻侧区域,特别是鼻下方要有足够大的空间,以保证足够的视近区大小。

(3) 镜框高度及瞳孔中心至镜框下缘的高度要达到一定要求,通常镜框高度不低于 34 mm,瞳孔中心至镜框下缘的高度不低于 22 mm,特殊类型的渐进多焦镜(如万里路逸视等短通道渐进多焦镜)除外。

(4) 选择鼻托可调整的镜架,通过调整尽量减小镜眼距,以镜片后表面不触及睫毛为宜,借此可增大戴镜视场。

(5) 选择能自由调整、有充分长度的镜腿,以便于调整镜眼距并改善与戴镜者耳部轮廓的匹配。

2. 高度数镜片的镜架选择

(1) 从镜架款式方面来说全框架镜架可以遮掩边缘厚度。无论是高度近视还是高度远视,都应选择小镜框的镜架,以减少镜片的厚度和重量。

(2) 从镜片角度来说,高折射率镜片可以减少镜片厚度;从加工技巧角度来说,钻石切边工艺能更好地改善镜架美观程度。

(3) 几何中心距接近戴镜者瞳距的镜架,可以减少镜片所需移心的量,以减少镜片两侧的边缘厚度差。

（4）由于高度数镜片的重量较大,因此面积大且具有防滑表面的鼻托能分散眼镜对鼻梁的压力并避免由于镜片过重导致眼镜下滑。鼻托支架离镜架边缘有一定的距离或鼻托支架容易调整,以确保一定边缘厚度的镜片能够顺利安装。

（5）镜腿和桩头:需要结实、牢固、耐用,以支撑厚重的眼镜并满足眼镜容易下滑需经常扶正的需求。

3. 不同年龄的镜架选择

对幼儿来讲,眼镜架要轻,镜架的鼻托位置应该低一些。幼儿的鼻骨还未发育完全,在生长过程中变化较快,因此所采用的镜架要既能挂耳,也可以从镜腿末端穿入挂绳绕扣在幼儿后脑勺上。学龄儿童最好选择树脂镜架,以镜架能与鼻面相贴为宜。儿童不适合戴金属镜架,因为金属架的鼻托易引起皮肤过敏及压迫鼻骨。

青年人选择镜架除了需要根据自己的脸型、鼻梁、瞳距等来考虑,还要与肤色、发色相协调。一般女青年比较喜欢纤巧精细、颜色鲜艳的镜架,男青年则喜欢结构粗犷、色泽深厚的镜架。

老年人选择镜架应从个人需要考虑。在家中读书看报用的老花镜,可选取大框镜架配双光片或者渐进多焦镜片,既能看远又能看近。外出时为携带方便,可选折叠式镜架。老年人配戴渐变色镜片,上部暗色下部透明,有舒缓老年人面孔线条的作用,可使人显得年轻些。

第三节　镜片的选择与销售

镜片材料最初为天然水晶,随着玻璃工业的发展,玻璃材料逐步取代了天然水晶。随着人们对镜片的屈光力与镜片材料的折射率相关的几何光学知识和相关定律的认识,不同类型和不同折射率的镜片材料随之相继出现,如折射率为 1.523 的皇冠玻璃(又称冕牌玻璃)和为了减轻镜片重量或减薄镜片的厚度而出现的高折射率的玻璃镜片。随着航空工业的发展,一些原本为航空领域研制和发展的材料也推动了镜片材料的进步,其中典型的例子就是树脂材料,例如哥伦比亚树脂材料的 39 号(CR-39)、聚碳酸酯(PC)(又称宇宙片或太空片)等。材料轻、薄,也能较好地满足安全、健康等对于眼镜材料的要求。

一、镜片材料的选择

光学玻璃镜片具有水晶般的硬度,但是其缺点是易碎、安全性较差。机械力撞击下玻璃镜片产生的碎片容易对眼睛造成伤害。另外,玻璃密度较大、重量普遍较大,因此配戴舒适性较差。树脂镜片弥补了玻璃镜片的主要缺陷,具有安全、抗冲击和重量轻等优点,能够更好地满足有关配戴镜片的安全性规定,所以树脂镜片已经成为国际上光学镜片的发展潮流。

镜片的选择主要考虑镜片的光学特性、物理特性和化学特性。镜片的光学特性包括顶焦度、折射率、色散力、透光率、紫外线防护能力、光线的吸收能力等;物理特性包括密度、硬度、抗冲击性、静态变形测试等;化学特性主要指镜片材料对于化学物质的反应特性,或是某些极端条件下材料的反应特性。选择过程中综合考虑以下三方面因素。

（一）光学特性因素

1. 顶焦度

根据验光的处方选择顶焦度。注意镜片是用于远用或近用，以确定是选用前顶点焦度还是后顶点焦度。

2. 折射率

镜片材料的折射率决定镜片的特性和厚度，其值一般在 1.49～1.74 之间。一般高顶焦度眼镜尽可能选择高折射率镜片材料，以减少镜片边缘或周边厚度，但需要考虑阿贝数增高可能带来的色散增加。

3. 色散力

阿贝数为镜片色散系数的倒数，表征镜片对可见光的干涉及色泽的分辨能力。习惯上用阿贝数反应镜片材料的色散力。高色散力使所视物体边缘产生彩色条纹，可能引起戴镜者的不适与抱怨。阿贝数与材料的色散力成反比，同等条件下尽可能选择阿贝数较大的镜片，以减少镜片的色散，增加镜片的实用性能。

4. 透光率

对于镜片而言，镜片材料折射率越高，镜片表面的反射率越大，因反射而损失的光线越多。该现象还会导致镜片内部产生光圈现象从而影响外观；戴镜者因为镜片表面的光线反射而被掩盖；镜片产生眩光降低对比度等。同等条件下，尽可能选择透光率较高的镜片，以更清晰的视物。

5. 紫外线切断

紫外线切断点反映了材料阻断紫外线辐射透过的波长。光辐射可分为紫外线、可见光及红外线，根据 Morgan 分类法，紫外线分为：① 短波紫外线：13.6 nm～310 nm；② 长波紫外线：310 nm～390 nm；③ 可见光：390 nm～780 nm；④ 短波红外线：780 nm～1 500 nm；⑤ 长波红外线：1 500 nm～100 000 nm

紫外线习惯上也分为 UVC（10～280 nm）、UVB（280～315 nm）、UVA（315～380 nm）。由于 UVC 一般可被大气层中的氧、氮和臭氧层吸收，大部分 UVA 和 UVB 会进入人眼，所以为保护眼睛，最好选择能阻隔一定波长紫外线的镜片，减少 UVA 和 UVB 侵入，以预防可能出现的黄斑、晶状体病变，在这方面树脂镜片是更好的选择。

（二）物理特性因素

1. 密度

同等条件下，尽可能选择密度较小的镜片以减少镜片的重量，提高配戴的舒适性。

2. 硬度

同等条件下，尽可能选择硬度较大的镜片，以减少镜片表面的磨损。必要时可以通过选择特殊的表面处理，例如加硬膜改善镜片的表面硬度，提高视觉质量及配戴舒适性。

3. 抗冲击性

同等条件下，尽可能选择抗冲击性较好的镜片，例如目前市面上最好的抗冲击性镜片材料聚碳酸酯（PC 片）。一些国家甚至强制规定某些特定人群（例如儿童、驾驶员）应该配戴的某些镜片种类。抗冲击性主要通过落球试验等进行测试，例如满足中等强度抗冲击性的测试为:日常用途的镜片能够承受一个 16 g 球从 127 cm 下落的冲击,满足高等强度的抗冲击性测试为:镜片能够承受一个 44 g 球从 130 cm 下落的冲击。

(三)化学特性因素

一般情况下,选择化学稳定性较好的镜片材料,以减少可能的镜片表面损伤。玻璃镜片材料不受各种短时间偶尔接触的化学制品影响;但树脂镜片材料,需要避免接触化学制品,尤其聚碳酸酯材料,在加工或使用中避免接触丙酮和乙醚等。

(四)镜片镀膜因素

镜片的发展还体现在镜片表面镀膜技术的改进和临床应用。镀膜从最初的耐磨损膜(又称加硬膜)到单层减反射膜,逐步发展到由耐磨损膜、多层减反射膜、憎水膜(又称抗污膜)等组成的复合膜,从生理和视觉角度减少了反光的眩光、滤过了紫外线等,从外观角度更加美观,从物理角度提高了镜片的耐用性。

(五)镜片设计因素

镜片的设计从最原始的球面镜片发展到现在的非球面、消像差功能等镜片。随着多学科研究的交叉融合,如数学、光学和电脑应用,使得非球面设计更优化,不仅在成像质量方面解决许多光学问题,在重量、镜片厚度等方面也达到了良好的效果。镜片设计也表现在矫正老视的镜片变革。最早老视矫正眼镜一直沿用了阅读附加的方式,之后出现双光镜片,随之出现能看远、看中和看近距离的三光镜片。20 世纪 50 年代渐进多焦点镜片(又称渐进镜、渐进片),即一片能满足不同距离注视要求的镜片出现了。随着电脑技术发展,临床经验积累和对眼球运动、调节和集合等方面的认识进一步深入,为老视戴镜者设计的镜片愈加符合眼睛视觉生理要求。近年来,又出现适合中青年视觉疲劳人群配戴的抗疲劳镜片,其镜片光学设计满足该类人群在一定阅读状态的视觉生理状态。

二、戴镜者需求分析

根据年龄和消费水平的相似性,可以将戴镜者分为几个大的消费群体。

(一)小学生和初中生

这类人群年龄跨度为 5~16 岁,戴镜的主要目的为矫正视力,主要是近视、散光等屈光不正,部分还有弱视存在。他们的消费支出由父母承担。除了基本视力矫正功能外,许多父母也愿意为镜片的特殊增值功能付出额外的费用,这些功能包括:安全抗冲击性(例如 PC片)、延缓近视加深功能(例如学生型渐进镜片或离焦补偿镜片)。

(二)高中、大学和一般近视视力矫正戴镜者

这部分戴镜者年龄跨度为 16~30 岁,由于学习压力和升学竞赛造成约占人群结构 20%视力受到影响。消费群的特点是无固定收入或收入较低,对镜片的基本需求为视力矫正。由于这类人群已经具有一定的审美观,对镜片的外观及功能开始在意,因此他们对具有特殊附加值的功能如偏光、变色、超薄、减反射和紫外线防护能力等有偏好,同时对时尚的染色镜

片接受程度很高,但无特殊的品牌偏好。

(三) 白领一族

这类人群年龄在 20~40 岁,工作顺利、事业处于上升期,消费容易受到朋友圈影响。消费特点是追求时尚、爱好品牌、喜欢标新立异、有攀比心理,对于眼镜这种兼具视力矫正和时尚流行于一体的物品异常看重,对满意的产品愿意付出高昂的投入。所以,该类人群除要求镜片满足基本矫正视力功能外,偏好特殊附加值眼镜,还特别关注品牌文化。由于该消费群体也是我国家庭轿车和个人电脑的主要消费群体,所以他们对偏光功能、抗疲劳功能、视觉保健功能的要求会随着产品的推广而逐渐增加。随着时间的推移,这个消费群体会对渐进多焦镜产生大量的需求,因此对这些消费群体的关注是未来眼镜销售成功的重要保障。

(四) 社会成功人士

这类人群主要有企业高级管理人员、各级学校老师、政府事业单位干部、医生、律师和银行家等,年龄跨度从 40~70 岁。他们的消费理念已经成熟固定,注重理性消费和价值消费,认同品牌效应和功能,但不会盲目追求时尚和超级品牌。由于收入丰厚稳定,所以他们对价格不敏感。在镜片的消费中,镜片的各种功能性质同样也是必备的基本功能。由于年龄的问题,很多配戴者表现为近视与老视问题同时存在,因为文化层次高,容易接受新事物,所以会很快接受渐进多焦镜便利特性,免去两副眼镜换来换去的烦恼,同时可以满足年轻时尚外观的渴望。在一些发达国家,这部分年龄段人员对渐进多焦镜的接受程度超过 50%。

(五) 一般中老年老视戴镜者

年龄跨度同样是 40~70 岁。随着年龄的增加,超过 40%的人会由于眼内调节力的下降而产生老视,但是这部分戴镜者对新生事物接受度较差,同时对视力需求较低,所以不愿意为此付出过高的价格,也不会追求品牌和附加功能。

通过以上描述可以看出,高中、大学一般近视和中老年老视两个消费群体虽大,不追求特殊的功能,但是对价格比较敏感。这些戴镜者购买的产品附加值低、边际贡献率低、产品的科技含量较低。但可通过消费观念的引导,促进消费频率的增加。初中、小学生和成功人士这两个消费群体的镜片需要较高的科技含量,这些科技产品的特殊功能能够吸引这些戴镜者付出相应的价格,属重点开拓市场。社会白领是市场竞争的白热化对象,由于消费群体较大,戴镜者的消费行为介于理性与冲动消费之间,品牌效应和时尚元素是成功的必备。

三、弱视儿童的镜片选择

通常儿童弱视的常规处理包括矫正屈光不正、矫正眼位及针对性的弱视治疗,其中矫正屈光不正是处理的首要措施。由于儿童的屈光度变化较大,镜片更换相对频繁,配镜时常建议选择便宜的光学白片。其实,相对于成人单纯的屈光矫正,弱视儿童的处理不仅仅限于度数矫正,更重要的还包括必须在一定的发育阶段内进行的弱视治疗。弱视儿童对视网膜光学成像质量的要求应该高于普通人,对镜片光学质量的要求也应更高,这样才更可能通过清晰的视网膜成像刺激视觉发育而提高视力,因此各种蕴涵先进科技的功能镜片在弱视儿童中更应该进行推广应用,以获得更优的弱视治疗效果。综合以下几个方面的考虑,有助于为弱视儿童的镜片选择提供合理的建议。

（一）镜片的材料

弱视儿童的镜片选择除了考虑安全、轻之外，还需要考虑材料的透光率、抗划伤性、折射率、阿贝数等属性。

1. 透光率与硬度

镜片的透光率越高，戴镜视觉清晰度也就越高。表面硬度低容易造成镜片表面的划伤而影响镜片的透光率及使用寿命。树脂镜片虽然表面硬度较低，但其透光率可与玻璃镜片媲美，同时具有安全、轻巧的优点，因而可以加硬膜后推荐给弱视儿童使用。

2. 折射率与阿贝数

通常材料的折射率越高，色散越强，即阿贝数越低；而折射率越低，阿贝系数越高，对入射可见光的失真越少。因此，对于弱视儿童，如有较高度数的屈光不正，不必一味追求高折射率镜片以控制厚度，反之选择中等的折射率的镜片更为合理。

（二）镜片的镀膜

弱视儿童有必要考虑的包括减反射膜、加硬膜、抗污膜、偏振膜。

1. 减反射膜

减反射膜可以减少光反射与吸收损失，提高透光率和分辨率，增加清晰度，同时减少鬼影及眩光。弱视儿童应该常规选择减反射膜镜片。

2. 加硬膜

树脂镜片的硬度比较低，为了提高镜片的抗磨损能力，需要在镜片的表面镀加硬膜。有必要为弱视儿童选择镀加硬膜的镜片，以避免因镜片表面磨损而降低镜片透光率或者频繁更换眼镜。

3. 抗污膜

表面镀有减反射膜的镜片特别容易产生污渍，从而破坏减反射膜的效果，减少光线的透射，而且儿童本身对眼镜的清洁保护也是做得最差的。因此对于儿童尤其是弱视儿童而言，应该选择镀有抗污膜的镜片。

4. 偏振膜

无论远处的物体还是近处的目标，特别是烈日下的水面及路面，都可能产生眩光而严重干扰视觉。利用偏振膜能很好地阻挡眩光中较强的水平方向光的分量，因此无论是自然光还是人造光环境下，为弱视儿童提供偏振镜片都是可以考虑的。

（三）镜片的设计

视网膜的成像质量主要受波前像差和衍射的综合作用影响，其中像差是影响人类视觉效果的主要因素。适当的光学矫正不仅可以帮助提高视敏度，还能改善视觉效果，能看得更清楚、更舒适。传统的球面镜片特别是高度数镜片在光学上不可避免地存在球面像差而带来视觉缺陷；而非球面镜片能够减少镜片边缘像差，同时基弧更平坦、厚度更薄、重量更轻，增加了镜片的透光率和稳定性，因此更适合用于弱视儿童的矫治。

（四）镜片的使用周期

弱视儿童的监护人应建立起眼镜镜片定期检查、及时更换的理念。儿童的眼球正处于发育期，眼轴在不断增长，屈光度变化较快，这也是弱视儿童每半年验光、定期更换眼镜的主要因素；同时由于瞳距会随着头部的发育而改变，虽然这一参数变化相对较缓，但也是要求定期更换眼镜以避免棱镜效应的产生。

镜片磨损是弱视儿童缩短更换周期的主要因素。由于目前的眼镜片都是前表面凸、后表面凹的新月形设计，因此前表面凸出的光学中心区域更易磨损，特别是儿童更加无法注重对镜片的保护。镜片表面产生的划痕会明显影响成像质量，因此在儿童的弱视治疗中，只要发现镜片明显磨损，即便原眼镜才戴用1个月甚至更短的时间，也有必要更换新镜，以保证弱视儿童获得良好的治疗效果。

第四节　眼镜营销原理与应用

随着科技的不断创新和进步，镜架、镜片的种类也日益丰富，增加了戴镜者在配镜过程中的可选择性。然而，在眼镜行业竞争日益激烈的大环境下，如何才能让眼镜产品零售企业形成自己独特的品牌效应已经成为眼镜行业正在探索的新课题。任何工作都有营销理念的参与才能更好地完成目标。适时的营销理念在商品交易过程中，对销售的成败起到决定性的作用。

一、寻找商品的关键销售元素

商品的关键销售元素，是传递给戴镜者的最重要的商品信息。在营销中任何商品都应该有自己独特的卖点，它是商品传递给戴镜者的一种主张、一种承诺，告诉戴镜者购买商品会得到怎样的利益，而且这是戴镜者能够认可的。商品本身可能有许多卖点，但在特定的阶段我们提炼和传递的独特卖点只能是2~3个，因为优点太多，戴镜者反而不相信；而且，介绍得太多，戴镜者可能会连一个也没记住，反而有硬性推销之嫌。

在日常的销售中，销售人员在详细了解眼镜商品的前提下，可以根据产品的不同特性，从以下角度去提炼产品独特的卖点。

（一）卓越的品质

营业人员要充分理解商品品质对于戴镜者的重要性，只要商品拥有卓越的品质，就能得到戴镜者的认同。例如钛架的质轻、弹性韧性好、耐磨损、耐腐蚀、生物相容性好等优异的理化特性，促成了钛架在消费者心中有着很好的口碑。

（二）显著的功效

每一种商品都有不同的功效，特别对眼镜产品来说，功效是一个很明显的卖点。如果商品拥有稳定的品质，又有显著的功效，那就很容易得到戴镜者的认可。例如光致变色镜片能在强光紫外线的照射下颜色变深，起到遮光、阻隔紫外线的作用，适合开车、旅游、户外运动、休闲等人士的视觉偏好。

（三）著名的品牌

著名品牌一般就是质量过硬的代名词，同时能给戴镜者带来更多的附加值，并使之产生一种心理上的满足感或荣誉感。从戴镜者角度来看，品牌是戴镜者购买信心的重要来源，是影响购买决策的重要因素。例如蔡司、尼康、依视路等国际品牌的镜片，由于卓越的光学质量，即使价格昂贵，也会有许多戴镜者竞相购买。

（四）优越的性价比

性价比，顾名思义就是指性能价格比。戴镜者都希望用更少的钱买到更多、更好的商品。性价比高的商品自然受到戴镜者的青睐，因此优越的性价比也是商品一个很好的卖点。例如钛合金镜架比纯钛镜架焊接性、抗腐蚀性及弹性韧性均更好，而价格却比纯钛镜架便宜得多，因此具有更高的性价比，易受到预算有限的年轻人的喜爱。

（五）商品的特殊利益

商品的特殊利益是指商品能满足戴镜者本身特殊要求的商品特性。商品的特殊利益是打动戴镜者的一个重要卖点。例如渐进多焦镜是中老年戴镜者同时解决看远看近困扰的最佳选择，而戴镜者正受到日常使用看远看近需要更换眼镜的困扰，此时这点就成为打动其的重要方面，可以针对这一特殊人群大力推荐。

（六）完善的售后服务

随着消费观念的日趋理性，消费者已经把眼镜的售后服务当成了消费过程中一个不可或缺的部分。售后服务的完善程度将直接影响到消费者的购买行为，其重要性不言而喻。例如针对配镜者终身免费调校镜架、定期清洗眼镜、设立会员制度、定期开展会员优惠活动、定期开展会员沙龙服务等，都是提高售后服务水平，增进眼镜产品零售企业与消费者联系的营销手段。

商品价值的综合取向是戴镜者产生购买行动的动机。不可否认，戴镜者购买眼镜的动机基本相同但又各有差异，真正影响戴镜者购买的决定因素就是眼镜商品能带给戴镜者的具体利益。而准确地表达商品关键销售元素，就成为当前眼镜营销人员与戴镜者建立成交关系的纽带，也成为每一个眼镜零售企业在戴镜者竞争时的核心竞争力之一。

二、提问式销售技巧

眼镜产品零售企业对于它的营销工作一般由配镜顾问来负责，配镜顾问可由视光学专业人士担当。由配镜顾问根据戴镜者具体情况考虑推荐适宜镜片和镜架来完成整个营销过程。销售人员在销售过程中希望尽可能地提高单价，完成高附加价值镜片的销售，但是戴镜者却越来越注重镜片的性价比。销售人员可以尝试运用 SPIN 提问式销售技巧（SPIN 法）完成高附加价值镜片的销售，通过充分挖掘戴镜者的潜在需求，运用镜片额外的功能性设计满足戴镜者的需求，将供给和需求完美地结合起来，以实现销售效能的最大化，满足消费者和眼镜产品零售企业的双重利益。

（一）提问式销售技巧的内涵

提问式销售技巧（SPIN法）实际上就是4种提问的方式，和传统的销售技巧有很多不同之处：传统的技巧偏重于如何去说，如何按自己的流程去引导戴镜者，卖方占据销售过程中的主动地位；而SPIN技巧则更注重于通过提问来引导戴镜者，通过互动从戴镜者自身挖掘提升消费需求的契机，使戴镜者自主完成购买流程并心甘情愿地为额外的需求买单。

S—Situation Questions：了解现状问题。因为戴镜者一般不会主动告诉销售人员他有什么症状和疑问，所以找出现状问题的目的是为了去了解、去发现，获知戴镜者现在有哪些困扰。因此，销售人员可以通过提问了解戴镜者的现状，从而引导他发现自身的视觉问题。了解现状问题是推动戴镜者购买流程、了解戴镜者需求的基础，注意避免问题问得太多，使戴镜者产生反感或抵触情绪，所以在提问之前一定要有准备，只问那些必要的、最可能出现的问题。

P—Problem Questions：询问症状问题。询问症状问题就是确认戴镜者现在的症状和不满。针对症状的提问必须建立在现状问题的基础上，只有做到这一点，才能保证所问的症状问题是戴镜者现实中存在的。如果老是反复问戴镜者有无症状，很可能引起戴镜者反感和抵触情绪。询问症状问题激发戴镜者的隐藏需求，不会直接导致购买行为，所以询问症状问题只是推动戴镜者购买流程中的一个过程。

I—Implication Questions：引出牵连问题。在SPIN技巧中，最困难的问题就是暗示问题或牵连问题。引出牵连问题就是为了使戴镜者意识到，现有问题不仅仅是局限的问题，如果不及时处理，可能会导致非常严重的后果，那么戴镜者的隐藏需求就会转化成明显需求，才会觉得需要非常急迫地解决问题。也只有当戴镜者愿意付诸行动去解决问题时，才会有兴趣询问你的产品，从而关注产品展示。

从现有问题引申出更多的问题是非常困难的一件事，必须针对不同类型的戴镜者认真做好准备。当牵连问题足够多的时候，戴镜者可能就会出现准备购买的行为，或者表现出明显的购买意向，这就表明引出牵连问题已经成功。如果没有看到戴镜者类似的表现，那就证明所问的牵连问题还不够多、不够深刻。

N—Need-Payoff Questions：明确价值问题。明确价值问题的目的是让戴镜者把注意力从问题转移到解决方案上，并且让戴镜者感受到这种解决方案将会解决他的实际问题。比如"这些问题解决以后会给你带来什么好处"就可以让戴镜者联想到很多，促使戴镜者的情绪由对现有问题的焦虑转化为对新产品的渴望和憧憬，这就是价值问题。

任何一个销售人员都不可能强行说服戴镜者去购买某一种产品，传统销售中常遇到的一个问题就是想方设法去说服戴镜者，但是实际效果并不理想。明确价值问题就给戴镜者提供了一个自己说服自己的机会——当戴镜者从自己的嘴里说出解决方案（即新产品）将给他带来的好处时，他就已经说服了自己，购买产品也就水到渠成了。

（二）提问式销售技巧的益处

1. 帮助解决异议

价值问题问得越多，戴镜者说服自己的几率就越大，对新产品的接受度也就越大。显然，价值问题的一个重要好处就是它可以让戴镜者自己去解决自己的异议。当运用SPIN

技巧问完之后,戴镜者的异议一般都会变少,因为戴镜者自己已经处理了异议。

2. 促进内部营销

价值问题还有一个非常重要的作用,就是促进内部营销。当戴镜者反复憧憬、描述新产品给他带来的好处时,就会产生深刻的印象,然后就会把这种产品告诉他的同事、亲友,从而起到内部营销的作用。

(三)掌握 SPIN 的注意事项

SPIN 这种提问方式,将消费者隐藏需求转变为明显需求。销售人员只有进行大量的专业知识学习和销售技巧训练,将所有的问题提前准备好,才有可能成功地进行提问。过程中注意不断演练,运用 SPIN 技巧进行销售的过程中,不可能一下子就非常熟悉,所以销售人员需要进行充分准备,尽可能地演练这种技巧,一个一个问题地练,而且每一次只练习一种提问方式,这样才能运用得非常纯熟。同时 SPIN 提问技巧的难度很大,所以一定要进行大量的练习。在练习 SPIN 技巧的时候有一个要求,就是要先重数量,后重质量。练完一种问题后,要在实际工作中不断实践,只有不断实践,才能得心应手、脱口而出,从而更好引导戴镜者的购买流程,使交易最后成功。该技巧也可在亲友中运用,先在亲人和朋友中应用和练习这种技巧,既能提升自己运用 SPIN 技巧提问与交流的熟练程度,也能让别人帮助发现自己的不足。

(四)提问式销售技巧运用实例

通常中老年消费群体进入眼镜产品零售企业时,销售人员希望提高单价,希望顾客能够选择渐进多焦镜,可按以下程序进行销售技巧的运用。

1. 验光前

(1) S:Situation Questions 即询问戴镜者现状的问题。

"您好! 欢迎光临! 有什么可以帮助您的?"

"嗯,我随便看看。"

"您现在这副眼镜戴了多长时间了?"

"3 年多了吧!"

"您现在戴的这副眼镜感觉怎么样?"

"这副眼镜看远还可以,但是看近处时模糊,眼睛容易疲劳。"

(2) P:Problem Questions 即确认戴镜者现在所遇到的症状和困扰。

"这种状况经常出现吗? 是不是给您带来很多不便?"

"当然了,我是个老师,每天要准备课件,讲课时还要不断看远和看近。戴眼镜看近时老是看不清楚,取掉眼镜又不方便,给我的工作带来很大影响。我的眼睛没有什么大问题吧?"

"叫我们的验光师为您仔细检查一下眼睛吧,先详细了解一下眼睛的情况。"

"好的。"

2. 验光后

(1) I:Implication Questions 即暗示或牵连性问题,它能够引申出更多问题。

"那根据您的现状,可以判定您眼睛的调节力开始下降了。您不用担心,这是自然的老花现象,人人都会用,只是您这个年龄段正好表现出来,配副合适的眼镜就可以了。我建议您最好重新验配一副适合您自己的老花镜,否则您刚才说的症状会越来越明显的。而且如果在工作中您总是不断地取戴眼镜,您周围的人会很容易就看出来您有老花了,有时可能会有些尴尬吧?"

"好吧,我应该配什么样的眼镜呢?"

(2) N:Need-Payoff Questions 即明确价值问题。

"现在您可以有 3 种选择:第 1 种是配两副眼镜,一副看远,一副看近,不过这样麻烦些,需要不停更换眼镜;第 2 种选择是配双光眼镜,在大镜片的下方特制一个小镜片区域看近,但是这样的眼镜有像跳盲区,并且看近的范围小,又不美观;第 3 种是配渐变多焦点眼镜,它有远光区、渐变区、近光区,可以满足您连续看远、看中和看近的要求,不过它有周边像散区,通过此处看东西开始的时候会有点不适应,但是绝大多数人都是可以逐渐适应的,我们这里有很多顾客已经感受过这种方式了,您感觉哪种方式好呢?"

"我感觉渐进多焦镜最适合我了,能不能再详细给我说一下"

"对,我也建议您配一副渐变多焦点的眼镜。那我再给您详细介绍一下吧……"

"好的,那就配一副。"

以上步骤从戴镜者自身的需求出发,将中老年渐进多焦镜的功能性设计和效果等卖点轻松传达给戴镜者,让戴镜者对该产品产生兴趣,激发购买欲望,达到了销售人员之推荐刚好就是戴镜者所需要之产品的效果,并且提升了销售人员的专业形象以及戴镜者对销售人员的信任感。

三、不同年龄段消费者的营销技巧

由于眼镜的视觉保健功能性,戴镜者会在决定购买前向配镜顾问提出各种自己不清楚和无法理解的问题,希望配镜顾问能够给出合理而且是全面的回答,这就要求配镜顾问有很强的专业知识,否则就不能得心应手解答每一个戴镜者提出的各种问题。如果在解答问题上不能让戴镜者理解和满意,就会造成戴镜者对其信任度下降,也会对所推荐产品品牌的性能和质量产生疑虑,最终可能会使销售利润未能达到最大化。而在眼镜产品零售企业里验光人员的专业知识和技术力量相对来说是最好的也是最全的,也是使戴镜者认同验光的关键因素。所以在验光过程中由验光师根据具体情况适时的充当配镜顾问角色,能够达到事半功倍的效果,也是戴镜者最易接受和成功率最高的方法。

验光师的营销是建立在戴镜者对他的信任基础上,因此验光师在验光时必须同戴镜者进行认真交谈,通过交谈和观察可了解戴镜者在配镜各方面的更多信息,如戴镜者的性别、年龄、工作性质、配镜目的、要解决的问题和希望达到的要求。通过交谈可建立起验光师与戴镜者之间的相互信任,信任程度的好坏是决定戴镜者对验光师所推荐产品的认可程度的关键。由于矫正视力的关键是镜片品质好坏,验光师在营销中主要是镜片类型的选择,根据戴镜者的视力矫正情况以及需求,可以进行适宜的镜片推荐,戴镜者一般都非常相信并重视验光师所给的配镜建议。而最终要配一副让各方面都满意的眼镜,必须对几种类型的人群进行分别对待。

(一) 对学生验光时的营销

学生是目前大部分眼镜产品零售企业的最大消费群体,很多商家为学生们专门开辟了一个专业品牌市场。学生配镜一般是由学生自己或家长陪同来配镜。学生自己独自配镜的一般都是已选好了目标或消费标准已确定的,这类戴镜者在营销中的上升空间非常小,要量力而行,不可为推荐好的产品而超过学生的预算,导致其最终放弃这次配镜机会。对家长陪同配镜的学生,验光师在验光中对好产品的推荐关键是要说服家长,使家长认同验光师的观点。通常家长一般不会放弃配镜,只会追加投入。

第一次配镜的学生家长通常有两个希望:一是希望能不配眼镜;二是希望通过这次配眼镜使孩子的眼睛会变好或者近视度数会降低。对这类不希望小孩子配镜,主要是想得到验光专业人士的支持和认可的家长,这时验光师在同其沟通时就不要主动劝说为小孩配镜,不要过多说明配镜对小孩子视力的好处,否则可能会使家长认为你只是为了做成这笔生意而说出违心的话,使其顾虑增加并有了防范之心。这时最好的办法是把决定权让给学生自己,可以直接询问学生不配眼镜能否看清楚黑板,是否对学习有影响。有影响就需要配镜矫正,以免养成眯眼等不良的用眼习惯;如果没有影响则需特别注意视力的保护,否则可能很快还是要配镜。由小孩自己去说服家长比验光师说要有说服力,其对家长的影响力明显高于验光师。

验光师根据初步检影的结果向家长推荐镜片,一般建议学生配树脂加膜镜片即可。虽然树脂片的硬度没有玻璃片高,但有很好的韧性,不易破碎,破碎后产生的碎片也不容易损伤眼睛,因此对于喜欢运动的学生来说是一个不错的选择。高度屈光不正者可配折射率高一点的镜片。对于已戴过眼镜,现屈光度已有变化需重新验光配镜的,验光师在验光时必须了解旧镜用了多少时间,有无不舒适的情况;对于度数没有明显加深,只是因使用不当造成镜片表面划痕明显影响到使用的,可推荐镜片品质更好且硬度更高的镜片,同时重点提出镜片怎样护理才能延长镜片使用周期;对于近视度数调整快且加深的幅度特别高的,可侧面说明眼镜度数过高对以后孩子上大学时的专业选择以及就业时工作岗位的选择均会造成限制,所以现在需要为控制或延缓近视度数的上升考虑了,当家长会流露出同样的担忧并希望验光师给出建议时向其推荐使用学生渐进多焦镜多焦点镜片,就是水到渠成的事了,此时的推荐成功率是非常高的。验光师必须向家长详细讲明渐进多焦镜多焦点镜片的原理,重点突出减缓近视加深的速度以及怎样才能达到效果,但不可给出绝对的承诺保证。因为近视的发生及进展机制与很多因素相关,学生渐进多焦镜只是通过缓解眼部的疲劳来延缓近视的加重,并不能够解决所有的近视诱发因素。

(二)对成年人在验光时的营销

成年人是一个有经济基础的消费群体,而且配镜后度数变化不大的人占多数,这类人群一般都非常注重眼镜的外观形状和内在质量,也是眼镜消费群中档次相对比较高的群体。成人配镜主要分两大类:青年和中老年。青年人包括:① 以前有屈光不正但从来没有戴过眼镜,现在因新的工作或生活需要想配镜的;② 已有很长戴镜史,眼镜坏了需重新验配镜的;③ 所配眼镜使用时间长了,已不适应现在工作环境,且对人的外观形象有一定的影响,需重新配镜改善面貌。中老年包括:从未戴过眼镜或者已戴远用矫正眼镜后看远一直没问题,但现在都存在近处的物体需要移远才能看清,或看近时眼睛极易疲劳等症状。

以前视力不好但一直没有配镜的这类戴镜者,在思想上一直对戴眼镜存在顾虑,认为戴镜容易造成眼睛变形、眼球突出,影响美观,而且难以接受眼镜对鼻梁的压迫感,甚至认为眼镜戴上后近视度数会越来越深。因此这类人现在来配眼镜肯定是迫不得已。验光时首先要打消戴镜者对戴镜的顾虑,通过交谈了解戴镜者以前的视力情况以及对戴镜的顾虑,而现在又希望解决什么问题和想要达到怎样的效果。这类戴镜者现在来配眼镜,说明已经开始重视对自己眼睛的保护,当其希望验光师给出建议时,可以推荐品牌信誉高的及有可靠质量保证的镜片。为了减轻眼镜的重量,验光师可以推荐树脂镜片和钛合金镜架,这样可减少戴镜者对戴镜的一些顾虑。对一副眼镜已经使用很长时间、镜架已严重变形但一直没有舍得更换的戴镜者,相对于美观的要求,他们在验配时可能更关心眼镜的价钱,觉得只要能提高视力就行了;而且由于戴镜多年,自认为是已经明了配镜的门道,因此特别自信,也不太愿意接受验光师的配镜意见,这时验光师可向他推荐不同档次、不同价格的镜片,但需简要说明每一类镜片的主要优缺点,介绍后让戴镜者自己衡量并选择一个适合自己消费水平的款式就行,而不要过度评价戴镜者选择的眼光、动机及目的,因为过多的评论反而可能会造成戴镜者的逆反心理,导致交易失败。而对于平时就注重个人形象,或因个人环境的改变,现需重新配眼镜来改变外在形象的这类戴镜者,验光师在交谈中应该不断试探和了解戴镜者对这次配镜的心理预期及价格预期,根据戴镜者的屈光度数的高低和其他需求情况,推荐几款档次及功能性比较高的知名品牌的镜片。这类戴镜者一般比较注重别人对自身形象的认可,希望自己使用的物品是高档商品,能衬托自己的身份,所以他们对产品的品牌认同度高,也容易接受质量及价格比较高的名牌产品。切记不要为了推荐某一个品牌的产品而贬低其他品牌,只可说明这一产品相比其他品牌的产品有何独特的卖点及优势。总之,最终使每个戴镜者选择到自己认为最满意也最适宜的眼镜就行。只有最终实现这个目的,才能使整个眼镜销售过程中的价值最大化。

中老年戴镜者,现在读书看报需要将读物移远才能看清(近视眼则取下眼镜就会感到更清晰),此外很多人不能持久阅读,很容易感觉到视疲劳。这主要是因为随着年龄增加,眼睛的调节力逐渐下降,看近距离物体时现有的调节力已不够用,需要老花眼镜的帮助。对于看远没有任何影响且以前又没有配过眼镜,现在只想有时看书报时用一下的戴镜者,验光师可考虑让他配一副单纯近用的眼镜;对于已戴远用眼镜,同时又经常远近交替用眼的戴镜者,可考虑推荐双光镜或者渐进多焦镜多焦点镜片,以减少戴镜者为看远和看近而频繁地更换眼镜。由于现在经济收入的不断提高,人们对物质生活水平的要求也在提高,对自己外在仪表也越来越注重,特别是政府工作人员以及事业成功人士,都希望自己使用的产品在科技含量、品牌知名度以及使用性能上都是先进的且与众不同的。他们对自己的年龄比较在意,尤其是女士,希望能够对年龄特征加以修饰隐藏,不想让人知道自己已经开始配戴老花眼镜。对于有这种要求的戴镜者,验光师进行渐进多焦镜的推荐成功率是非常高的。而戴镜者此时在验光师处能得到烦恼的解决方法,所以也很容易接受验光师为他推荐的品牌。验光师说服的重点要从美观、方便和实用三个方面说明,也需要简单说一下新眼镜戴上后要有几天适应过程。验光师可以准备几片不同下加光的试镜片,让戴镜者大致体验一下戴上渐进多焦镜所带来的视觉感受和方便程度,使戴镜者在心理上接受这种产品,也为今后戴镜者克服可能出现的轻微不适打好心理基础。

营销的技巧是因人而异的。对验光师来说,首先在穿着仪表上不要太休闲,统一的制服好让人看了就有信任感;二是说话语气要和蔼,有亲和力,让戴镜者愿意倾听你的解说,并希望能从你这里了解更多关于眼睛和眼镜方面的知识;三是要有丰富的专业知识和广泛的社会阅历;四是对已经营销成功的戴镜者,配镜后需要耐心的宣教如何保护视力以及正确的眼镜使用和养护方法。同一个戴镜者经不同的验光师接待,最终成交额的大小以及戴镜者对产品和服务的满意度也会大不相同,一味的为戴镜者节约而减少消费,不一定能达到戴镜者希望的要求,也不见得会让戴镜者感到满意。只有考虑戴镜者的各方面综合情况,同时推荐出令他满意的产品,即使增加了费用,戴镜者仍会感谢验配师的提醒与帮助,也会愿意介绍更多的戴镜者进行继续消费。戴镜者营造的口碑宣传效应必须要重视,这些均需要验配师了解和收集各种性格、各年龄段的戴镜者的心理和言行,针对性的运用销售技巧,在实践中总结经验,不断提高专业技术水平和业务水平。

四、不同性格消费者的营销技巧

眼镜销售人员提高销售业绩除了对所销售产品特性要有足够的了解以外,还需要懂得判读配镜者性格特点,运用不同的销售技巧,以求迅速获得配镜者的认同,从而促进销售的成功。常见配镜者性格主要可分为以下几种类型:沉默型、腼腆型、慎重型、犹豫型、顽固型、商量型和刻薄型。

(一)沉默型戴镜者

沉默型戴镜者在整个购买过程中有如下特点:表现消极、对推销冷漠。这类戴镜者有较强的主见,看上去对任何事情都胸有成竹,对销售人员的任何陈述往往都无动于衷。销售人员与这类戴镜者进行沟通时很容易陷入僵局。

沉默型戴镜者可以分为两类。

(1)天生沉默型。这类戴镜者在与销售人员的沟通过程中并非没听见,而是天生内向的性格使他们不爱说话。应对这类戴镜者时销售人员要有足够的耐性,诚恳地对戴镜者解说或提问,视其反应来了解戴镜者的心意。有时销售人员也可以提出一些简单的问题来刺激戴镜者的交流欲。如果戴镜者对面前的产品缺乏专业知识且兴趣不高,销售人员此时就一定要避免技术性问题的讨论,多就眼镜的功能进行解说,以找到切入点;如果戴镜者是由于考虑问题过多而陷入沉默,这时不妨给对方一定的时间去思考,然后寻找时机再提一些诱导性的问题,试着让对方将疑虑讲出来以便解决。

(2)故意沉默型。此类戴镜者在沟通过程中眼睛不愿意正视你,也不愿正视你所推荐的商品,而表现出东张西望、心不在焉的状态,则十有八九是刻意的沉默,他可能是对产品及服务不感兴趣,但又不好意思拒人于千里之外,故只好装出沉默寡言的样子让你知难而退。面对此种戴镜者,销售人员可以先寻找话题,提出一些让对方不得不回答的问题让他开口,以拉近彼此距离,多花时间再导入正题。如果戴镜者还是无动于衷,销售人员这时最好先退开,等待时机再与之沟通。

(二)腼腆型戴镜者

有些人动不动就容易脸红、额头沁汗,这种人大多具有极端内向的性格。此类戴镜者生活比较封闭,和陌生人保持相当的距离,同时在对待推销上他们的反应是强烈的。

与腼腆型戴镜者沟通时首先要注意的一点是,不要直接注视他们。介绍眼镜时,销售人员最好把眼镜拿在手上,一边看着眼镜一边介绍其重点功能或优点,直视对方时态度要亲切,时间不宜太长。这类戴镜者通常都比较追求完美,对商品比较挑剔,经常要进行反复的比较,同时对销售人员的态度、言行异常敏感,大多讨厌销售人员过分热情,因为这与他们的性格格格不入。对于这一类戴镜者,销售人员给予他们的第一印象将直接影响着他们的购买决定;同时,在销售过程中不要太过热情,急于求成,要给予这一类戴镜者足够的空间和时间来思考和选择。另外,销售人员与这一类戴镜者交流要注意投其所好,如果谈得投机则会增加成交的可能。

(三)慎重型戴镜者

慎重型戴镜者往往处世谨慎,凡事考虑得较为周到,这通常也反映在他们购物的态度上。他们对产品关注的方面比较多,例如质量、包装、价格、品牌、售后服务等,通常会综合评价产品,不会因为眼镜的某一个优点而决定购买。同时这类戴镜者在购物时经常会货比三家,多方面考虑后再决定。他们对产品的行情会比较清楚,说起一些专业知识也是头头是道,所以他们的外在表现就是善于同销售人员讨论产品,而且经常反复比较产品,甚至可能会往返几家眼镜产品零售企业数次后才决定购买。由于对专业知识的了解,慎重型戴镜者在和销售人员交流时心里已经有了一个大致的标准,经过反复抉择,交涉到最后才会说出自己的决定。这类戴镜者通常也令销售人员头痛,但他们一旦认可了某位销售人员,很可能就会成为一位忠实的戴镜者。

(四)犹豫型戴镜者

此类戴镜者在开始做一件事以前,大多会犹豫不决,总是难以下定决心。他们的沉默和犹豫令人摸不着头脑,往往让销售人员郁闷,因为无论问什么事他都不回答,即使销售人员拼命地推销,他也不表示一点关心。这类戴镜者不容易下决断,甚至讲话也含糊其辞,他们喜欢提问,动作不利落,有时会持续地若有所思。犹豫型戴镜者即使在洽谈的过程中,看似像要决定,实际却仍在纠结。这种倾向不但表现在对商品的选择上,也表现在交易的过程中。

针对犹豫不决型戴镜者,销售人员要记住对方对哪些款式眼镜感兴趣,哪款反复拿起把看,根据其态度,只留下几种适合他品位的产品供其选择;然后,推断戴镜者正是喜爱他反复把弄的那款,若他再次拿起,可用自信的口吻告诉戴镜者"我认为这种最适合您"。这通常会促使戴镜者做出决定。若旁边还有其他顾客时,征求第三方意见也是促使犹豫不决型戴镜者下定决心的方法之一。一般情况下,被问及的戴镜者会予以合作,且赞同率往往会很高。另外,对于这类戴镜者,销售人员不要讲太多的眼镜专业术语,因为这会使他的头脑愈趋混乱,最好的方法是找一个切入点,简单地提醒,以帮助他做最后的决定。

(五)顽固型戴镜者

顽固型戴镜者多为老年戴镜者,是在消费上具有固定思维模式及特别偏好的戴镜者。他们对新产品往往不乐意接受,不愿意轻易改变原有的消费模式与结构。

顽固型戴镜者主要有两个特点,销售人员可以针对这两个特点采取策略。

(1)坚持:这类戴镜者说出自己的观点后就丝毫不让步。顽固的人逆反心理都比较强,你越想说服他,他越固执,顽固的心理会表露在言行中,因此很容易觉察到。

(2)保守:这类戴镜者把面子看得很重要,当他深信的一切被对方反驳时,他会难以接受,感到面子过不去,变得更加固执。

　　顽固型戴镜者对销售人员的态度多半不友好。销售人员不要试图在短时间内改变他们的想法,否则容易引起对方反应强烈的抵触情绪和逆反心理,通过手中的资料、数据来说服对方是更好的方法。对这类戴镜者应该先发制人,不要给他表示拒绝的机会,因为对方一旦明确表态,就难以让他改变。

(六)商量型戴镜者

　　商量型戴镜者总体来看性格开朗,容易相处,内心防线较弱,对陌生人的戒备心理不如沉默型戴镜者强。他们在面对销售人员时容易被说服,并且愿意倾听销售人员的判断和建议。由于这样做完全是出于对销售人员的信任,因此销售人员则应尽心尽责,尽量不使戴镜者失望。这一类戴镜者是不喜欢当面拒绝别人的,所以要耐心地和他们周旋。对于性格随和的戴镜者,销售人员的幽默、风趣会起到意想不到的作用。如果他们赏识你,甚至会主动帮助你推销。需要注意的是,销售人员应尽量避免为获取利润,极力推销价格高的商品,而不管其是否适合戴镜者的需要。销售人员应选择在恰当的时机提出建议,千万不可在戴镜者尚未仔细挑选之时就急不可耐地说"这个跟您很相配",这往往会使戴镜者感到过于唐突。销售人员提出建议后应该留一定时间给戴镜者考虑定夺。进行合理的推荐,使戴镜者满意,往往会促进相关产品的销售并建立起与戴镜者之间的长期互信。争取到戴镜者的信任,也就等于争取到了更多的潜在订单。

(七)刻薄型戴镜者

　　销售人员在做销售的过程中难免遇上一些较刻薄的戴镜者,这类戴镜者也让销售人员头疼不已。确实,与这类戴镜者相处会很难受,既要考虑销售又不想"忍气吞声"。但刻薄的人不一定就是心肠坏,有时他们只是为了发泄压抑在心中的各种不良情绪,便表现出"一触即发"的过激和苛刻行为。

　　一般来说,对待这类戴镜者需要把自己作为他们的出气筒,如果等他发泄够了以后仍能彬彬有礼地一言不发,他多半反而会感到不好意思,静下心来选择产品。但是,如果对方十分过分,你就得考虑另一种策略了,因为总是一味示弱也是不可取的。可将视线正对其眼睛,用不着任何言语,对方便会马上感觉到你的压力,从而可以暂时有所收敛。

　　当了解到各种类型戴镜者的不同性格,就可以充分的理解戴镜者在面对销售时所产生的千奇百怪的表情和举动,就能做到"因人而异,因地制宜",通过不同的交流手段,提供戴镜者的实际需要,从而提升戴镜者对销售人员的认可,减少销售摩擦,促成推荐的成功。

五、渐进多焦镜的营销

　　国内自十多年前渐进多焦镜开始进入中国,经过长时间对市场的培育,渐进多焦镜已经逐渐被国内消费者所接受和认可,其销售也呈现出爆发性的增长。中老年渐进多焦镜配戴率同国外的差距依然明显。据统计,在渐进多焦镜片市场开拓较早的国家,如法国和日本,其中老年戴镜者配戴渐进多焦镜片的比例已达到90%以上,开拓较晚的如美国也有60%;但在中国,特别是中西部地区,这个数字不会超过1%;即使同为发展中国家,比如巴西,其验配比例也远高于中国。因此,从宏观层面来看,我国中老年渐进多焦镜的销售还有着很大的提升空间。随着中国老龄化的到来,渐进镜片的市场将会迎来一个新的高点,如何做好渐进镜片的营销策略是每家眼镜产品零售企业必须面对,也是必须思考的问题。各家眼镜产品零售企业只有做好自己的渐进镜片营销策略,才能立足市场,赢得市场。

今后很长一段时间内,眼镜销售企业的竞争会日趋激烈,发展的压力会日益加大。但是中老年渐进多焦镜片的销售将是眼镜眼镜行业的一个主攻方向,也是主要的业绩增长点。原因即在于眼镜产品零售企业通过此产品可从技术层面上牢牢把握住了一大批高端戴镜者,而且锻炼和提升了工作人员的技术水平和销售能力,真正建立起核心竞争力。具体可通过以下措施完善渐进多焦镜的专业营销。

(一)市场培育

产品虽好,但不为大多数中老年人所知,这是目前国内渐进多焦镜片销售的现状,也是影响销售的一大主因。所以眼镜产品零售企业要通过一些市场教育的手段,使得当地更多的消费者了解这个产品,成为潜在的消费群体并将这部分群体转化、扩大。目前最主要的渐进镜营销策略并不是各公司不同渐进镜间的竞争,而是与数量巨大的单光老花镜市场的竞争。所以,如何拓展渐进镜片的配戴人群,如何让广大的消费者认识到有如此方便与美观的"老花镜",才是需要研究探讨的首要问题。

教育的方法和手段多种多样。有的眼镜产品零售企业选择进入医院、学校及政府部门等知识分子比较密集、近距用眼需求比较多的单位,通过赠送镜架、试戴等活动将吸引戴镜者,这样一旦有两三个人配戴,很快就能在单位内部甚至系统内得到宣传,从而促使更多的人进店验配;也有的眼镜产品零售企业重点选择干休所、老年大学等,以眼保健知识讲座、现场眼部及视力检查等方式介入,向戴镜者推荐渐进多焦镜及其他适合配戴的产品;有的眼镜产品零售企业甚至介入到每年的人大、政协会议上,为与会者进行现场验光、试戴,对于这部分消费能力较强、接受新生事物比较快的群体来说,效果是非常明显的;也有些是通过电台和报纸上进行软文教育宣传等方式培育戴镜者。所以说市场教育的切入点其实很多,完全可以找到适合于自己的教育方式。

(二)销售模式的建立

提升中老年渐进多焦镜销售的外部核心在于市场,内部核心在于销售模式,即建立一支经验丰富、知识全面、符合渐进多焦镜销售特点的验配队伍。因为渐变多焦点镜片本身具有很高的科技含量,同时又是新型镜片,大部分戴镜者对其不了解甚至不知道有此类功能的产品,所以需要销售人员在初次销售时向戴镜者详细介绍渐进多焦镜的原理、特点、使用方法等,同时要回答戴镜者的各种问题。如果销售人员自身对渐进多焦镜一知半解,无法回答戴镜者的提问,甚至不能准确简练地做出产品的相关介绍,戴镜者就会对这一产品性能的真实性产生怀疑,对眼镜产品零售企业产生不信任,也就很难成交。或者,戴镜者购买了眼镜之后,因为给戴镜者的宣教不详细,没有讲清正确的配戴方法,导致戴镜者使用后出现各种不适症状并导致投诉,甚至有可能使戴镜者对渐进多焦镜产生反感,以后不再考虑尝试此类镜片。很多眼镜产品零售企业销售不好的一个主要原因在于验光或销售人员存在畏惧心理,特别是在验配、销售经验不足,同时又有过被投诉的经历时,更是有诸多顾虑。所以眼镜产品零售企业在准备销售渐进多焦镜之前,一定要对一线的销售人员进行产品培训,对渐进多焦镜有一个全面的认识与了解。

此外,中老年渐进多焦镜作为技术附加值较高的高端镜片,也需要验光师与销售人员的密切配合。验光师往往是店内掌握了主要技术的人员,如果只负责验光事宜,就会造成人力资源的严重浪费。在戴镜者心中,验光师就是作为验光配镜的专业人士,所说的话有一定的权威性。所以验光师应该充分利用自己的专业知识为客人服务,充分掌握戴镜者目前的困扰及需求后,可以给一些专业性的建议及引导,并结合客人的实际情况进行适时推荐,让戴镜者对我们的产品充分了解并减少投诉的产生,最大限度地把戴镜者发展成为眼镜产品零售企业的固定戴镜者。

许多眼镜产品零售企业已建立起新的销售模式,即成立中老年渐进多焦镜销售小组,一名验光师搭配2~3名销售人员,培训时重点针对渐进多焦镜的验配与销售技巧进行培训,所有的渐进多焦镜验配都由小组来完成,以丰富和积累经验,并取得最佳效果。同时,店内也要给渐进多焦镜销售小组制定相应的任务量,给予其一定的激励和压力。累积一定的销售经验后,渐进多焦镜小组的成员还要帮扶带教其他同事,这也要纳入到对其的考核。

此外,在销售对象上也应高度重视45岁左右的戴镜者群体,即下加光在+1.00 D到+1.50 D范围的戴镜者。由于渐进多焦镜片的共同特征在于是下加光度数越小,戴镜者配戴后越容易适应。所以,对于这部分戴镜者而言,可供选择的镜片范围就更宽泛,即无论是高端还是低端的渐进多焦镜片,都可以选择。很多戴镜者即使有较强的消费能力,但因为之前戴的是单光镜片或大概知道老花眼镜的价格范围,有一个消费额的心理预期。当向这部分戴镜者推荐渐进多焦镜片时,特别是高端镜片,当与其心理预期差距过大时,在没有特殊卖点的前提下,戴镜者可能被本能地认为镜片的价格虚高而产生反感,很容易造成戴镜者的流失。推荐一个稍低端的镜片,相对而言成功的几率就大很多。通常来说,如果戴镜者习惯了渐进多焦镜的使用方式,90%以上第二次验配时还是会选择渐进多焦镜片。这时戴镜者已经对渐进多焦镜有了一定的接受度,并建立起了一个新的心理预期,这个时候向其推荐光学效果更好的中高端的产品,成功几率就要大很多。因此,针对低下加光戴镜者的推荐,是扩大中老年渐进多焦镜片销售份额的一个重要手段。但需要注意的是,由于下加光度数低,戴镜者的主要症状是只是不能持久地近距离阅读,而非完全无法看近,对视近的矫正需求并不强烈,因此这部分戴镜者很少是专门为配老花镜到店内,大多是因为要更换远用镜片或解决视疲劳症状而来。这时就需要店内销售人员和验光师的介绍及演示,让戴镜者意识到自己看近也需要戴镜矫正。

(三)销售方法的积累

配戴中老年渐进多焦镜的人群年龄跨度很大,对于这个年龄跨度达20多岁的群体,是不能用同样的方法进行销售的。应该根据戴镜者的不同年龄、不同生活背景和心理状态,运用不同的销售语言,针对某个具体戴镜者,也要综合来考虑其心理与实际接受能力、实际需求、配戴后的舒适度等一系列因素,目的是给戴镜者推荐出相对最适合的镜片,使戴镜者能够真正体会到渐进多焦镜片所带来的方便。这样才能做到有的放矢,让戴镜者感觉销售人员是在解决他的视觉困扰,而非简单的商品推介,这样产品才会更容易让戴镜者接受。因此就需要验配人员在实践中不断积累经验,并形成一套有效的销售方法。

1. 对老视初期人群的销售

老视初期人群,通常为 40～50 岁,具体视觉表现与其原先的屈光不正状态和工作状态相关。这一戴镜者群体的视力表现是:看报纸上的一般文字没有问题,但是看小字比较吃力;看书或报纸的时间持续半小时以上会出现视疲劳;看小字是手臂会伸远。而这部分人的生活背景和心理状态为:对于年轻和美丽有着强烈的需求,排斥过早戴上老花镜,看近时尽量用伸长手臂的方法来代偿,或者尽量缩短看书的时间避免疲劳。针对这些情况,采用的销售方法是:先了解戴镜者有无以上的症状及表现,如果没有,可以先用近视力表检测戴镜者的近视力,让戴镜者意识到自己确实存在以上问题。然后给戴镜者试戴 +0.5～+0.75 D 的镜片再看近,让戴镜者感受是否阅读会更轻松,并了解戴镜者为什么没有使用近用眼镜,戴镜者的回答肯定与我们前面提到的"生活背景和心理状态"有关,这时根据戴镜者的回答再向其提出渐进多焦镜的概念,讲明其优点,让其自己去思考验配渐进多焦镜的重要性。切忌一开始就大谈特谈渐进多焦镜的优点,戴镜者会将销售人员视为简单的商品销售,保持相当的警觉和戒备,对于渐进多焦镜这一价格不菲的新生事物的性能肯定会产生怀疑甚至反感,很难成功。必须提醒的是,对于这部分戴镜者,推销时的重点在于强调渐进多焦镜能在缓解视疲劳的同时保持美观,而不必过多强调渐进多焦镜同时看远、中、近的功能,因为看远、看近对他们来说没有太大问题。

2. 对老视中期人群的销售

该群体年龄约为 50～60 岁,该群体的视力表现和症状是:拉长手臂也不能看清报纸;不配戴老视矫正用镜看书阅读会很困难,而且老视镜的度数需要不断增加;有时一副眼镜已经无法满足工作需要。而这一群人的心理状态和生活背景是:希望配镜能为工作和生活带来方便,如果能显得时尚、年轻而又方便当然更好;这部分人群经济基础较好、家庭负担较轻,有能力选择高品质的镜片。

针对这一年龄段戴镜者的情况,销售人员应就其工作情况、家庭条件等各方面进行深入的沟通,了解视觉方面的困扰,同时让他们了解如果想要解决这些困扰,渐进多焦镜是最好的选择,同时再详细介绍渐进多焦镜的优点,但是在介绍渐进多焦镜时,最好结合戴镜者的症状,在戴镜者心中描绘一个戴镜后惬意的工作和生活画面,让戴镜者通过联想,勾起戴镜解决困扰的强烈愿望,由于该部分戴镜者思考独立,消费观成熟,因此在向他们推荐渐进多焦镜时,需要强调的是配戴后的方便,而不应过多地介绍渐进多焦镜的美观。如果不从戴镜者的角度去诠释渐进多焦镜的用途,他们只会认为销售人员是为了卖眼镜而卖力解说,配镜的成功率必然会大大下降。

3. 对老视后期戴镜者的销售法

该人群年龄约为 60 岁以上,这部分戴镜者的视力表现与症状:昏暗的环境下看东西比较吃力;由于开始患有不同程度的白内障,眼底情况可能也开始变差,加之调节力下降明显,因此远近视力都受到明显影响;同时眼睛的转动范围变小,向下视物往往需要头位的代偿。生活背景与心理状况是:已经形成了配戴单光老花镜的习惯,接受新生事物能力差,本能地抗拒新的生活习惯及方法。针对这部分人群,在对戴镜者没有充分了解之前,不要贸然推荐渐进多焦镜,即使推荐也不要过分强调或者夸大渐进多焦镜的优点,不要让戴镜者对这种矫正方式寄予太高的期望值。因为这部分戴镜者本身眼部已经存在一些器质性的病变,视觉功能很难靠光学器械矫正至正常,而且配戴渐进多焦镜又需要改变用眼习惯,一旦戴镜效果不如戴镜者的预期,很容易出现投诉,反而会打击销售人员对渐进多焦镜的信心。因此这一年龄段的戴镜者推荐渐进多焦镜一定要通过交谈来了解他的性格、文化层次、对新生事物的接受度及戴镜期望值,再结合验光及眼部检查结果来判断是否适合向其推荐渐进多焦镜。

(四)服务水平的提高

要实现与其他店的差异化销售,差异化的技术是眼镜产品零售企业竞争中的重要环节。所以要提高眼镜产品零售企业的验光配适技术,主要从两方面进行加强:硬件——先进的验光配适设备;软件——丰富的渐进多焦镜配适经验。但是一个新的戴镜者对一个不了解的眼镜产品零售企业的技术实力进行衡量时,往往是通过硬件即眼镜产品零售企业的验光配适设备,所以要想做好渐进多焦镜的销售,就要先准备一套标准的渐进多焦镜的专用配适工具,让配镜这对整体技术实力有一定的信任感。

同时,渐变多焦点镜片因其独特的设计特点,使第一次配镜的戴镜者需要一个适应的过程,而戴镜者在这一适应的过程中出现了什么问题、最终能否适应,眼镜产品零售企业都应该清楚地了解,以便及时解决客人的问题,不让戴镜者的抱怨变成投诉,这就要求眼镜产品零售企业具要一整套的渐进多焦镜片的售后跟踪服务系统。如果售后跟踪服务不完善,戴镜者出现了问题没有得到及时的解决,或者缺乏解决渐进多焦镜投诉的技巧,就会出现一个恶性循环:销售人员销售的渐进多焦镜越多,抱怨和投诉就会越多,再加上无法及时解决戴镜者投诉,致使回头客越来越少,配镜者流失率就会越来越高。售后服务可以利用完善的回访制度加以实现。

总之,从社会意义上来说,中国目前渐进镜片市场还处于培育阶段,无论是各镜片公司还是各眼镜产品零售企业都应共同做好渐进多焦镜验配市场的培育工作。推荐渐进多焦镜时,除了要从戴镜者的角度去考虑问题外,找到戴镜者需求与产品的最佳结合点和切入点,对其进行针对性的推荐,做戴镜者的戴镜顾问,才能取得事半功倍的效果。还需要在推荐中结合戴镜者的工作与生活情况,促使戴镜者对渐进多焦镜产生兴趣;同时客观的介绍渐进多焦镜,不要为了销售业绩而刻意夸大优点、隐瞒缺点,以免售后投诉的增加;此外还应该根据戴镜者的消费能力及需求,推荐其合适的渐进多焦镜类型,避免一味追求高端、昂贵的镜片。眼镜产品零售企业应该抓住这一市场有利时机,完善店内的各个工作环节,加强店内员工的专业知识的培训。用渐进多焦镜的销售体现专业技术主导的作用从而带动企业内各种眼镜商品的销售,从而提高整体的销售业绩。

第五节　眼镜销售中的眼镜加工技术原理运用

一般眼镜零售企业内,眼镜销售人员通常对眼镜本身商品属性知识尚能知晓,而对眼睛验光、眼镜加工等专业知识知之较少,而这些专业知识却对于眼镜销售有着非常重要的作用,殊不知,眼镜销售的高明者,不仅仅在于商品知识和销售技巧的掌握提高,而是能将专业知识融合销售技巧进行整合营销。

一、眼镜结构原理与眼镜测量方式的运用

眼镜结构原理、眼镜测量分类的运用有很多的窍门。例如镜架鼻托是选择金属支架式或还是粘贴板材式，通常对于鼻梁较矮者不适宜选择后者；又如镜腿是否有脚套，如果流汗较多的戴镜者，可事先告诉戴镜者，流汗必定会影响金属的镀层，即使再好的镀层也不能幸免，只是表现时间长短不一样，这样可帮助其把镜架选择的款式缩小在镜腿是塑料的款型上，若戴镜者强烈要求金属镜腿，则可告知有技术可以使得金属镜腿相对减少腐蚀，即在金属镜腿加上一层热缩膜。可以起到防止镜腿腐蚀及金属镜腿和皮肤接触产生的过敏现象，但总体而言，塑料镜腿是最优选择；又如在选择不同款式的眼镜问题上，销售人员应知晓全框适合于度数较高的人群(可遮掩厚度)，半框适合于大部分脸型，半框架、无框架可以更改部分或者全部片形等基本特性，如戴镜者选择无框，可以告诉戴镜者如果以后不喜欢这幅眼镜的款型，可以随时来更换片形，当然戴镜者还是需要支付更好的镜片费用，但是，这样一副镜架的价格就被放大为两副甚至三副的镜架，大大提高了销售的成交的可能性；最后，关于眼镜加工时必须知道的瞳距项目，销售人员必须学会认真的测量，一方面可以帮助选择镜框的尺寸，缩小挑选范围，另一方面，在为戴镜者测量的期间，利用专业服务让其放下心理戒备，获得戴镜者更多的背景资料和真实需求信息，提高销售的成功性。

总之，销售人员根据上述原理为戴镜者镜框、镜腿、鼻梁等细节款式的选择提供了依据，在众多眼镜款式中，可以为戴镜者缩小挑选目标，甚至指定戴镜者消费的特定范围，提高产品销售的成功率。

二、眼镜装配原理的运用

熟知各种类型眼镜的装配加工原理也能更好的帮助销售。眼镜的验光非常重要，但是加工是保证验光参数能正确实施的重要项目，国家从法规制度上确定了眼镜验光员、定配工两个重要工种的地位，从而也赋予了两个工种同样的重要性。在目前常规的销售模式下，眼镜的价值应包括验光服务与定配加工服务的价值。从整体加工难度上来讲，全框＜半框＜无框。对于全框眼镜加工的难度，高度屈光不正镜片＞低度屈光不正镜片，而半框却相反。无框眼镜加工是高级眼镜定配工的必考项目，无框眼镜的加工难度与眼镜镜架的款式密切相关，款式越复杂，加工难度越大。通过上述比较，销售人员可在戴镜者心中确立加工工作的重要性，从而更好的展现眼镜的整体价值，促使戴镜者对眼镜价格的认同，提高销售成功率。

三、加工中最小未切片原理的运用

加工中最小未切片原理的运用即最小可用镜片直径原理的运用。例如 56□16 - 135 的镜架，戴镜者的瞳距 58 mm，而门店的库存镜片最大直径是 70 mm，顾客是否可以选择该眼镜吗？其实根据加工原理，假设最小磨边余量为 1 mm，即假设镜片加工时边缘最多只需要磨削 1 mm，根据计算可知如果加工这副眼镜需要 $56 + (56 + 16 - 58) + 1 \times 2 = 72 (mm)$ 的直径镜片。若店内最大直径镜片只有 70 mm，即库存镜片是不能用的。可用以下两种方案解决：① 订购大直径镜片，这样会增加成本支出。包括时间成本和经济成本；② 更换几何中心距较小的镜架。后者更为可行，根据加工原理可知，镜架几何中心距与眼镜瞳距相差越大，

鼻侧和颞侧厚度相差越大。例如更换小镜架可避免大镜框配小瞳距所造成的高度近视镜片鼻侧薄、颞侧厚的现象，尤其对于在乎镜片边缘厚度的戴镜者。根据此原理可引导戴镜者选择合适尺寸的眼镜架和镜片。

四、屈光不正者选择夏日遮阳镜的运用

屈光不正者选择夏日遮阳镜可采用以下六种方法，现从加工的角度分析此六种方法。

（一）染色镜片法

所染颜色可以选择多样，一般无须定做，为配合效果，最好选择塑料镜架。一般染色镜片由于只能选择价格处于中低档的未加膜未加硬树脂镜片，所以整体镜片价格比较便宜，比较适合学生时尚族。使用该法时，注意染渐变色时，必须考虑镜片有无散光，以此确定水平线后进行染色，以更好的体现加工工艺的专业性和复杂性。染色镜片可考虑搭配以一些时尚款式的太阳镜架，但是需注意，有些太阳镜架由于弯度太大，无法安装普通弯度的光学镜片，即并不适合改造为普通的光学镜架。

（二）含有度数的偏光镜片

此类镜片需要个性化订制。由于偏光片的原理为偏光层夹在镜片中间，类似三明治形态，所以偏光片不适合半框、无框眼镜架。同时偏光片的加工也类似散光片，需注意偏光的方向。整体而言，该法价格稍贵，更加适合驾驶人士与钓鱼人士等经常接触眩光人士。

（三）含有度数的变色镜片

变色镜片材料分为玻璃和树脂两种。在玻璃变色镜片制造工艺中，感光微粒卤化银与镜片材料均匀地混合在一起，在遇到阳光中的紫外线照射时，镜片颜色变深。然而，采用这种工艺制成的变色镜片有很多不尽如人意之处：加工成高度数的镜片后，在变色过程中镜片相对厚的部分会比薄的部分颜色深，有损镜片的美观及佩戴舒适感。前者价格便宜，但由于玻璃的变色原理限制不适合高度屈光不正（例如近视会中间变色浅，周边深，而远视则相反）、屈光参差者（两眼变色程度不一致）。后者树脂变色镜片的工作原理摒弃了将感光微粒与镜片材料混合的工艺，而是在镜片前表面镀上一层变色材料，并通过加工使变色材料渗入镜片，这样即使镜片被加工成不同的度数或厚度，其变色程度也始终均匀，但价格稍贵。对需要配戴处方眼镜的戴镜者而言，变色眼镜更具灵活性。可运用于常规验光处方，使得眼镜同时具备矫正视力和紫外线防护的功效。

（四）隐形眼镜＋太阳眼镜或变色镜片或偏光镜片

优点是眼镜款式可以任意选择，但是不适合禁忌配戴隐形眼镜的人上。

（五）普通光学眼镜＋夹片

该法的优点是任何人均可以配戴，无须定做，夹片携带方便，价格优惠，但是由于美观性欠缺，通常此法只适合于预算不充分的中老年男性。

（六）套镜法

该法只需要店内具有组合架形式的镜架,购买一副眼镜的价格获得两副眼镜,相对于夹片法,式样美观,更加容易让人接受。通过上述六种方法的灵活对比应用,相信定能激发屈光不正患者对于遮阳镜的需求,并扩展戴镜者的选择范围。

五、眼镜外观显薄的加工技巧及其应用

（一）高折射率镜片的适当选用

根据眼镜光学,屈光不正度数越高,选用高折射率镜片和普通折射率镜片边缘厚度或者中心厚度相差越大。但一般镜片折射率越高,阿贝数越小,所以色散较为明显,尤其选用高折射率的镜片的人群通常都是高度屈光不正人群,这点需要在销售中为戴镜者考虑,不要一味地选择高折射率。

（二）镜架的适当选择

根据加工原理选择小镜框且尽量接近瞳距的眼镜架。选择小镜框是因为近视镜片中间薄,旁边厚,镜框越小,镜片周边越薄。而根据眼镜加工移心量,眼镜的几何中心距离越接近瞳距,加工好的眼镜鼻侧和颞侧差别就越小,而一般国人的瞳距均小于镜架的几何中心距,如果差值越大,镜片周边颞侧就更加厚于鼻侧,从而外观显得眼镜更加厚。例如一戴镜者瞳距 58 mm,现有可选镜架尺寸① 54 - 16 - 13;尺寸② 56 - 16 - 135 ;尺寸③ 54 - 14 - 135。考虑选择尺寸③的款型。原因是尺寸③几何中心距 68 mm 最接近瞳距,且镜框尺寸 54 mm 为最小。根据前述,在镜架款型上若能同时考虑更多选择全框、塑料眼镜将达到更好的遮掩镜片边缘效果。

（三）倒角方法的选择

利用加工时安全角的调整,调整镜片边缘厚度,虽然会损失一部分视野,但是对于高度近视又非常在意镜片边缘的厚度的戴镜者不失为一种很好的办法,这种加工技术需要配合加工师拥有更好的倒角工艺。

把握以上三个原则,可以根据戴镜者的需求将其镜片、镜架的选择范围缩小,销售人员在眼镜销售中掌握更多的主动权,且言之有理,选择适合戴镜者的镜片、镜架。

六、眼镜材料制造工艺的运用

例如利用塑料镜架分为注塑架和板材架,了解其工艺的不同,这可以解释为什么同样是塑料镜架,而价格相差数倍和数十倍。例如板材镜架的注塑板材的区别问题。注塑架用树脂颗粒,经过加温融化后利用模具注塑成型的,制造工艺简单,成本低。缺点:容易变形,抗拉压强度低,装配镜片的沟槽尺寸不均匀。板材架用树脂板材,经过铣床进行内车、铣槽、外车、车铣花式、定型、抛光、表面处理、印刷等 100 多道工序加工而成,生产工艺复杂,成本高,镜架强度高,不容易变形,镜架沟槽尺寸均匀,可调整性良好。换言之,由于板材镜架经过多道手工工艺,自然价格更高。又如镜架镀层的问题,利用镜架镀层的原理解释一些金属镜架

价格的差异。在解释这些问题需要将复杂问题简单化，可以利用配镜者熟悉的鞋、包工艺的差别，来举例电镀工艺的差别。例如名贵包（品牌包）做工精致，经久耐用，而普通包虽然外观貌似一样，但是做工细节粗糙，强调戴在脸上的眼镜具有视觉矫正功能，是健康产品，不能马虎。让消费者重视化妆品重视脸部保养的心情去重视眼镜对于眼睛的作用。通过一些日常用品的对比，戴镜者将很快的理解制造工艺并且能够接受。

七、眼镜调整知识的运用

通过熟悉掌握眼镜的调整知识和技能可以提升眼镜售卖的附加价值，加深与戴镜者的沟通，例如高度屈光不正眼镜戴镜者投诉配戴不舒适，头痛、眼胀、眼睛酸痛等，经验光师检查后验光参数正确，加工师发现加工参数正确。其实此时可能的原因是原瞳距、原外张角、原前倾角、原镜眼距的改变造成戴镜者配戴的不适，需要重新根据戴镜者的脸型和原眼镜的状况调整眼镜。

在验光准确的前提下，眼镜的调整也是很重要的，因为前倾角、身腿倾斜角、镜眼距等都会影响实际的配戴效果，作为销售人员需要知道相关知识，在眼镜销售时候，可以演示告知戴镜者相关知识并告诉戴镜者需要定期来店内进行调整维护以增加进店率。例如演示镜眼距对于配戴效果，可以将近视眼镜靠近戴镜者的脸，让戴镜者体验出镜眼距如何影响清晰度，近视眼镜往前移动，有效镜度增加，而远视眼镜往后调整有效镜度增加。例如前倾角处理不当会使鼻托页和耳勾处的压力分配不均匀，导致因局部压力大而引起的头痛、耳痛等。又如高度屈光不正的患者验光时，试戴架的前倾角与眼镜的前倾角差异会变得更为明显。若在配镜之前考虑可能发生的情况，将提高配镜的成功性和依从性，并且为今后售后可能遇到的问题做好充分准备。

第六节　眼镜营销新商业模式的运用

近年来，快时尚眼镜模式、视光中心（视觉健康中心、视觉健康检查中心）模式、创新互联网销售三大眼镜营销新商业模式的讨论与观点也逐渐增多。本节较为系统地介绍目前这三大新商业模式，同时这三种模式，也可以互为支持，综合运用。

一、快时尚眼镜模式

（一）概念

眼镜行业随着时代的变化不断地改变。以往，眼镜行业普遍被认为是一个半医半商的行业，而如今却在向"医""商"这两极逐渐分化，即分化为类似于快时尚眼镜销售的商业化眼镜销售和视光健康中心、视觉健康检查中心这种医疗服务为主的模式，快时尚眼镜便是"商"这一极的一种眼镜零售模式。

快时尚眼镜的概念来源于"快时尚"服饰，即时尚、潮流与快餐文化相结合。快时尚眼镜模式经营理念不同于传统的眼镜零售企业，特点是给人们提供快速、时尚、平价的眼镜商品。快时尚眼镜零售企业更注重快销和产品快速频繁的更新换代。利用时尚的外观、更低的成本来赢得消费者的青睐，以其独特的经营模式在现代眼镜行业中占据了一席之地。快时尚眼镜零售企业从式样采集、设计、制作，到成品销售，根据对时尚潮流的高度敏感、准确识别，并迅速设计出相应款式、颜色的眼镜，把最好的创意最快地体现在眼镜的外观上，新产品的设计工作往往不会超过数周，且不断频繁翻新款式，更新速度始终追逐当季潮流，使得新品到店的速度极快。通常会以售价低廉，少量多样的方式来促进产品销售，形成快销型产业链。

快时尚眼镜的特色十分鲜明：品种繁多的眼镜样式，并且采用最流行的款式风格；快捷的销售模式，与传统的眼镜零售商相比，顾客从镜架挑选到拿到属于自己的眼镜这样的过程仅仅只需要半个小时，并且更自由更方便。具有竞争力的价格使得顾客减少对价格的顾虑，可以更好的随喜好挑选，鼓励顾客了解和实施一人多镜的理念。

快时尚眼镜模式的特点，从以下几方面可以详细看出。

（1）选址位置：快时尚眼镜零售企业的规模较小、多以商场店（shopping mall）为主，临街式门店则较少，仅作为辅助的销售点。选址位置要求选在人流量大的场所。

（2）店堂布局与整体装饰：由于快时尚模式注重商品销售、追求眼镜时尚潮流的快销模式。考虑到店铺面积大小的限制，为了可以更多的商品陈列，验配环境都相对较小。验光室一般都是以小型半开放式为主，总体上给人的感觉就是拥有小巧精致的验光环境。配镜设备通常也是直接放置在销售柜台之后，方便验配人员的操作，节省店铺空间。整体装饰方面根据目标人群一般采用时尚设计，符合年轻一代，潮流一代的审美要求。

（3）设备配备：由于快捷验光的特点要求，验配设备小巧轻便，并且易于移动；为了与店铺整体设计感保持一致，设备外观需要时尚且搭配装饰风格；在色彩方面，由于市面上大部分都是以白色的验配设备为主，故均能利用。由于快时尚眼镜模式，通常人流量大，就必须要保证快捷的验光配镜流程，才能承受人流量的负荷；快时尚验配设备要满足体积小、重量轻，即可具有易移动的特性。零售店铺只需配备齐全标准的验光配镜设备，基本上常备的验光设备包括组合台、电脑验光仪、综合验光仪（或全自动综合验光仪）、视标投影（或液晶）、插片箱、瞳距仪（或瞳距尺）等，检影镜因为对人员基础知识、操作经验有要求，故一般不会配备并使用。装配设备一般必备半自动磨边机（或全自动磨边机）、自动焦度计、制模机、定中心仪、开槽机、烘热器、整形钳等，可选设备例如超声波清洗机、抛光机等视具体销售或眼镜定配需求而定。一方面设备需求较少，减少成本；另一方面，减少不必要的操作环节，节省验配流程的时间。在条件允许的情况下，大部分快时尚零售店铺最好能配备全自动的验配设备，这样能极大程度地减少操作人员的繁琐以及验光配镜的时间，保证整个流程时间控制在30分钟内，以实现真正意义上的快捷验光。对于偏向商业化发展的快时尚眼镜零售企业，在经营过程中对于视功能检查方面并无特殊要求，一般无备。总体来说，验配设备的整体较为小巧轻便，易于移动。设备要具有时尚的外观以搭配店铺内部装饰风格，并且能够保证快捷验光，缩短销售流程。

（4）产品特点：零售企业的重点在于与服装搭配的配饰框架眼镜，以时尚潮流的外观作为卖点，所以不生产销售隐形眼镜。同时产品售卖通常以镜架镜片套餐式进行组合销售。

（5）人员配备：店面小，需要较高的空间利用率，同时人员需要高效精简，销售人员和验光师要做到相互兼任；通常多采用集中加工或委托眼镜加工。由于验配设备都需尽可能的操作简单，易学易用易维护。通常在有较高预算的情况下，企业都会为零售店铺配备全自动的设备，其因为编入自动操作程序，对于验配人员的操作、理论知识方面的要求较低，更易于验配人员的学习与操作。这样只要有一定基础知识的验配人员，经过短时间的培训，即可以容易地上手操作，可以极大地减少验配流程中繁琐操作所消耗的时间。同时，也可以在验光区墙面或验配设备的桌面上标示大体的一个操作流程，不仅可以给操作人员起到提示作用，也可以供顾客来了解整个验配的流程。

（二）发展展望

类似快时尚零售企业的这类快餐文化模式符合现代人的消费需求，尤其青年一代。随着大众对眼镜认识的更新换代，快时尚眼镜零售企业也会被更多人接受。快时尚眼镜零售企业只要一直保持紧跟时尚潮流、高速高效的服务以及大众化的价格，以这样的核心理念一定在将来许多眼镜零售企业中占有一席之地。

快时尚眼镜零售企业除快狠准地推陈出新各种眼镜新品，今后还需要外接产业，例如与动漫、电影产业结合，扩大产品品牌效应，增加售卖。企业运营过程中还需注意专业验光定配技术缺乏和商圈过剩导致店铺客流不足等的可能威胁。

在相关专业设备发展过程中，由于店铺的经营过程，有时难免会出现设备故障类的突发问题，在快时尚眼镜零售模式中，为保证验配流程的快速进行，通常情况下，小型验光室内不可能配备有多余的备用设备，为了应对这种情况，就要求设备应具备故障自检、自纠错等功能，设备也需要设计的易于维修装卸。例如：

（1）对于设备显示屏显示的错误代码，厂家可以给出一个全面的错误代码说明书，并标明不同错误代码的应对措施，验配人员即可以此说明书为依托，修复设备出现的程序错误等问题。

（2）通常出现无法操作，死机类型的问题时，会对设备进行断电重启，或者操作设备恢复出厂设置等方法，但是有时依旧不能解决问题。可以尝试对设备加入一种自我修复程序，应对本身软件程序的出错、崩溃等问题。

（3）当设备硬件出现问题时，由于很多验配设备本身较为精密，使得无法快速修复，必须等待专业人员到场进行维修。为了应对这样的问题，可以设想改变现有设备的构造，将内部结构模块化，实现硬件问题只需要更换备用的相应模块即可使机器正常运行，同时，模块化的设备硬件也将便于贮存，方便设备的快速更换维修。其中，更换下来的故障模块还可以寄回设备工厂维修，设备的回收利用也会非常方便。

针对快时尚眼镜模式，今后可考虑对于验配设备的可能优化方向如下：

（1）将全自动综合验光仪进行相应简化。对于快时尚眼镜零售企业来说，综合验光仪的大部分功能在实际销售流程中并不需要使用，那么若只保留基础验光部分的功能并且加以强化精确，省去快时尚眼镜零售店的验光流程中基本不会用到的视功能检查的功能，保证其精准验光的同时还可以提高验光效率，达到更高效的验光流程操作；考虑到追求快速验光而无法避免的度数精调问题，只能尽可能的在保证基础验光流程的情况下提高效率、简化操作，避免无效的验光时间。

（2）可以将验光设备加装数据收集系统，联动计算机或平板电脑等数字移动终端，直接在每次验光配镜的同时就记录下顾客的验配数据，实时联网直接上传至网络数据库，或者直接将验配设备数字化，自带上网数据上传功能，这样无论顾客何时何地都能快捷方便地通过网络获取自己的配镜资料，并且随着验配实时更新数据，还可以综合往期数据进行汇总统计,以图表形式展现视力变化、购买记录等。这一设想针对本节提到的其他两种模式同样适用,针对快时尚眼镜零售企业以网站形式让顾客自行查阅自己的验配数据、购买记录,可以给予顾客更好的购买眼镜体验,弥补了验配体验的不足之处。

(3) 通常自动磨边机单片打磨,效率并不高,考虑改进磨边机的设计,实现同时打磨一副镜片,即类似磨边机固定轴上有两组砂轮,可以同时固定一副镜片,用一个模板做出左右两只镜片,不仅提高了加工定配的效率,也可使一副镜片左右两片能够完全一致,减少误差;甚至可以考虑同时打磨多副不同模板的镜片,例如以多个固定轴在同一组砂轮上进行打磨,这可以极大地提高配镜效率,达到快速验配的需求目标。但可能设备变大。同样这一设想针对本节提到的其他两种模式同样适用。

总体来说,想要实现验配方面更先进的设备,还需要解决许多技术难题,相信在未来可以实现此类先进的数字化验配设备,使其在快时尚眼镜零售企业,甚至整个眼镜行业能有更好的发展。

二、视光中心模式

(一) 概念

1. 验光模式的现状与改变的必要性

目前市场上传统眼镜验配中心采用免费验光使顾客无法体会视光学技术的重要性,商家不注重专业技术和专业设备,视光师缺乏关注自身技术方面应承担的责任。实际上专业技术服务应为眼镜配戴中心生存的根本,眼镜零售企业实际意义上应为服务性企业,售卖的不仅是产品本身,同样重要的是技术性服务,而不仅仅是将现有的服务附加于产品之上,其获利能力应更多地体现在技术服务层面上,对眼镜零售而言,眼镜产品与专业技术服务不是一个相互提升价值的关系,而是为顾客创造价值的同等重要的两个方面,产品价值必须由产品的本质属性来决定,专业技术服务的价值必须由技术服务的专业性和质量来决定,如果眼镜专业技术服务不能自成体系就不能为顾客创造价值,就无法体现专业技术服务的重要性。包括验光在内的视觉健康检查服务本可以创造独立的价值,但长期在旧的经营模式下被忽略。

对比来看,国外很多眼镜配戴中心必须出具视光师的处方才能购买眼镜,而获得视光师的处方需要在专业视光学工作室进行检查,并且花费不菲的费用,此费用甚至都高于所购买眼镜产品本身的价格。而中国目前,现有的大部分眼镜零售企业滥用了免费服务,使得顾客潜意识里,认为技术服务价值不高。眼镜配戴中心零售的产品不仅仅是眼镜本身而应该包括验配眼镜在内的技术(验光、割边、调整)和服务(售前、售后、售中)。而目前,很多眼镜配戴中心把服务当成弥补产品质量不足的手段,把服务作为眼镜的价格附加卖出去,作为消费者隐约知道这个过程,但是并不明确。随着现代顾客文化程度日益提高,网络时代的到来,广告信息的流通,使得消费者商业知识丰富。他们开始质疑这个模式,他们想,为什么我不能验个免费的光,然后上网购买更便宜的眼镜产品呢? 应这种思维而诞生了很多眼镜销售网站和眼镜销售网络店铺,他们在眼镜产品本身方面的价格优势导致了传统眼镜配戴中心日益运作困难。

近几年来,很多商家感言眼镜行业生意不好做,其实一点不难理解,原因主要有三个方面:

(1) **政策的变化:**国家宏观政策上,开始了眼镜生产经营许可证制度,售卖隐形眼镜需要医疗器械销售许可证,还有各个地方的法规政策也陆续开始实施。

（2）技术的变化:在大众越来越注重视觉保健的这一时期,如果有一些老店铺还是固守以前的简单几分钟电脑＋插片验光,一点没有体现现代视光学检查的各项技术,没有为顾客进行个性化的多项视功能检查,必然在顾客心目中,对于眼镜行业的技术性产生质疑,这也就是为什么很多顾客流失到眼科医院或者医院的眼科中心的原因。

（3）经营模式的变化:网络眼镜销售模式的出现,价格方面的优势吸引了很多购买人群。编者曾做过一个小规模的调查,很多人之所以不愿意去网上购买眼镜主要因为他们知道验光很重要,网上无法获得自己的验光参数,只适合购买纯粹的产品。一旦他了解了自己的眼部参数,他就会寻找价格优惠的网上店铺。而此时传统店铺的免费验光又让这些顾客感觉到验光数据获得的简便性,人为地让顾客忽略了眼部健康检查的重要性。殊不知有一些网络店铺甚至出一些秘籍,告诉顾客如何在知名眼镜公司,知名医院的视光学中心获得相关验配参数,然后再引导顾客去他们的店铺进行网购。既然这种模式有很多人接受,为什么不能将这种模式变成传统眼镜配戴中心盈利的模式呢,去正式地体现视觉健康检查的附加值,而不是让这种价值羞羞答答的隐藏在镜架、镜片的价格中。

2. 视光中心（视觉健康中心、视觉健康检查中心）模式的可行性

众所周知,传统眼镜配戴中心盈利的来源是镜架镜片,而实际顾客享受的眼镜产品本身、眼镜验配技术、眼镜售前、售后、售中服务,他们理应为这些服务交费。不幸的是,很多商家都忽略了这个问题。试问消费者,500元买一部手机贵否,一般人都觉得不贵,但如果500元买一副眼镜,想必很多人都觉得太贵了,就一副镜架加一个镜片,零部件看得见的几个,凭什么那么贵？殊不知,手机是标准化产品,一次可以生产很多,貌似大家看不懂的元器件,但在工业化标准化发达的手机产业中,其实成本很低。但为什么镜架镜片却很难给人看到隐含的价值呢。是因为视光师和经营者忽略了单独展示眼镜验配的技术服务。很多商家在介绍产品的时候忽略了技术服务,把这些仅简单的附加在实物产品价值当中,长此以往,顾客思维定势中就认为验光就是免费的,其实目前传统眼镜配戴中心的经营模式可以进行更改,不需要反对平价眼镜配戴中心、网络眼镜售卖公司,就像大医院不需要反对平价药房那样,大医院照样人满为患,是因为很多药在没有医生的指导下,他不敢乱吃。有些平价小医院或者私人诊所有其存在的必要性,但是一般有一些经济实力的人都愿意去大医院。同样的道理,有专业设备和专业人才的眼镜配戴中心的运营也应该是这样。作为传统的眼镜配戴中心,需要保持盈利和良好的专业形象,就应该让顾客感受到技术服务的差别,不仅仅只看到眼镜产品本身的差别。让顾客建立一种意识,不到专业视光中心（视觉健康中心、视觉健康检查中心）验光或者进行视觉检查,就无法对自己的视觉健康状况做全面了解,就不能随意进行眼镜的验配。服务只有收费,才能让顾客感受到价值。

市场上没有长盛不衰的企业,只有不断创新,不断寻找市场的空白,才能找到机会。现有的空白点就是传统验光基础上可扩展的视觉健康检查服务,所有眼镜配戴中心中经过改造后可以提供的个性化和独特性的服务。目前大部分医院眼科无专人负责包含验光在内的视觉健康检查项目,即使有也是混杂在常规的眼病的诊疗中,无法做到专业细分。同时大多数医院在处理镜架镜片问题时,不如现有眼镜零售企业工作人员专业。作为视光专业人员应该顺应网络购物时代的变化,商品的价格虽然变得透明,但是专业视觉健康检查服务由于它的特殊性却不能在网络上销售。这种服务不像眼镜加工是流水线工作,而是个性化、定制

化,需要面对面交流,正因为具有这种特点,才有了开设视光中心(视觉健康中心、视觉健康检查中心)的必要。目前民营体检中心的纷纷建立与兴起,正是应运了这种需求,相对于传统的大医院体检,民营体检中心的建立避免了交叉感染,同时又满足了顾客个性化体检的需求。视光中心模式的初衷也是来自于此。中心可根据顾客的视觉需求特点设计个性化检查方案,提供个性化视觉问题解决方案。

视光中心模式是目前传统眼镜配戴中心改造后眼镜销售中的一种新模式,一些网络店铺的经营者让顾客去传统店铺验光,记录相应的数据,然后再行网上购买。网络店铺的经营者采取这样的模式,其实是在分解技术与服务,让顾客清楚明白消费眼镜产品还是眼镜服务。这种模式下,本应重视的视觉健康检查服务被弱化了,原因是网络销售的特殊性,无法完成个性化的服务过程。所以传统眼镜零售企业和网络销售眼镜企业竞争的重点应该转向经营模式的确定上,将对手淡化的,不擅长的方面作为重点进行打造,服务价值的体现才能留住市场上的中高端消费人群。

3. 视光中心(视觉健康中心、视觉健康检查中心)模式的优越性

传统眼镜配戴中心开设视光中心(视觉健康中心、视觉健康检查中心)这一模式可以给予顾客体验完善的技术服务(专业机器测量、专业人员服务),完善的产品品质(产品所见即所得,可以实物试戴),便利舒适的购物环境,合理的商品价格,尤其前三项是目前一般网络销售模式完全所不能具备的(但本节后面所提创新互联网销售模式已经进行改良)。视光中心模式应把握住市场最关乎视觉问题的中高端人群,他们需要的个性化服务,而只有视光中心才可以给他们带来这种体验。该模式更关注了顾客的视力保健需求,随着生活水平的提高,视觉需求越来越大,越来越复杂,越来越被细分,相对于传统的验配模式,这种模式更加符合现代人对品质生活的要求。同时,不可否认的是,该模式在现在的网络购物时代下具有创新性且有竞争力,从服务中提炼价值,是网络销售所不具备的。最后,很重要的一点,目前很多一线、二线城市从设备和人才储备上已经具备了开设视光中心的条件,利用该模式进行收费服务只需在现有店面的基础上增加技术与宣传方面的投入,同时改变商品的价格体系,这些改变所涉及的成本较小,便于实施。

(二)现状

1. 视光中心(视觉健康中心、视觉健康检查中心)收费制度的实施

目前主要可以采用两种方法:

(1)视觉问题检查服务和视觉问题解决方案服务收费,即凡涉及人工的服务均收费,主觉验光和相对应的其他视光学检查收费,收费标准根据服务的难易程度和技术的运用程度,及视光师的学历级别、职称级别等制定。

(2)在现有的眼镜配戴中心采取设备升级,明示设备的产地性能价格等进行收费。几年前,很多商家由于政策法规的原因关注并且购买设备用于升级,但是在实际购买使用过程中,部分商家购买时,不顾性能挑选价格最便宜,功能也较差的设备,甚至有的设备无法正常使用。还有部分商家将设备当摆设,原因是这些商家认为设备的好坏和使用体现不了他们经营的成果,购买性能优越的设备只能增加成本,无法看到效益的增加,视光中心将体现出采用专业设备也是视觉健康专业服务的一个重要方面,让每个设备收费价格根据性能不同而体现。

2. 向顾客传达视光中心（视觉健康中心、视觉健康检查中心）的概念

通过比较让顾客认识到视觉健康检查的重要性，让其认识这种模式的特殊利益，即在传统眼镜配戴中心的单一验光中无法体验到的一种全方位专业视觉健康检查。在此模式下，顾客可持续性地获得视觉健康资料，为自身的视觉健康问题处理获得参考。通过对比国外先进国家模式，了解其先进性、广泛性。总之通过这个模式告知顾客可带来更多的利益。但是切忌不能贬低他人，只需着重说明经营模式的优越性，经营模式与先进国家的同步性，以帮助顾客认识到视光中心的服务可以满足他们个性化的视觉需求。在实施这一模式时，注意体验式营销策略的运用，可让顾客进行试体验，让他们感受到视觉健康检查服务所带来的体验，甚至邀请名人尝试这种新模式下的服务。

3. 视光中心（视觉健康中心、视觉健康检查中心）的产品特色与销售模式

视光中心（视觉健康中心、视觉健康检查中心）的产品即为视觉问题检查服务和视觉问题的解决方案服务。该模式实施中重点应抓住根据顾客的视觉需求特点设计个性化检查方案，提供个性化视觉问题解决方案。具体实施中可以考虑以下措施：

（1）消费卡的办理。建立健康套餐的检查服务，服务对象不仅仅局限于进店的顾客，更可以让顾客购买检查项目用于礼物送人，带动潜在消费顾客。

（2）套餐的办理。套餐可根据视觉需求和年龄等采用很多分级，例如角膜接触镜验配套餐、框架眼镜验配套餐、低视力助视器验配套餐、角膜塑形镜验配套餐、电脑人群视觉健康检查套餐、视疲劳人群眼部健康检查套餐、儿童眼部健康体检套餐、中老年眼部健康体检套餐、儿童眼镜验配套餐等。

（3）视觉健康检查项目细化，记录科学化管理。视觉健康检查不是常规意义的验光，包括很多视觉检查延伸项目，例如瞳孔距离检查、远近视力检查、眼底镜检查、眼压检查、双眼视觉检查、渐进多焦镜验配检查、电脑验光仪检查、主觉验光、低视力助视器验配、裂隙灯显微镜检查、角膜曲率计检查等，有些项目还要根据检查人员的等级进行分级收费。

（4）开发集团客户，可以预约集团顾客进行眼部健康体检，费用更加优惠。

（5）网络售卖、线下体验，吸引网络客户。

（6）预约服务，视觉健康档案等服务，使顾客感受资源的稀缺性。

（三）展望

总体而言，视光中心（视觉健康中心、视觉健康检查中心）的模式，可对现有的眼镜配戴中心进行改造以实现顾客全方位体验视光学专业服务项目。项目根据所提供的专业技术服务依照设备、技术和服务人员的等级进行收费，中心可根据顾客的视觉需求特点设计个性化检查方案，提供个性化视觉问题解决方案。随着国内视光学高等教育的日益发展，视光专业人才储备和技术水平的整体提高，加上人民群众对视觉健康的重视日益加强，相信该模式在眼镜销售行业追求创新模式的今天，必然占有重要的一席之地。

三、创新互联网销售模式

（一）概念

传统眼镜行业虽然商品毛利率非常高，但是近年来部分实体店却亏损严重，如房租、人

工成本;验光设备、磨边机等资源闲置。甚至部分设备供应商、品牌商、零售商不是提高产品性价比,而是以推销导向,依靠高客单价,高毛利获取利润,从而很多商家开始考虑互联网眼镜销售模式转型。

互联网眼镜销售的优势性在于:① 顾客的广泛性。只要是网络的使用者,都是潜在客户群。客户打破了空间地域的限制,不局限于某一城市、某一区域。商家能够服务全国各地的客户群体。② 购买的便利性。顾客可以在随时随地浏览网络配售平台的眼镜产品,可以及时与客服咨询并立即下单。免去了上班族专程跑去实体店的麻烦,免去了郊区大学生专程赶赴市区配制眼镜的奔波。③ 运营的经济型。相对于实体眼镜销售商在市中心昂贵的房租,用于装修的高额费用,聘请大量前台人员的工资支出,网络配售平台在前期网站构建、必要的技术设备和工作人员、线下服务点等的投入要小得多。使得网络商家可以提供更具有优势的产品价格吸引顾客。

基于互联网的眼镜配售的劣势在于顾客无法在购买前当面品鉴和试戴产品,只能通过图片进行选择,真实感不足。人们喜欢在眼镜零售店内试戴眼镜,虽然早期有些网站提供了虚拟试戴系统,但是还有人并不理解和并不满意。因此有些消费者会因为传统购买习惯而不选择网络商家。并且,一些消费者会对网络配售缺乏信任,担心商家以次充好,货不对板。传统的互联网眼镜配售项目不能直接为顾客验光。只能通过用户输入已有的验光数据进行验光。同时由于网上配镜需要配镜者输入带有小数点和正、负号等符号的一连串数字,配镜者担心自己输入错误,或者网站未能正确识别和理解这些数字,或者配镜者担心所购买眼镜不合格而需要调整。

近年来,网络眼镜零售市场的发展日益变化,移动终端设备占有量的大幅增长,上网行为渗透入人们的日常生活,同时网上支付安全技术的发展,移动支付,改变和促进人们消费习惯。网络眼镜虽然只有几家占据一定的市场,新进入者面临要从零开始建立自己的品牌,逐渐培养自己的顾客群,这需要一定的资金和时间。但相对进入实体眼镜行业的障碍,利用互联网渠道开展眼镜配售项目的进入障碍相对较小。

总体来看,眼镜行业内部竞争较为激烈,但互联网眼镜商家之间的竞争相对较缓和;进入眼镜行业的门槛较高,但通过互联网渠道进入眼镜配售电子商务市场会相对较容易,主要是由于电子商务运营和推广成本较低,方式灵活;由于缺乏创新服务的传统眼镜销售领域的顾客议价能力强,有利于新型互联网眼镜配售商家在同行业竞争中迅速站稳并获取市场。因此,创新的互联网眼镜配售项目具有很高的可行性。

在创新的互联网眼镜配售平台中,顾客可以轻松自如地浏览众多眼镜的款式和介绍,尽情地与专业客服沟通交流,在专业顾问的建议下轻松选配自己喜爱的眼镜产品;利用新型的虚拟试戴系统,使得顾客能够获得真实眼镜配戴的体验感。可以方便地输入已有的视力数据或到定点验光点甚至开到家门口或公司门口的验光车进行验光,足不出户收到眼镜产品;可以参加各类会员活动,接受服务多元化。在网络配售平台中,除享受购买服务,还可以参与竞价购买、社区沟通、积分游戏等各类的活动。网络既是一个产品购买的网站,也是一个聚集同伴的社区,甚至在虚拟社区与志同道合人士畅谈健康知识乃至工作生活。

眼镜行业创新互联网模式主要体现在商家在线拉客和客户离线消费,线上以互联网为平台,通过展示商品与服务、促销活动等方式,把线下实体眼镜店的信息推送给互联网上线上用户,让其通过网络平台选择商品、服务、支付,最终转变为自己的线下客户。线下是指消费者在眼镜零售实体店获得自己在线上购买的眼镜和应得的配镜服务。模式特点是只把信息流、资金流放在线上进行，而把物流和商流放在线下。这种新的商业模式能够整合线上线下的资源，已经被许多眼镜商家运用。例如某品牌公司与某著名电商平台已经开启传统零售产业合作新模式，双方开展深度合作，内容包括店面信息管理、会员精准营销管理、验光预约服务等，致力于打造更深层次的眼镜零售新局面。

（二）现状

目前看来，新商业模式对眼镜行业的影响主要见于以下方面：

（1）性价比较高，验光、配镜专业技术环节不欠缺。该模式能够让消费者快捷订购相应的产品和服务，省去中间环节，减少消费者费用。将线上客户引入到线下，与传统零售企业配镜项目对比，未减少任何体验环节，消费者消费信心增强。

（2）方便商家宣传展示，提高销售量。模式中线上有商家经营产品的详细说明，并有各种产品参数、维护保养建议用于进行消费者教育。线上同时通过适当的营销手段刺激消费者的购买欲和延长停留时间。模式可以线上预约，商家可以将整个预约流程简单化，甚至通过地理定位分析消费者数据。例如预约系统会自动将离消费者最近的配镜地址发送到消费者手机上。

（3）整合数据，做好个性化营销。通过该模式，眼镜零售企业指导自己的终端消费者的各种消费数据，可以帮助企业对个性化消费需求进行深入挖掘，借以构建企业自身数据库。借助数据，能够在关注老客户的同一时间发现新客户，借以判断、进而能够控制客户的流量，甚至能分析客户的特征，重新定制营销和推广的策略。

（4）减少实体店成本，将客流由线上引流到线下实体门店。甚至有厂商通过专业验光车送货上门给顾客试戴，试戴满意后直接在验光车中进行验配。增加交易方式的流动性、灵活性，降低成本。

（5）线上售卖提货券分散物流配送压力。可以做到顾客预约消费，带来大规模、高黏度的用户，帮助获得销售商资源和现金流。

（6）二维码和微信公众平台，微信服务号、订阅号的出现，使移动互联网更加有利于创新互联网模式，企业品牌形象得以提升。

创新互联网销售模式中，在线上，从售前、售中和售后为顾客提供实时的在线咨询服务。售前为顾客展示和介绍商品；售后热情帮助顾客解决在使用中遇到的问题，了解顾客对产品的满意程度，并及时为顾客退换有质量瑕疵的商品。客服人员均经过专业培训，既掌握眼镜产品知识，又通晓仪容专业配搭，既可以为顾客解决产品的问题，又可以为顾客装饰打扮提供专业意见。利用新型的虚拟试戴系统，使得顾客能够获得真实眼镜配戴的体验感。

随着科技的发展，基于头部三维信息的眼镜在线定制系统设计更加精确的满足人们的需求。数字头模型是头部生物信息在计算机中数据结构的存储，头部的三维信息和用户属性信息的集合后，通过3D扫描仪获取头部信息，并构建数字头模型。在定制化过程中提供给用户以参数化的形式对眼镜进行修改，并实时与头部模型进行仿真模拟。在用户的数字化仿真方面，提出了三维眼镜的试戴体验，最后通过3D打印机完成眼镜的输出过程。这些让眼镜设计更加符合人群特点。

在线下，该模式与目标城市和地区的社区医院达成合作协议，安排已经选定眼镜款式的顾客到附近的合作点验光,甚至安排眼镜服务车进行上门,上公司附近的试戴服务和验配服务,验光数据会及时上传至项目平台的后台数据库,免去了顾客验光和再次上传数据的麻烦,让顾客感觉更贴心、更便利。

创新互联网模式利用一系列特色化运营服务,例如会员积分服务、竞价服务、免费试戴服务、定期挖潜服务、推广策略等。其中推广策略除传统策略并结合移动互联网开展。例如广告推广、搜索引擎推、网络信息发布(天涯、百度贴吧等)、E-mail 邮件订阅、线下宣传活动、人际口碑推广。同时考虑结合最新的移动互联网模式,借助微信、订阅号、公众号、微店等的便捷利用开展互联网销售。对于品牌商,在移动互联网时代,可以利用粉丝转发,点赞送优惠等各种营销手段为品牌商带来更多流量和销售,避免价格竞争。

创新互联网销售模式结合市场定位分析,将眼镜配售项目的重点目标群体确定在学生和青年白领族上,并将时尚型和优惠型作为项目平台的重要定位。非标品偏光近视太阳镜、变色近视太阳镜、普通屈光不正矫正眼镜同样适用于创新互联网项目。该模式商品除了满足强用户体验的这个必备要素以外,还要求高毛利率或高客单价或高频购买。在市场定位的基础上,根据实际制定了项目平台发展的产品策略、价格策略、推广策略和公关策略,从而全面开拓网络眼镜配售市场,努力打造出具有一定市场占有率和公众品牌形象的创新型眼镜配售平台。

目前,有的眼镜零售商自建创新互联网配镜平台,采取品牌和工厂直供的模式,砍掉贸易商环节,直接整合传统眼镜生产供应链,自主设计,自建渠道,中央加工、仓储和物流中心,在线下设立体验点,用户只需要扫描二维码,配镜处方、订单详情、面部数据、镜片材料、订单信息等即能实现数据可视化。甚至某品牌已开始酝酿支持远程验光,线上一大批时尚配镜师提供配镜的咨询服务,还有医生提供医疗级服务。此外,功能更强大的增强现实版本的虚拟试戴软件也已经开发出来。

该模式难点组要在于:① 非标品,库存风险大,目前一些供应商已经开始控制镜架的设计;② 专业服务贯穿于整个链条。需要视光师、设计师、零售商、加工工厂多个链条相互配合。所以互联网创新模式中强调有实体体验店铺,结合互联网达到最好效果。

(三) 展望

当然,对于眼镜行业实施创新互联网模式,也有一些方面需要注意,主要以下几点:

(1) 做好退换货管理,应对消费者的"后悔权"。眼镜是定制商品,例如近视、隐形眼镜属于个性化商品,事先应明示相关网购眼镜退换货条款,明确商家和消费者权益。

(2) 提高专业技术,提高售前、售中、售后服务质量。让消费者网购无后顾之忧。可以考虑借鉴国外电商提出免费试戴模式,强化消费者网购零风险。

(3) 相关经营许可证首页展示,注意法律风险等。例如隐形眼镜售卖需要企业法人营业执照、医疗器械经营许可证、互联网药品信息服务资格证或互联网药品信息交易服务资格证,ICP 备案号或增值电信业务许可证等。总之做到有法可依。

(4) 做好销售物流,完善顾客线下体验。尤其与第三方物流公司合作的各类眼镜零售企业。在此环节,注意考虑如何增加顾客线下体验性。

目前最根本的做法,是提高整个产业链条的效率。中国的眼镜零售产业升级,需要既懂传统眼镜产业,又要理解互联网(包括移动互联网)的专业人士。相信该模式在眼镜销售行业追求创新模式的今天,同样占有重要的一席之地。

附　　录

附录一　眼镜材料加工与配装专业英语

材　料	英文词汇	材　料	英文词汇
铝	aluminum	铝镁合金镜架	aluminum magnesium alloy frames
赛璐珞	celluloid	醋酸纤维镜架	acetate frame
贴金（镀金）	gold-filled	尼龙镜架	nylon frame
蒙乃尔	monel	记忆塑料镜架	memorial plastic frame
蒙乃尔合金	monel (nickle-copper alloy)	儿童镜架	children frame
镍	nickel	成人镜架	adult frame
铜	copper	阅读用镜架	reading glass frames
青铜	bronze	镜框、镜架	frame
紫铜	red copper	金属镜架	metal frame
白铜	cupronickel	塑料镜架	plastic frame
贵金属	precious metal	记忆镜架	memory frame
金属圈	metal rim	镜架夹片	clip on frame
不锈钢	stainless steel	无框架	rimless frame
钛	titanium	半框架	semi-rimless frame
纯钛	pure titanium	全框架	full rim frame
高镍合金	high nickel copper alloy	眼镜	glasses; spectacles; eyeglass
无镍合金	nickel free alloy	弹簧脚链	spring hinge
无镍不锈钢	nickel free stainless steel	一体弹簧脚链	integrated spring hinge
高档镜架	advanced frames	单弹簧脚链	mono spring hinge
纯钛镜架	titanium frames	电镀	electroplate
板材镜架	plate frames	鼻梁	bridge
记忆合金镜架	memorial alloy frames	顶焦度计	lensometer
不锈钢镜架	stainless frames	切割刀	cutting device
蒙乃尔镜架	monel frames	瞳距尺	PD ruler (interpupillary distance ruler)

材　料	英文词汇	材　料	英文词汇
制模机	pattern maker	眼科用品	ophthalmic products
划针	cutting needle	超声波清洁剂	concentrates for ultrasonic cleaning
中心仪	layout blocker	店及配装工场	store and fitting workshop
手动磨边机	hand edger	镜片模具	moulds for ophthalmic lens
开槽机	grooving machine	镜架原料	raw materials for frames
抛光机	polisher	镜片原料	raw materials for lens
抛光膏	polishing stick	模板	pattern
钻孔机	drilling machine	镜片毛坯	optical blanks
台式钻孔机	bench drilling machine	标准标记法	standard notation
钻头	drill bit	镜圈	lens ring
开锁器	lock opener	镜腿	temple
铣刀	milling cutting	脚套	tip
保险丝	fuse	桩头	end piece
手柄	handle	角花	trim
中心定位器	center locator	商标(标识)	logo
钻夹头	drill chuck	铰链	hinge
刻度盘	dial	锁紧块(夹口)	clip mouth (rim lock)
烘架机	frame heater(warmer)	鼻梁	bridge
发热丝	heating wire	横梁	top bar
超声波清洗机	ultrasonic cleaner	鼻托	nose
验光组合台	combined table	螺丝	screw
验光盘	optometry box	鼻托(托叶)	nose pad
砂轮	grinding wheel	托叶梗	nose arm
车床	lathe	托叶螺丝	nose screw
超声波清洁仪器	ultrasonic cleaning equipment		

附录二 眼镜加工机械专业英语

眼镜加工	英文词汇	眼镜加工	英文词汇
打磨镜片原料	lens abrasive and polishing materials	聚碳酸酯	polycarbonate PC
电镀、焊接材料	electroplating, welding materials	硬度	hardness
激光科技设备和仪器	laser equipment and instruments	硬式设计	hard design
眼镜架制造机械	eyeglasses and frame making machinery	伸长率	elongation
镜片造机械及加工机械	lens manufacturing and processing machinery	退火温度	annealing temperature
隐形眼镜加工机械	contact lens processing machinery	含量	percent
镀膜机	coating machine	密度	density
镀膜原料	coating materials	电镀	electroplate
电镀机械、焊接机械	electroplating equipment, welding machine	印字	printing
镜片研磨及抛光过滤系统	lens grinding and polishing filtration systems	激光（镭射）	laser
光学加工设备及原料	optical processing equipment and materials	熔点	melting point
光学用品及系统之测量仪器	measurement instruments for optical elements and systems	固相点	solid point
眼镜架制造机械	eyeglasses and frame making machinery	液相点	liquid phase point
镜片造机械及加工机械	lens manufacturing and processing machinery	物理性能	physical properties
隐形眼镜加工机械	contact lens processing machinery	化学组成	chemical composition
镜片、毛坯	optical blanks	框线	rim wire
隐形眼镜附件	accessories for contact lens	圆线	round wire
眼镜零件及配件	spectacle spare parts and accessories	碗形砂轮	bowl type grinding wheels
镜架组件	frames assembly	磨削冷却液	grinding coolant
树脂镜片	resin lens	透镜镀膜液	lens coating liquid
哥伦比亚树脂材料	Colombia resin, CR39	抛光粉	polishing powder

眼镜加工	英文词汇	眼镜加工	英文词汇
抛光液	polishing liquid	催化作用	catalysis
抛光轮	polishing wheel	聚合作用	polymerization
电镀盒	plating case	染色镜片	tinted lens
塑料盒	plastic case	变色镜片	photo chromic lens
氧化铝盒	alumina oxide case	球面的	spherical
六角螺丝刀	rocket screwdrivers	电镀	electroplate
微型戒指扳手	mini ring wrenches	镀铂(用铂进行电镀)	to electroplate with platinum
弧度表	radian apparatus	印字	printing
厚度表	thickness apparatus	打孔	drilling, boring
粘片	adhesive tape	开槽	groove
量具	calipers	精雕	engraving
套筒	nut driver	打磨	polishing
锉刀	files set	锉桩头	filing end piece
钻头	drill bits	激光切割	laser cutting
钻孔机	drill	拼料	ingredient
螺丝刀头	screwdrivers blade	校准	calibrating
色差	aberration	绕圈	rim forming
变形	deformation	清洗	washing
缩水	shrinkage	烧焊	soldering/welding
透光率	light transmission	铰链焊接	hinge welding
分裂脱层	de-lamination	拧紧	screwing
加工工序	working operations	抛光	polishing
磨边	edging	喷色	spraying
冲	stamping	釉色	glaze
刨	planning	上漆	paint
车	milling	包装	packing
钻孔	drilling	调整	adjusting
打弯	bending	平面	plane
车花式	decorating	发散面	diverging surface
阿贝数	abbe number	凹透镜	concave lens
色散力	dispersion power	不可矫正	non correct
原材料	raw material	色盲	color blindness

眼镜加工	英文词汇	眼镜加工	英文词汇
棱镜镜片	prismatic lens	矫正眼镜的放大率	spectacle magnification
高折射率镜片	high index of refraction	静态变形测试	static resistance
小片	segment	抗冲击性	impact resistance
半圆小片	half-moon segment	抗拉强度	tensile strength
间隔线	separation	软式设计	soft design
单片双光镜	one -piece bifocal	视线	visual line
参考点位置	location of reference point	视轴	visual axial
场曲	curvature of field	顺动	with motion
单一设计	mono-design	逆动	against motion
对称设计	symmetrical design	密度	density
多样设计	multi-design	正交弧	cross curve
非对称设计	asymmetrical design	中和法	neutralization method
光线的吸收	absorption of light	最小弥散圆	disk of least confusion
光学中心	optical center	紫外线切断	UV cut off
光学中心高度	optical center height	主截面	principal section
光学中心水平距离	optical center distance	圆锥曲线	conical curves
光学"十"字图	optical cross	顺规	with the rule
光轴	optical axis	逆规	against the rule
光轴上的物体	on-axis object	规则	regular
光轴上的像	on-axis image	不规则	irregular

附录三　眼镜产品与销售专业英语

眼镜产品	英文词汇	眼镜产品	英文词汇
近视眼镜	near distance glasses	视光学	optometry
远视眼镜	far distance glasses	视力测定，验光	optometry
两用眼镜	dual -purpose glasses	眼的，视力的，光学的	optical
阅读眼镜	reading glasses	视力计	optometer
无框眼镜	rimless glasses	眼科医生	oculist
防眩眼镜	anti-glare glasses	眼科医师	ophthalmologist
眼科学	ophthalmology	远用瞳距（FPD）	far pupil distance
验光师	optometrist	近用瞳距（NPD）	near pupil distance
球镜（简写 Sph）	sphere	顶点距	vertex distance
柱镜（简写 Cyl）	cylinder	视标	chart
棱镜	prism	屈光度	Diopter
棱镜度	prism diopter	验光仪	view tester
棱镜排镜	prism bar	最小视力	minimal visual acuity
棱镜效果	prism effect	视角	visual angle
正视眼	emmetropia	标准检查距离	standard examination distance
近视	myopia	标准近视力表	standard near visual acuity chart
远视	hyperopia	镜圈	rim
散光	astigmatism	视网膜对应点	retinal corresponding point
弱视	amblyopia	两眼视网膜对应点	binocular retinal corresponding point
斜视	strabismus	异常视网膜对应	anomalous retinal correspondence
屈光参差	anisometropia	视网膜脱离	retinal detachment
隐斜	heterophoria	双眼单视	binocular single vision
显性斜视	manifest squint	生理性复视	physiological diplopia
屈光力放大率	power magnification	单眼线索	monocular clue
屈光不正	refractive error	同时视	simultaneous perception
屈光状态	refractive status	双眼融像	binocular fusion
放大倍率	magnification	立体视	stereoscopic vision

眼镜产品	英文词汇	眼镜产品	英文词汇
直径	diameter	验光镜片箱	trial case
尺寸	dimensions	投影仪	chart projector
瞳孔	pupil	角膜曲率仪	keratometer
瞳孔光反射	papillary light reflex	睫状肌麻痹剂	cyclopedia drugs
瞳孔近反射	papillary near reflex	托品酰胺	tropic amide
瞳距仪	PD meter	对数视力表	logarithmic visual acuity chart
瞳距	pupil distance	激光干涉条纹视力	laser interference fringe visual acuity
对比视力	contrast vision	硬性设计	hard design
空间频率对比敏感度函数	spatial frequency sensitivity function	软性设计	soft design
空间对比传递函数	spatial contrast transfer function	薄透镜	thin lens
调制传递函数	modulation transfer function, MTF	对称透镜	symmetrical lens
深径觉	depth perception	双凸镜片	biconvex lens
立体视	Stereoscopic vision	双凹镜片	biconcave lens
视网膜检影法	retinoscopy	非对称透镜	asymmetrical lens
检眼镜	ophthalmoscope	新月形镜片	meniscus lens
顺动	with motion	新月形凹透镜	meniscus-concave lens
逆动	against motion	新月形凸透镜	meniscus-convex lens
反转点,中和点	reversal point (neutral point)	散光镜片	astigmatic lens
随机点立体图对	random dot stereogram	球面像差	spherical aberration
裂隙灯	slit illumination	透镜的转换	transposition of lens
固视灯	fixation lamp	简单转换	simple transposition
滤色片	filter	托力克转换	toric transposition
角膜摄影术	corneal photography	正交柱镜的转换	transposition of crossed cylinder
双眼单视	binocular single vision	托力克透镜	toric
生理性复视	physiological diplopic	像畸变	distortion of image
调节幅度	accommodation amplitude	柱镜畸变	distortion of cylinder
遮盖实验	cover test	幕式眩光	veiling glare
紫外线	Ultra-violet(UV)	光致变色镜片	photochromic lens
光致变色现象	photochromism	耀眼眩光	dazzling glare

眼镜产品	英文词汇	眼镜产品	英文词汇
折射率	refractive index	盲性眩光	blinding glare
镀膜镜片	lenses with anti-reflection coating	视后像	after image
冕牌玻璃	crown glass	疲劳和眼痛	tired and sore eyes
哥伦比亚树脂	CR-39columbia resin	头疼	headaches
聚碳酸脂镜片	PC polycarbonate resin	模糊视力	blurred vision
斜散像差	oblique astigmatism	身体的疲劳	general fatigue
黄斑	macula	像素	pixel
虹膜	iris	抗反射镜片	anti-reflection（AR）coating
巩膜	sclera	眼后段	posterior segment
结膜	conjunctiva	眼睑	eye lids
睑结膜	palpebral conjunctiva	眼表	ocular surface
球结膜	bulbar conjunctiva	眼眶	orbit
结膜炎	conjunctivitis	视力	visualacuity
沙眼	trachoma	视盘	optic disc
角膜	cornea	视野	visual field
直肌	rectus	视路	visual pathway
晶状体	lens	角膜矫形接触镜片	orthok lenses
泪器	lacrimal apparatus	角膜塑形术	orthokeratology
泪道	lacrimal passages	隐形眼镜	contact lens
泪小管	lacrimal canaliculus	透气型硬性隐形眼镜（RGP）	rigid gas permeable contact lens
泪腺	lacrimal gland	软性隐形眼镜（SCL）	soft contact lens
泪囊	lacrimal sac	玻璃镜片	glass optical lenses
玻璃体	vitreous	塑胶镜片	plastic optical lenses
病理性	pathologic	渐进多焦点镜片	progressive multifocal lens（progressive lenses）
急性	acute	太阳眼镜	sunglasses
慢性	chronic	运动眼镜	sports spectacles
干眼症	dry eye syndrome	儿童眼镜	kid's eyewear
老年性	senile	夜视镜	night driving optics
斜肌	oblique muscle	激光（镭射）护目镜	laser protection optics
人工晶状体	Intraocular lens	太阳护目镜	amber optics
正常眼压	normal Intraocular pressure	电脑护目镜	computer optics

续表

眼镜产品	英文词汇	眼镜产品	英文词汇
白内障	cataract	隐形眼镜	contact lens
青光眼	glaucoma	白内障用镜片	cataract lens
闪光感	flashing lights	双焦、三焦镜片	bifocal /trifocal lens
飞蚊症	floaters	滤光镜	filter lens
眼球	eye ball	毛玻璃	obscured glass
眼前段	anterior segment	变色镜片	photochromic lenses
一线双光	E-Line 简称：EL	非球面树脂镜片	aspheric hard resin lens
平顶双光	flat top 简称：FT	基片（NC）	non-coated lens
圆顶双光	round sag 简称：RS	加硬镜片（HC）	hard coated lens
三光镜片	trifocal lens	加硬加膜片（HMC）	hard & multi-coated
眼镜架	frames	防辐射镜片	anti radiation lens
圆形眼镜架	round frames	眼镜盒及附件	spectacle cases & accessories
椭圆形眼镜架	oval frames	护理产品及隐形眼镜洁液	eye care products and solution and contact lenses
长方形眼镜架	rectangular frames	眼镜盒及其他配件	spectacle cases & accessories
方型眼镜架	square frames	镜片除雾喷剂及清洁布	lens demisting cloths and solutions
颞侧	temple	眼镜加工、装配、调铰工具	spectacle assembling & adjusting tools
太阳镜夹	sun clips	验眼设备	visual test equipment
阅读眼镜	reading glasses	磨边机	edger
保护眼镜	protective glasses	磨边	edging
反射性防护镜	reflected glasses	镀膜眼镜	spectacle with coated lenses
吸收性防护镜	absorbed glasses	偏光镜	spectacle with polarized lenses
偏振光滤光防护镜	polaroid glasses	不破裂的镜片眼镜	spectacles with unbreakable lenses
光化学反应型防护镜	photochemical reaction	试镜架眼镜	trial frames
护目镜	goggles	眼镜盒	glasses case
助视器	visual aid	皮/金属眼镜盒	lather/metal glasses case
望远眼镜	telescopic spectacle	带拉链镜盒	glasses case with zip fastener
眼镜望远镜	spectacle -mounted telescopes	金属架	metal frames
手持望远镜	hand held telescopes	手持放大镜	hand held magnifiers
老花镜	reading eyewear	立式放大镜	stand magnifiers

续表

眼镜产品	英文词汇	眼镜产品	英文词汇
闭路电视助视器	close circuit television (CCTV)	玳瑁	tortoiseshell
圆顶双光镜片	round-top bifocal lens	弯曲	bending
平顶双光镜片	flat-top bifocal lens	手工镜架	hand-made frames
鼻托叶	nose pad	非对称	asymmetric
前额	front	鼻梁	bride
镜脚	temple	合页	hinge
螺钉	rivet	粉红	pink
鼻梁	nose bridge	深红	scarlet
脚套	tip	灰色	gray
镜脚	temple	棕色	brown
镜夹	sunglasses clips	青紫色	violet
眼镜框常用颜色专业用语	the color of the frames	琥珀色	amber
红色	red	古铜色	bronze
橙色	orange	玳瑁色	tortoise
黄色	yellow	咖啡色	coffee
绿色	green	气泡	air pocket
墨绿色	blue green	划痕	scratch
蓝色	blue	变形	strain
深蓝	dark blue	条纹	stress
浅蓝	light blue	裂缝	vein
海军蓝	nave blue	波纹	wave
紫罗兰色	violet	基准线	baseline
紫色	purple	紫外线	ultraviolet rays
黑色	black	红外线	infrared rays
白色	white	沙金色	alluvial gold
金色	golden	银色	silver
塑料	plastic material		

附录四　材料专业英语应用

【实例1】（对话）

顾客：What are the results of my daughter's eye exam, optometrist？

（我女儿视力检查的结果怎么样?）

验光师：It appears that she has pseudomyopia.（结果显示她是假性近视。）

顾客：So my daughter's sight can be corrected，right?（那我女儿的视力可以矫正过来，是吧?）

验光师：Yes，but she still needs to protect her eyes.（对，不过她还是要注意保护眼睛。）

顾客：You're right. I will make sure she doesn't watch TV or use the computer for too long.（您说得对。我会控制她看电视和玩电脑的时间的。）

验光师：Also，it will be good for her sight to do some eye exercises after studying.

（还有，学习以后，做做眼保健操对她的视力也是很有好处的。）

顾客：Ok. Thank you.（好的，谢谢。）

验光师：This is your daughter's prescription and she need to get glasses.

（这是你女儿的处方，她需要配眼镜。）

顾客：What sort of frame would my daughter prefer?（你女儿喜欢哪种眼镜架呢?）

验光师：I think the round frame would suit your face nicely，but The oval shape frame would look good on you，too.

（我认为圆形的眼镜架会更配合你的面型，但是她配戴椭圆形的眼镜架也会十分好看。）

顾客：The style of this oval shape frame is so good. Look nice onmy daughter，and how much is it?（这个椭圆形的眼镜款式非常好，我女儿戴起来十分好看，多少钱?）

验光师：One thousand yuan.（一千元）

顾客：Ok，here you are!（好的，钱给您）

验光师：A good mother，and we have some new arrivals sunglasses，please have a look for yourself. Now，for the lens colour，we have three tints：rose，yellow，and grey. Each has three depths of colour to choose from. So you can decide how dark you want it to be.

（您是一位好妈妈哦，我们这边来了许多最新款式的太阳镜，您可以为您自己挑副太阳镜，至于镜片颜色，我们有玫瑰红色、黄色和灰色三种，每种颜色有三个不同深浅程度，所以你可以选择不同深浅色的镜片。）

【实例2】（对话）

顾客：I'd like to have a check，I need a new prescription.

（请替我检查一下视力，我需要做一次视光检查。）

验光师：Yeah，please go over to the machine and sit down. Rest your chin on the ledge and look through the eyepieces. We'll just run through some pictures and you can tell me which one is the clearest.（好的，没问题，请到那边的验光机前坐下，把你的下巴放在坐架

上,然后从视镜注视画面。稍后你会看到一些图片,请你说出哪一张图片最清晰。）

顾客:I have not change my glasses for five years, today I want to have a new glasses and ask something about contact lens.

（我的眼镜已经五年没有更换了,今天想重新换下眼镜,然后咨询一些隐形眼镜方面的知识。）

验光师:Great. I'll rewrite your prescription and order the new lens to fit this frame.
（好,我会根据验光结果重新写出您的验光报告建议度数和订购可配合这镜架的镜片。）

顾客:What types are available?（市面上有哪种隐形眼镜呢?）

验光师:Well, there are basically three types about contact lens: hard, soft and disposable.（市面上隐形眼镜基本上分透气型硬性隐形眼镜、软性隐形眼镜和抛弃型隐形眼镜三种。）

顾客:Can you tell me how to get them on?（可以告诉我怎样戴隐形眼镜吗?）

验光师:Sure. OK, first, make sure your hands are clean. Balance the lens on your index finger. Look down and put the lens gently on your eyeball. Then blink tomake sure it's comfortable.（当然可以。首先,你的手要干净,把镜片平放在你的食指上,眼睛向下望,轻轻地把镜片放在眼球上,然后眨几下眼,直至你觉得舒服便可以。）

顾客:What do you mean by disposable?（抛弃型隐形眼镜是什么意思?）

验光师:They are used only for once time, and then they are should be thrown away. So it minimizes wear and tear to the lens. They also stay sterilized, and it minimizes the risk of infection.（它们只可戴一次,然后便要弃置,这样能把镜片的磨损程度减至最低,而且它们可以保持消毒,把感染的可能性降低。）

顾客:What should I do when I do not want to use them, especially at night?

（如果我不想戴隐形眼镜了,尤其晚上,我该怎么放置?）

验光师:You can put them in a special cleaning and disinfecting solution for soaking overnight. But you should not wear them every day and if you swim you can't open your eyes underwater with them.（你可以把隐形眼镜放在一种特别的护理液中,可以过夜浸泡清洁,但是你不能每天都戴隐形眼镜,游泳的时候也不需要戴隐形眼镜。）

【实例3】（眼镜材料英语阅读翻译）

The History of Ophthalmic Lens Materials

With the rapid development of society, Lens Materials have a great process. It is well known to all that Lens Materials have greatly increased in the past years. This chapter discusses both glass and plasticmaterials used for the manufacture of ophthalmic lenses in terms of development, their optical properties, and their impact resistance and other physical properties.

The development of optical glass

Although glass is one of the oldest and most common place materials, but there are many questions about the exact nature of glass that are still unanswered. Optical glass has two properties, the first is that it can be suitable for optical uses, and the second is transparent to the visible spectrum and no scattering. Furthermore, from the eighteen century until the period between World War I and World War II, virtually all single-vision lenses were made of a particular variety of glass known as ophthalmic crown. World War I served as the impetus for the development of the optical glass industry, and World War II served as the impetus for development of the plastics industry. One of the plasticmaterial developed during World War II was PMMA, a synthetic thermoplastic resin developed for aircraft wind shields.

The development of optical plastic

Plasticmaterials can be classified into two main groups, on the basis of the physical properties of the finished product: thermoplastic materials, which soften when heated and therefore can be remolded, and thermosetting materials, which once hardened cannot be softened, even at high temperatures. A plastic material is defined as "a polymeric material (usually organic) of large molecular weight which can be shaped by flow; usually refers to the final product with fillers, plasticizers, pigments and stabilizers included (versus the resin, the homogeneous starting material)."

附录五　配装眼镜

（中华人民共和国国家标准 GB13511.1—2011）

第 1 部分：单光和多焦点

前　言

本部分的第 5 章和 7.1 条为强制性，其余为推荐性。

GB13511《配装眼镜》标准分为两个部分。

第 1 部分：单光和多焦点；

第 2 部分：渐变焦。

本部分为 GB13511《配装眼镜》的第 1 部分。

本部分修改采用 ISO/DIS 21987—2007《眼科光学——配装眼镜》，与 ISO/DIS 21987—2007 的主要技术差异为：

（1）增加了老视成镜的相关内容；

（2）改变了分类方法；

（3）将引用标准 ISO13666 中的相关名词条目直接引入本部分中；

（4）无棱镜处方的配装眼镜棱镜允差用两镜片光学中心水平距离和两镜片光学中心垂直互差表示；

（5）删除表 1 镜片后顶焦度允差、表 4 附加顶焦度允差、删除厚度要求，删除附录 A 材料和表面质量；

（6）删除图 1、图 2，将水平和垂直棱镜度允差直接引入表 4 中；

（7）将附录 B 装配质量要求直接引入本部分；

（8）引用 GB17341《光学和光学仪器顶焦度计》代替 ISO8598《焦度计》和 ISO7944《参考波长》。

GB17341 规定使用的波长为 $\lambda_e = 546.07$ nm，ISO8598 规定使用的波长为 $\lambda_e = 546.07$ nm 或 $\lambda_d = 587.56$ nm。

本部分代替 GB13511—1999《配装眼镜》，与 GB13511—1999 的主要差异为：

（1）分类修改成定配眼镜、老视成镜；

（2）棱镜度的技术要求直接采用 ISO/DIS 21987—2007 中的要求；

（3）将老视成镜的光学中心水平距离允差要求 ±1.0 mm 修改为 ±2.0 mm；

（4）增加了子镜片位置的示意图；

（5）增加了两镜片光学中心水平距离和光学中心垂直互差的试验方法；

（6）增加了两镜片光学中心水平距离和光学中心垂直互差试验方法的示意图。

本部分由中国轻工业联合会提出，由全国光学和光子学标准化技术委员会眼镜光学分技术委员会（SAC/TC103/SC3）归口。

本部分主要起草单位：东华大学、国家眼镜玻璃搪瓷制品质量监督检验中心、上海三联商业(集团)公司、上海依视路光学有限公司、厦门市万成光学工业有限公司、镇江万新光学眼镜有限公司。

本部分主要起草人:唐玲玲、郭琳、顾伟强、何志聪、张朋、赵牧夫、欧阳晓勇。

本部分代替历次版本的发布情况为:GB13511—1992,GB13511—1999。

单光和多焦点

1　范围

本部分规定了单光、多焦点配装眼镜的产品分类、要求和试验方法。

本部分适用于单光和多焦点的配装眼镜,配装眼镜包括:定配眼镜和老视成镜。

2　规范性引用文件

下列文件中的条款通过本标准的引用而成为本标准的条款。凡是注日期的引用文件,其随后所有的修改单(不包括勘误的内容)或修订版均不适用于本标准,然而,鼓励根据本标准达成协议的各方研究是否可使用这些文件的最新版本。凡是不注日期的引用文件,其最新版本适用于本标准。

GB10810.1　眼镜镜片第1部分:单光和多焦点镜片(GB10810.1—2005,ISO8980‑1:2004,MOD)。

GB10810.3　眼镜镜片及相关眼镜产品第3部分:透射比规范及测量方法(GB10810.3—2006,ISO8980.3:2003,MOD)。

GB/T14214　眼镜架(GB/T14214—2003,ISO12870:1997,MOD)。

GB17341　光学和光学仪器　焦度计(GB17341—1998,neq ISO 8598:1996)。

3　术语和定义

GB10810.1中确立的以及下列术语和定义适用于本部分。

3.1　瞳距(papillary distance,PD):双眼两瞳孔几何中心的距离。

3.2　光学中心水平距离(optical center horizontal distances,OCD):两镜片光学中心在与两镜圈几何中心连线平行方向上的距离。

3.3　光学中心水平偏差(optical center horizontal deviations):光学中心水平距离的实测值与标称值(如瞳距、光学中心距离)的差值。

3.4　光学中心单侧水平偏差(optical center horizontal deviations of one-side):光学中心单侧水平距离与二分之一标称值的差值。

3.5　光学中心垂直互差(optical center vertical deviations):两镜片光学中心高度的差值。

3.6　定配眼镜(prescription assembled spectacles):根据验光处方或特定要求定制的框架眼镜。

3.7　老视成镜(near-vision spectacles):由生产单位批量生产的用于近用的装成眼镜。其顶焦度范围规定为:+1.00 D~+5.00 D。

3.8　子镜片顶点(segment extreme point):子镜片上边界曲线之水平切线的切点,若上边界为直线,则取该直线之中点为顶点。

3.9　E型多焦点(E-line multifocal):近用区域被一条贯穿镜片的直线分割。

4　产品分类

4.1　定配眼镜。

4.2　老视成镜。

5　要求

5.1　所有测量应在室温为 23℃±5℃下进行。

5.2　镜片的顶焦度、厚度、色泽、表面质量应满足 GB10810.1 中规定的要求。

5.3　配装眼镜的光透射性能应满足 GB10810.3 中规定的要求。

5.4　镜架使用的材料、外观质量应满足 GB/T14214 中规定的要求。

5.5　使用的焦度计应符合 GB17341 中规定的要求。

5.6　光学要求

5.6.1　定配眼镜的两镜片光学中心水平距离偏差应符合表 1 的规定。

表 1　定配眼镜的两镜片光学中心水平距离偏差

顶焦度绝对值最大的子午面上的顶焦度值(D)	0.00~0.50	0.75~1.00	1.25~2.00	2.25~4.00	≥4.25
光学中心水平距离允差	0.67△	±6.0 mm	±4.0 mm	±3.0 mm	±2.0 mm

5.6.2　定配眼镜的水平光学中心与眼瞳的单侧偏差均不应大于表 1 中光学中心水平距离允差的二分之一。

5.6.3　定配眼镜的光学中心垂直互差应符合表 2 的规定。

表 2　定配眼镜的光学中心垂直互差

顶焦度绝对值最大的子午面上的顶焦度值(D)	0.00~0.50	0.75~1.00	1.25~2.50	>2.50
光学中心垂直互差	≤0.50△	≤3.0 mm	≤2.0 mm	≤1.0 mm

5.6.4　定配眼镜的柱镜轴位方向偏差应符合表 3 的规定。

表 3　定配眼镜的柱镜轴位方向偏差

柱镜顶焦度值(D)	0.25~≤0.50	>0.50~≤0.75	>0.75~≤1.50	>1.50~≤2.50	>2.50
轴位允差(°)	±9	±6	±4	±3	±2

5.6.5　定配眼镜的处方棱镜度偏差应符合表 4 的规定。

表 4　定配眼镜的处方棱镜度偏差

棱镜度(△)	水平棱镜允差(△)	垂直棱镜允差(△)
≥0.00~≤2.00	对于顶焦度≥0.00~≤3.25 D：0.67△ 对于顶焦度>3.25 D：偏心 2.0 mm 所产生的棱镜效应	对于顶焦度≥0.00~≤5.00 D：0.50△ 对于顶焦度>5.00 D：偏心 1.0 mm 所产生的棱镜效应
>2.00~≤10.00	对于顶焦度≥0.00~≤3.25 D：1.00△ 对于顶焦度>3.25 D：0.33△＋偏心 2.0 mm 所产生的棱镜效应	对于顶焦度≥0.00~≤5.00 D：0.75△ 对于顶焦度>5.00D：0.25△＋偏心 1.0 mm 所产生的棱镜效应

续表

棱镜度（△）	水平棱镜允差（△）	垂直棱镜允差（△）
>10.00	对于顶焦度≥0.00～≤3.25 D： 1.25△ 对于顶焦度>3.25 D： 0.58△＋偏心 2.0 mm 所产生的棱镜效应	对于顶焦度≥0.00～≤5.00 D： 1.00△ 对于顶焦度>5.00 D： 0.50△＋偏心 1.0 mm 所产生的棱镜效应
例如：镜片的棱镜度为 3.00△，顶焦度为 4.00 D 其棱镜度的允差为 0.33△＋（4.00 D×0.2 cm）＝1.13△		

5.6.6　老视成镜需标明光学中心水平距离。光学中心水平距离允差为±2.0 mm。

5.6.7　老视成镜光学中心单侧水平允差为±1.0 mm。

5.6.8　老视成镜光学中心垂直互差应符合表 2 规定。

5.6.9　老视成镜两镜片顶焦度互差应不大于 0.12 D。

5.7　多焦点镜片的位置

5.7.1　子镜片的垂直位置（或高度）。子镜片顶点的位置（图 1 中的 s）或子镜片的高度（图 1 中的 h）与标称值的偏差应不大于±1.0 mm，两子镜片高度的互差应不大于 1 mm。

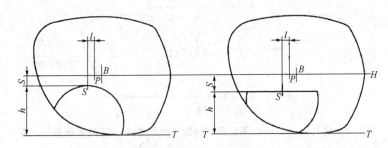

图 1　多焦点镜片的位置

B：方框中心　　H：水平中心线　　P：中心点　　S：子镜片顶点的位置　　T：镜片最低水平切线　　h：子镜片的高度

5.7.2　子镜片的水平位置。两子镜片的几何中心水平距离与近瞳距的差值应小于 2.0 mm。

注 1：两子镜片的水平位置应对称、平衡，除非标明单眼中心距离不平衡。

注 2：E 型多焦点子镜片的测量点是在它的分界线上的最薄点。

5.7.3　子镜片顶端的倾斜度。子镜片水平方向的倾斜度应不大于 2°。

5.8　装配质量

装配质量应符合表 5 规定。

表 5　装配质量

项　目	要　求
两镜片材料的色泽	应基本一致
金属框架眼镜锁接管的间隙	≤0.5mm
镜片与镜圈的几何形状	应基本相似且左右对齐，装配后无明显隙缝
整形要求	左、右两镜面应保持相对平整、托叶应对称
外观	应无崩边、钳痕、镀（涂）层剥落及明显擦痕、零件缺损等疵病

6　试验方法

6.1　镜片的顶焦度偏差、表面质量试验方法参照 GB10810.1

6.2　镜片的光透射性能试验方法参照 GB10810.3

6.3　柱镜轴位的测量方法

用眼镜框架作为水平基准时,应将框架的下边缘靠在焦度计的基准靠板上。单光镜片在光学中心上进行测量。

6.4　两镜片光学中心水平距离和两镜片光学中心垂直互差

以顶焦度计的基准靠板为水平工作线,对其中一镜片定好光学中心,使十字标象位于视场正中,打印中心标记 O_1,然后在不移动基准靠板的条件下平移镜架,使另一镜片的十字丝标象竖线对中,打印此点 O'_2。

如果此点(O'_2)不是光学中心点,则垂直移动到光学中心点 O_2 并打印,取下镜架用直尺或游标卡尺量出两镜片的光学中心水平距离 O'_2O_1 和两镜片光学中心垂直互差 O'_2O_2。

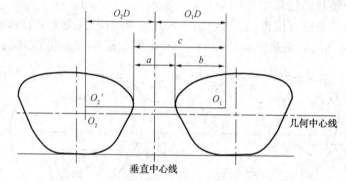

图2　两镜片光学中心水平距离和两镜片光学中心垂直互差测量示意图

O'_2O_1:光学中心水平距离　　O'_2O_2:光学中心垂直互差　　O_1D、O_2D:单侧光学中心距($a/2+b$)
注:左右两镜片顶焦度有差异时,按镜片顶焦度绝对值大的一侧进行考核。

6.5　棱镜度

分别标记左、右镜片处方规定的测量点,并在左、右镜片的规定点上测量水平和垂直的棱镜度数值,然后按以下规则计算水平和垂直棱镜度差值。如果左、右镜片的基底取向相同方向,其测量值应相减。如果左、右镜片的基底取向方向相反,其测量值应相加。左右两镜片顶焦度有差异时,按镜片顶焦度绝对值大的一侧进行考核。

6.6　多焦点镜片的位置和倾斜度

按方框法在镜片的切平面测量子镜片的位置和倾斜度,也可用投影屏及带有相应的十字的分划板或毫米级的测量装置。

7　标志、包装、运输、储存

7.1　标志

7.1.1　产品名称、生产厂厂名、厂址,产品所执行的标准及产品质量检验合格证明、出厂日期或生产批号。

7.1.2　定配眼镜应标明顶焦度值、轴位、瞳距等处方参数。

7.1.3　老视成镜每副应标明型号、顶焦度、光学中心水平距离等。

7.1.4　需要让消费者事先知晓的其他说明及其他法律法规规定的内容。

7.2　包装和贮存

7.2.1　每副定配眼镜均应有独立包装。

7.2.2　老视成镜可盒装或箱装。

7.2.3　运输和贮存时应防止受压、变形。

（2012－2－1正式实施）

第 2 部分：渐变焦

前　言

本部分的第 4、6 章为强制性，其余为推荐性。

GB13511 配装眼镜标准分为两个部分。

第 1 部分：单光和多焦点；第 2 部分：渐变焦。

本部分为 GB13511 的第 2 部分，其技术要求和试验方法参考标准如下：

（1）渐变焦镜片的后顶焦度、附加顶焦度、镜片配适点的垂直和水平位置、水平倾斜度、表面质量及装配质量的要求及试验方法参考了 ISO21987—2009《眼科光学—配装眼镜》中的渐变焦部分。

（2）镜片厚度、棱镜度及棱镜度基底取向的要求及试验方法参考了 GB10810.2 眼镜镜片第 2 部分：渐变焦镜片（GB10810.2—2006，ISO8980－2：2004，MOD）。

本部分由中国轻工业联合会提出，由全国光学和光子学标准化技术委员会眼镜光学分技术委员会（SACAC103/SC3）归口。

本部分主要起草单位：东华大学、国家眼镜玻璃搪瓷制品质量监督检验中心、卡尔蔡司（广州）光学有限公司、北京大明眼镜股份有限公司、镇江万新光学眼镜有限公司、豪雅（上海）光学有限公司、上海依视路光学有限公司、上海立正眼镜有限公司。

本部分主要起草人：唐玲玲、郭琳、顾伟强、聂小玲、胡晓枫、欧阳晓勇、刘亚丽、张朋、金祥。

渐变焦

1　范围

本部分规定了渐变焦配装眼镜的术语和定义、要求、试验方法、渐变焦镜片标记、标识和包装。

本部分适用于验光处方的渐变焦定配眼镜。

2　规范性引用文件

下列文件对于本文件的应用是必不可少的。凡是注日期的引用文件，仅注日期的版本适用于本文件。

凡是不注日期的引用文件，其最新版本（包括所有修改单）适用于本文件。

GB10810.2　眼镜镜片第 2 部分：渐变焦镜片（GB10810.2—2006，ISO8980－2：2004，MOD）。

GB13511.1　配装眼镜第 1 部分：单光和多焦点（已于 2008 年 5 月报批）。

GB/T14214   眼镜架(GB/T14214—2003,ISO12870:1997,MOD)。

GB17341   光学和光学仪器焦度计(GB17341—1998,neq ISO8598:1996)。

ISO13666   眼科光学—眼镜镜片—术语(ISO13666 Ophthalmic optics - Spectacle lenses - Vocabulary)。

3 术语和定义

ISO13666 中确立的术语和定义适用于本部分。

4 要求

4.1 所有测量应在室温为 23℃±5℃下进行。

4.2 镜架使用的材料、外观质量应满足 GB/T14214 中规定的要求。

4.3 使用的焦度计应符合 GB17341 中规定的要求。

4.4 光学要求

4.4.1 总则

配戴位置会使人眼的感觉焦度与由焦度计测定的结果有所不同。

如果制造商声称用修正值补偿所谓的配戴位置,允差就使用在修正后的数值上。

4.4.2 渐变焦定配眼镜的后顶焦度应符合表 6 的规定。

表6 渐变焦定配眼镜的后顶焦度允差   单位为屈光度(D)

顶焦度绝对值最大的子午面上的顶焦度值	各主子午面顶焦度允差,A	柱镜顶焦度允差			
		0.00~0.75	>0.75~4.00	>4.00~6.00	>6.00
≥0.00~6.00	±0.12	±0.12	±0.18	±0.18	±0.25
>6.00~9.00	±0.18	±0.18	±0.18	±0.18	±0.25
>9.00~12.00	±0.18	±0.18	±0.18	±0.25	±0.25
>12.00~20.00	±0.25	±0.18	±0.25	±0.25	±0.25
>20.00	±0.37	±0.25	±0.25	±0.37	±0.37

4.4.3 渐变焦定配眼镜的附加顶焦度偏差应符合表 7 的规定。

表7 渐变焦定配眼镜的附加顶焦度允差   单位为屈光度(D)

附加顶焦度值	≤4.00	>4.00
允差	±0.12	±0.18

4.4.4 渐变焦定配眼镜的柱镜轴位方向偏差应符合表 8 的规定。

表8 渐变焦定配眼镜的柱镜轴位方向允差

柱镜顶焦度值(D)	>0.125~≤0.25	>0.25~≤0.50	>0.50~0.75	>0.75~≤1.50	>1.50~≤2.50	>2.50
轴位允许偏差(°)	±16	±9	±6	±4	±3	±2

注:0.125 D~0.25 D柱镜的偏差适用于补偿配戴位置的渐变焦镜片顶焦度。如果补偿配戴位置产生小于 0.125 D柱镜,不考虑其轴位偏差。

4.4.5 渐变焦定配眼镜的棱镜度偏差应符合表 9 的规定。

表9　渐变焦定配眼镜的棱镜度的允差　　　　　单位为棱镜屈光度（△）

标称棱镜度	水平棱镜允差	垂直棱镜允差
$0.00 \sim 2.00$	$\pm(0.25+0.1 \times S_{max})$	$\pm(0.25+0.05 \times S_{max})$
$>2.00 \sim 10.00$	$\pm(0.37+0.1 \times S_{max})$	$\pm(0.37+0.05 \times S_{max})$
>10.00	$\pm(0.50+0.1 \times S_{max})$	$\pm(0.50+0.05 \times S_{max})$

注1：S_{max}表示绝对值最大的子午面上的顶焦度值。

注2：标称棱镜度包括处方棱镜及减薄棱镜。

4.4.6　棱镜度基底取向

将标称棱镜度按其基底取向分解为水平和垂直方向的分量，各分量实测值的偏差应符合表9的规定。

4.5　厚度

测定值与标称值的偏差应为±0.3 mm。

注：标称厚度值应由生产商标明或由供需双方协商一致。

4.6　配适点的垂直位置（高度）

配适点的垂直位置（高度）与标称值的偏差应为±1.0 mm。

两渐变焦镜片配适点的互差应为<1.0 mm。

注：处方中左右镜片配适点不一致时不适用。

4.7　配适点的水平位置

配适点的水平位置与镜片单眼中心距的标称值偏差应为±1.0 mm。

4.8　水平倾斜度

永久标记连线的水平倾斜度应不大于2°。

4.9　镜架外观、镜片表面及装配质量

镜架外观、镜片表面及装配质量应符合表10规定。

表10　镜架外观、镜片表面及装配质量

项　　目	要　　求
两镜片材料的色泽	应基本一致
金属框架眼镜锁接管的间隙	≤0.5 mm
镜片与镜圈的几何形状	应基本相似且左右对齐，装配后无明显隙缝
整形要求	左、右两镜面应保持相对平整、托叶应对称
镜架外观	应无崩边、钳痕、镀（涂）层剥落及明显擦痕、零件缺损等疵病
镜片表面质量	以棱镜基准点为中心，直径为30 mm的区域内，镜片的表面或内部都不应出现橘皮、霉斑、霍光、螺旋形等可能有害视力的各类疵病。

5　试验方法

5.1　远用区顶焦度

在制造商提供的远用基准点（DRP）处测定镜片的远用顶焦度以及在棱镜基准点（PRP）处测定镜片的棱镜度，各基准点的位置参见图3。

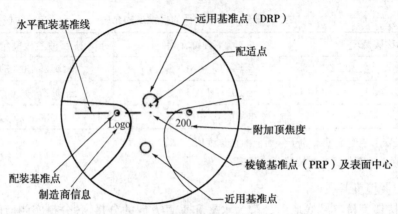

图 3　渐变焦眼镜镜片各基准点位置示意图

5.2　附加顶焦度

5.2.1　概述

附加顶焦度有两种测量方法：前表面和后表面测量方法。除非生产商有特别声明，应选择含有渐变面上进行测量。

5.2.2　前表面测量

将镜片前表面对着焦度计支座，把镜片安放好，使镜片的近用基准点在镜片支座上对中并测量近用顶焦度。

保持镜片前表面对着焦度计支座，将镜片的远用基准点对中并测量远用顶焦度。

近光顶焦度和远光顶焦度的差值为该渐变焦镜片近用附加顶焦度。

5.2.3　后表面测量

将镜片后表面对着焦度计支座，把镜片安放好，使镜片的近用基准点在镜片支座上对中并测量近用 顶焦度。

保持镜片后表面对着焦度计支座，将镜片的远用基准点对中并测量远用顶焦度。

近光顶焦度和远光顶焦度的差值为该渐变焦镜片近用附加顶焦度。

5.3　柱镜轴位

以制造商提供的永久性装配基准标记的连线为水平基准线，在远用基准点处测定柱镜轴位方向。

5.4　棱镜度及棱镜基底取向

在棱镜基准点处测定镜片的棱镜度及棱镜基底取向。

5.5　厚度

在渐变焦镜片凸面的基准点上，垂直于该表面测定镜片的有效厚度值。

5.6　位置和倾斜度的测量方法

按照方框法在镜片的切平面测量配适点和倾斜度，可用投影屏（带有相应的十字的分划板及毫米级的测量装置）或其它等效方法。

渐变焦镜片的位置和倾斜度，可参照永久标记。

5.7　材料和表面质量

不借助光学放大装置，在明/暗背景视场中进行镜片的检验。图 4 所示为推荐的检验系统。检验室周围光照度约为 200 lx。检验灯的光通量至少为 400 lm,例如可用 15 W 的荧光灯或带有灯罩的 40 W 无色白炽灯。

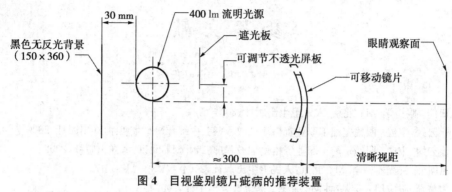

图 4　目视鉴别镜片疵病的推荐装置

注:本观察方法具有一定的主观性,需相当的实践检验。遮光板可调节到遮住光源的光直接射到眼睛,但能使镜片被光源照明。

5.8　装配质量

目视鉴别。

6　渐变焦镜片标记

6.1　永久性标记

两镜片至少有以下几个永久性标记。

6.1.1　配装基准:由两相距为 34 mm 的标记点组成,两标记点分别与一含有配适点或棱镜基准点的垂面等距离;

6.1.2　附加顶焦度值,以屈光度为单位,标记在配装基准线下。

6.1.3　制造厂家名或供应商名或商品名称或商标。

6.2　非永久性选择性标记

除非制造厂附有特别的镜片定位说明资料,每镜片非永久性标记至少包含以下内容:

6.2.1　配装基准线;

6.2.2　远用区基准点;

6.2.3　近用区基准点;

6.2.4　配适点。

注:非永久性标记可以用可溶墨水标记、贴花纸。

7　标识

产品名称、生产厂厂名、厂址,产品所执行的标准及产品质量检验合格证明、批号;应标明顶焦度值、轴位、瞳距、配适点高度等处方参数;减薄棱镜(若应有);需要让消费者事先知晓的其他说明及其他法律法规规定的内容。

7.1　包装

每副渐变焦定配眼镜均应独立包装,包装内应有定配处方单。

(2012-8-1 正式实施)

参 考 文 献

[1] 瞿佳. 眼镜学[M]. 北京：人民卫生出版社，2004

[2] 徐云媛，宋健. 眼镜定配工职业资格培训教程(初、中级)[M]. 北京：海洋出版社，2000

[3] 徐云媛，宋健. 眼镜定配工职业资格培训教程(高级)[M]. 北京：海洋出版社，2002

[4] 吕帆. 眼视光器械学[M]. 北京：人民卫生出版社，2004

[5] 宋慧琴. 眼应用光学基础[M]. 北京：高等教育出版社，2005

[6] 徐广第. 眼科屈光学[M]. 北京：军事医学科学出版社，2005

[7] 杨晓莉，王淮庆. 眼镜材料与质量检测[M]. 南京：南京大学出版社，2011

[8] 王静. 棱镜眼镜棱镜度和棱镜基底取向检测方法的探讨[J]. 计量与测试技术，2009，36(5)：28—31

[9] 唐萍. 浅谈配装眼镜质量的过程控制[J]. 计量与测试技术，2008，(9)：74—75

[10] 王晓. 配装眼镜质量检测应用[J]. 计量与测试技术，2009，(8)：23—24

[11] 王里. 眼镜个性加工技巧五[J]. 中国眼镜科技杂志，2007，(1)：88—100

[12] 陈姝嘉. 眼镜个性加工技巧七[J]. 中国眼镜科技杂志，2007，(5)：96—97

[13] 王知珍. 眼镜个性加工技巧八[J]. 中国眼镜科技杂志，2007，(7)：78—79

[14] 盖阳. 眼镜个性加工技巧九[J]. 中国眼镜科技杂志，2007，(9)：107

[15] 张宇，邓锋. 中国眼镜市场调查报告及分析[J]. 企业研究，2011，(2)：11—12

[16] 张玲. 探索消费增长点拉升眼镜产品零售企业销售[J]. 中国眼镜科技杂志，2010，(5)：86—88

[17] 魏峰. 眼镜市场的消费趋势与未来[J]. 销售与市场(管理版)，2009，(6)：38—40

[18] 魏朝辉. 树脂眼镜镜片市场分析及发展预测[J]. 上海交通大学学报，2007，(41)：21—26

[19] 欧阳永斌. 弱视儿童的镜片选择[J]. 中国眼镜科技杂志，2009，(11)：45—47

[20] 刘亚丽. 促进渐进镜片销售四要素[J]. 中国眼镜科技杂志，2006，(6)：70

[21] 王冬. 眼镜零售店如何突破中老年渐进镜片的销售瓶颈[J]. 中国眼镜科技杂志，2010，(1)：90—91

[22] 葛小兵. 消费者性格分析在眼镜销售中的应用[J]. 中国眼镜科技杂志，2009，(1)：122—123

[23] 魏峰. 眼镜零售中的关键销售元素[J]. 中国眼镜科技杂志，2006，(11)：84—85

[24] 王玲. 眼镜销售中的眼镜加工技术原理运用[J]. 中国眼镜科技杂志，2011，(5)：123—125

[25] 张迎新. "快时尚"眼镜店的SWOT分析[J]. 中国眼镜科技杂志，2014，(8)：58—61

[26] 张玲. 快时尚眼镜店：迎来小时代[J]. 中国眼镜科技杂志，2014 (7)：8—17

[27] 王嘉琦，邹恩，张运锋. O2O新商业模式对眼镜行业的影响分析[J]. 电子商务，2015(4)：18—19

[28] 刘岩. 高毛利、重亏损的眼镜行业如何用互联网重塑[J]. 创业邦，2015 (5)：26—27

[29] 陈海富. CX互联网眼镜配售项目的商业计划[D]. 广东：华南理工大学工商管理学科硕士论文，2014：26—38

[30] 刘雨东. 基于头部三维信息的眼镜在线定制系统设计及体验研究[D]. 黑龙江：哈尔滨工业大学设计学学科硕士论文，2014：1—10